心理咨询师
札记

敏 —— 著

中国纺织出版社有限公司

图书在版编目（CIP）数据

心理咨询师札记 / 姚一敏著 . -- 北京：中国纺织
出版社有限公司 , 2025. 2. -- ISBN 978-7-5229-2427
-4

Ⅰ . B849.1

中国国家版本馆CIP数据核字第2025XB1747号

责任编辑：张　宏　　责任校对：李泽巾　　责任印制：储志伟

中国纺织出版社有限公司出版发行

地址：北京市朝阳区百子湾东里A407号楼　邮政编码：100124

销售电话：010—67004422　传真：010—87155801

http://www.c-textilep.com

中国纺织出版社天猫旗舰店

官方微博 http://weibo.com/2119887771

鸿博睿特（天津）印刷科技有限公司印刷　各地新华书店经销

2025年2月第1版第1次印刷

开本：710×1000　1/16　印张：18.5

字数：275千字　定价：79.00元

凡购本书，如有缺页、倒页、脱页，由本社图书营销中心调换

自序

　　"咨询师札记"系列文章（以下简称"札记"）自 2015 年 7 月起开篇，如今写了整整 9 年。

　　这些年，伴随青稞心理咨询的服务工作，我接待的来来往往的来访者和学员大概也有上千了，当然再算上听过我讲座的就更多了。累积的一线从业经历以及服务来访者的心得，在工作之余持续转化为我键盘上的文字。

　　汇集而成的这本《心理咨询师札记》是一份实践心得，有案例，有体验，有方法，有经验，更有教训。其中涉及的案例均有原型，但为了不泄露当事人隐私，所有内容均经过改编。

　　本书的第一章到第九章，主题是"个人成长"，是我早期从事心理咨询时的工作与经验的总结。当时我专注于眼前的个案，会花大量的时间去理解和陪伴个案，促使其发生改变。

　　第十章到第十二章的主题是"家庭教育"，是以整个家庭为一个系统来进行家庭教育与心理咨询服务。要解决的基本上是孩子的问题，来学习与咨询的却是其父母。而父母学习成长的显性指标，是孩子的问题能否得到有效解决的衡量标准之一。显然，这是两种完全不同的思路。

　　比如，在家庭教育的过程中，我们可能没有给父母很多的理解和陪伴——因为父母也着急着孩子的问题。我们尽可能快速地收集来访家庭的资料，例如孩子的问题、现状、特质、习性以及父母的问题、特质、行为模式、潜意识里的思维逻辑，以及他们平常是如何和孩子互动的，孩子的体验是怎样，从而尽快地呈现出他们家庭问题的症结所在。所以咨询中总是直指父母的盲区，尽可能给出一个可以让父母快速采用并且能有效解决家庭问题的方案，使之可以解决家庭里面的问题。当然若父母无法落实，那退而求其次的办法就是协助父母将方法落地，其中会大量涉及协助父母如何观察，如何自我训练，如何突破自己的盲区，从而一步一步把孩子带入正轨。

前来求助的家庭，孩子的问题往往比较严重。基本上，孩子已经出现休学、失学、厌学、逃学的情况，或者网瘾、叛逆、抑郁等各种心理问题。因为孩子问题的急迫性，所以父母一开始也都没有时间慢慢成长，因此我们只能顺应父母的要求，提供一种高强度、密集的训练方式，如用一到三个月的时间学会观察自己、观察孩子、观察自己意识动态与孩子现状之间的关联，找出解决家庭问题的关键环扣，从而解决家庭问题。

最后，希望通过我个人的分享，能为大家在自我成长、家庭教育方面提供一定的帮助，更好地把我们的孩子培养成对家庭、社会乃至国家都有贡献的大好青年。

姚一敏

2024 年 8 月

目录

第一章
需求上瘾

咨询过的来访者中，大部分情感上的混乱都有对情感的执念无法摆脱的情况，我称为需求上瘾。

上瘾，是因为我们的心智"认为"自己有缺失，所以需要弥补。没有"缺失"的感觉，就不会有需求的上瘾。

要解除这个"瘾"，很多都需要心理重塑。因此，想要改变这种情况，不仅需要一个有经验、耐心与同理心的心理咨询师细心陪伴，也需要来访者有相当大的毅力与改变的决心。

♡ 追爱情"神剧"时，到底在追什么

十几、二十岁时，谁没有追过爱情神剧？

我就追过。不过我那时候追的琼瑶式的肥皂剧。初高中的时候，我沉迷于琼瑶剧，那种唯美浪漫、欲说还休的纠缠、死去活来的爱情，让我欲罢不能。

多年后，在现实的爱情中我头破血流，一次又一次撕心裂肺，甚至还干傻事，直到看见头发斑白、满眼血丝的父母，才明白自己错得有多离谱了！

那个并没有回心转意的女友，当时说了一句话"你这样做是没有意义的"，如同一根刺长在我的心灵深处。直到十几年之后，我才有能力将它连根拔起。

那时才知道是自己错了，年少的我把流行的童话故事，当作真实的爱情来经营了。

而此类爱情神剧对于爱情的演绎，是如此的不现实，而对唯美风的迷恋，很容易让一个年轻人沉迷在其中而不自知。

值得注意的是：十几、二十岁追爱情"神剧"也就罢了，有些三四十岁的人还沉湎其中，那就容易出问题了。

我的一个朋友，孩子都已经 15 岁了，整天在追类似的爱情神剧，她的孩子未来对爱情能有正确的认知吗？

也有朋友辩解说，看这些神剧只是在看帅哥美女而已。他（她）们很清楚这些爱情是不现实的，只是无聊时候放松一下，消磨时间而已。

确实，我们不能绝对化地说，追爱情神剧的人就是怎样的人。但人把时间和精力放在哪里，这个实践活动本身就会反过来塑造你、影响你。这就是潜移默化的力量，时间一久，我们就已然改变却浑然不觉。

很多时候，我们以为的"自我"和事实上的"自我"是有很大差距的。那什么是事实上的"自我"呢？这就要看你把时间和精力放在哪里了。根据历史唯物主义的观点来说，是人的劳动实践创造了人本身。也就是你的实践创造了你自己，而不是你的"以为"创造了你自己，我们的"以为"创造的是内心

深处的那个自我——也就是想象的自我。

而追各种神剧，其实就是你的实践活动，你把时间和精力投入在了这里，所以这些迷幻的爱情故事，也在反过来塑造你。

追这种剧，其实是精神性的"软性上瘾"。类似于我们都知道吸烟不好，但就是克制不了。疲惫的时候，吸一口而已，确实没有谁把吸烟当成什么大事来对待，很多时候也确实只是排遣一下疲劳、无聊，或者只是提提神。

只有等到你去戒烟的时候，才发觉戒烟有多难，才会发觉自己对尼古丁的依赖是要花费巨大代价才能戒除的。基本上只有戒烟的人才能体会到，身体对尼古丁的依赖有多严重，吸烟对自己意志力的侵蚀有多厉害了。

只有那些戒过烟的老烟民，他们才能体会到那种烟瘾上来时整个人从精神到肉体的难受劲——那种坐也不是站也不是，蚂蚁挠心尖的那种瘾头、那种渴求的煎熬；习惯夹烟的手指头，怎么摆放都不对劲；还有每天都会被准时唤醒的无意识——用于启动吸烟程序，以及味觉被破坏后的那种吃什么东西都感觉没有味道的不对劲。

"瘾"就在潜移默化地影响着人，而很多人实际上终其一生都没有觉察到"瘾"的存在，毕竟烟是可以随时买到的。只有在某些特殊的情况下，你才会发现"瘾"已经控制住了你的意志，侵蚀着你的自尊。

同样的道理，这些肥皂剧、唯美剧或各类神剧，还有各种娱乐节目，都类似于软性尼古丁，以悄无声息的方式在影响着你，先是从心理，最后到身体上瘾，而你却根本没有察觉。

特别是正处于青春期的孩子，其心理发展的阶段性任务就是完成自我同一性的建构——也就是关于"我是谁"的自我身份认同感的建构（也就是关于我的立场是什么，我是谁，我会怎么想，我喜欢什么，我怎么喜欢……的探索）。

在这个阶段若过多地沉迷于各种虚幻的神剧、网络小说、娱乐视频、网络游戏，那么青少年其实就被潜移默化地影响。最终"他喜欢什么、怎么喜欢，想什么以及怎么想"就被影响而不自知。

所以成年人，除了养生之外，也要守护好自己的身心。我们平时以为的消遣游戏，其实都在无意识中塑造了我们自己。**你时间和精力花在哪里，那里就会反过来影响着你。**

♡ 心理发展停滞的缘由与后果

有这样一对夫妻，丈夫觉得自己非常爱妻子，用他的话来说就是愿意拿命去呵护妻子。这位丈夫拼命工作，买了大房子，买了豪车，还给家里攒了很多钱。丈夫觉得给妻子最大的爱就是让她衣食无忧、财富自由，这是他奋斗的动力，他以能让妻子过上这样的生活而骄傲。

有深爱自己的丈夫，有花不完的钱，这样的妻子应该做梦都会笑醒吧？事实却不尽然，这个妻子看上去总是不太开心。每次看见妻子不开心，丈夫也很苦恼地问："老婆呀，我这么爱你宠你，就差没把心肝掏出来给你了，你怎么还不开心呐？"

妻子却回答："你给我的这些都不是我想要的，我不要你的大房子，不要你的豪车，我不需要这些。"

丈夫纳闷："那你要什么？"

妻子回答："我要你理解我，我要你爱我！"

丈夫大惑不解："我已经这么爱你了，还不够吗？"

妻子回答："那是你认为的爱，不是我要的爱！"

丈夫抓狂了："你要的究竟是什么？"

妻子说："我要你懂我！"

丈夫只好去"撞墙"了！他说："我还不理解你吗？我什么都给你了，我什么都为你做到了，我还不理解你吗？你呀，就是想要得太多，我什么都给你了，你还不满足！"

根据埃里克森的发展八阶段理论，在成年早期（青年期），人的主要发展任务是亲密感的建立，也就是恋爱结婚，建立稳定的伴侣关系。等顺利过渡到成年中期（中年期），就会开始关注更多人的需求，其中尤为重要的就是对后代的照顾上。这个后代也可以是广义上的后代，集体的概念，也即是对下一代的关心上。

在发展过程中，生活太舒服的那个，也就是被照顾过多的那个，往往会是发展停滞的人。因为舒适安逸的生活让人不舍，被悉心照顾总是让人难以忘怀。于是人的心就停留在那里，用专业的术语来说就是发展停滞。

而照顾她（他）的那个人，却因为要一直满足她，所以各方面能力在不停发展，变得越来越有能力。而越是有能力的人，会越快超越目前的心理需求——亲密感的需求，进而发展出更高层次的心理需求。

发展停滞的人，往往只需要考虑自己的需要和利益，不需要关心他人（包括孩子）的需求和利益。

对于亲子关系，他们总是感觉付出和回应不匹配，根本没有能力去理解孩子。不知道孩子的需求是什么，也不尊重孩子作为独立个体的需求和尊严。他们按照自己的需求去教育孩子，因为她（他）要做一个好妈妈（好爸爸），要证明自己是一个很有能力的女人（男人），证明自己很懂教育，能把孩子带得很好，孩子的学习成绩就是她（他）的脸面。而若孩子成绩下滑，表现不如自己的意，无法给自己增面子，那她（他）就会抓狂，就会疯狂地想办法，逼迫孩子学习，以最终达到满足自己需求和利益。

而人之所以停滞在亲密感阶段，除了被配偶照顾得太好之外，往往在少儿时期就已经停滞了，只是随着年龄的增长、知识经验的丰富以及新的心理发展任务的出现，掩盖了早期发展停滞的事实。

比如，一位一直需要被"懂得"的太太，可能是从小就习惯了被"懂得"了，也即是在原生家庭里，父母一直迁就她的感受，对她的需求有着太多的回应，凡事都以她为中心。

所以，她就只学会了以自己的感受为中心，并没有发展出同理他人的能力，不会站在他人的角度看待问题，但对自我的感受却极其敏感。因为敏感，所以需求也就特别强烈，并且容易沉迷于各种感受性质的体验之中，也是皮亚杰理论中所说的自我中心性。

在童年以及少年生活中，家人都过于围着他转，过于迁就他，对他不加以要求和约束，这样的人发展不出"去自我中心"的能力。以至于成年了，还不知道——不是每个人都要围着他转的，更不是每个人都会喜欢他、都应该喜欢他的。在生活中，他只能和那些围着他转的人，把他捧在手心里的人打交道的，那些不理会他的，不愿意围着他转的人，他是看不懂的。更不用说，要他去理解别人感受，去照顾别人的需求，或站在他人的角度看事情、回看自己。因为是成年人的头脑所以会懂得这样的道理，但却没有这样的心理能力。这里用的是"他"，但也包括"她"。

所以，本节开头提到的那个太太，她知道先生为她付出了很多，也在努力地以他的方式爱着她，给她最实在的生活保障，她还知道她现在的所得是多少人梦寐以求而不可得的。她当然不会轻易放弃这样的生活，毕竟她只是发展停滞，智商并没有问题。

但她会缺乏同理、共情他人的能力，也就是她不会因为先生的努力而感动，也并不会因为自己所得太多而不安或感恩，再去想着怎么回报，或者行动上稍微考虑一下先生的需要。她没有发展出这个心理能力，就算先生与她生活了几十年，她也从来不会懂得先生在意什么、追求什么。不会明白为什么很多事情在她眼中根本没有必要，但先生却费那么大力气一定要做。不会明白为什么先生不懂得享受，总是忙于工作。

总之，对于价值、追求、奉献、利他、助人等这些高级情感需求，她是完全无法理解，往往还会嗤之以鼻。于她而言，只要"愿得一人心，白首不相离"就好了。感情是最重要的，什么物质不物质的，她从来不太在意的。所以，她始终觉得生活中缺了什么，但又无法准确表达，最后只好说要先生理解她、懂她、爱她。

但到底理解她什么，懂她什么，爱她什么，又说不出所以然。不过，可以用一段经典台词来概括，就是："从现在开始，你只许对我一个人好，要宠我，不能骗我，答应我的每一件事情，你都要做到，对我讲的每一句话都要是真心，不许骗我、骂我，要关心我，别人欺负我时，你要在第一时间出来帮我，我开心时，你要陪我开心，我不开心时，你要哄我开心，永远要觉得我是最美，梦里你也要见到我，在你心里只有我。"

她永远无法知道的，那个不理解她、不懂她的先生，实际上却是最爱她的男人。用心理学的术语就是，处于发展低阶段的个体是无法理解与体会发展高阶段的人格需求。

这样的婚姻，一般会有三种走向，第一种是夫妻一直很痛苦，始终"鸡同鸭讲"，但因为更多现实的因素，也离不了婚，选择凑合着过。

第二种是其中一方太痛苦了，选择改变对方。如果丈夫太痛苦，出来求助或者自己把事情完全想明白了，看懂妻子，去逼迫并教会妻子慢慢地成熟起来，变成和自己匹配的样子。或者是妻子太痛苦，通过各种努力，成长为一位成熟的女主人。

第三种就是丈夫退化到不断地去满足妻子情感需求的水平，反之亦然。不过看上去也是夫妻恩爱、岁月静好，只是人若不继续发展，当他们遇到下一阶段的发展任务时，他们就无法胜任了，比如，在繁衍后代的任务上，他们可能会无法胜任。

第二章
非良知行为

"致良知"，并非追求良知的清白。

很多时候，我们甚至都不知道良知的制约在内心起的作用，但它却影响着我们在关键时候做决定的动机。

从非良知行为的心灵制约中解脱出来的过程，也是去除隐瞒、让心理防御机制不再扭曲事实的过程，同时也是心学中讲的"为善去恶"和"致良知"的过程。

♡ 闭口不谈隐私，也是要耗费心神的

非良知行为，即人难免会做一些违背道德良知的行为，通常我们都会隐瞒这些行为。而隐瞒的时间越长，对人格的影响越深，乃至人格因此被扭曲，当事人却完全不自知。

但凡被隐瞒的事件，都是隐私，既然是隐私，如非必要是不需要讲出来的。同样的道理，如果非必要的话，也无需去倾听或打探别人的隐私。将一些隐私讲给无关的人，多少有些不合适，也有违人情世故。如果再憋不住，非要讲出来，可能会显得不成熟或有些冲动。

但是，闭口不谈隐私和秘密，是需要耗费心神的，时间久了，它们难免会渗透到人的潜意识当中。而与道德良知相冲突的隐瞒，会引起各种身心失调，从而影响个人的幸福感。

曾经年少的时候，自己做了一些违反良知的事情，如此它就成了我心中的负荷，时间日久，就成了自己无法和他人（特别是异性）坦诚交流的障碍，于是回避就成了下意识的选择。

2009 年，在一次偶然的被咨询过程中，我得到了很大的释怀，也被咨询师深深地共情了。从此我踏上了各种个人成长课程的学习，也想着自助助人。

在整个学习过程中，我不断勇敢地袒露自己，包括对自己各种起心动念的细细梳理。毕竟，隐瞒的想法、念头，怎么说都是违背道德良知、公序良俗的。即便我袒露了不知多少次，在他人面前，我还是不想提，至少我觉得没有必要讲出来。

于是这就出现了一个悖论：我那么地在意，不正说明我还是没有放下吗，心中还有"执念"吗？

初次学习个人成长课程的我，以为"疗愈"就是要彻底放下，不在意，不再影响自己，那就是叫完整的"疗愈"。

所以，那一年的学习时间，我都把时间和精力用在了追求"放下执念"上，以追求良知的清白。

那时的我，已经无法容忍自己在良知上的不清白了。我开始不断地检视自己的各种违背良知的念头，特别是所谓的"不善"之念。我试图清理它，试图不让它在我的意识中产生。我相信，只要把过去所有与"不善"有关的念头、行为全部揭露出来，便可以心里通透，没有恐惧和烦恼，从而达到完满的人生境界。

现在想来，空想主义者是最喜欢追求良知清白的，而年轻的我刚刚步入社会，没有感情、家庭的负担，难免有点空想主义，加上课程导师总是说我没有真心面对，于是我决定先把自己的人格修完整了，再进入婚姻。

在某次心灵工作坊上 Z 老师的一番话启发了我。

她说，"人但凡有隐瞒，就会有心灵的负荷，隐瞒越深负荷越重，如果人想要减少隐瞒对自己人格的影响，可以选择告诉治疗师（小好）。如果想要更好的效果，可以选择向身边的人倾诉（中好）。而如果希望获得最好的效果，可以向全世界公开这个秘密（大好）"。

那时我年轻且纯真，认为与同学们经常互相练习就可以让我那些琐碎的思绪、想法、念头为大家所知，但我仍然有所挂念，内心在意，这些念头时不时会浮现在我脑海中并干扰我（当时我尚未意识到这些念头其实是越注意越多的）。而按照 Z 老师的说法，我的问题在于知道这些念头的人还不够多！

于是我下定决心，把自己最不敢让人知道、最不堪、最龌龊的隐私、想法和念头都袒露出来，公开在我的博客上。我豁出去，完全摊开。我想在世人面前展现一个坦坦荡荡的我，也可以说是一个毫无遮掩的我。

现在想来真的很幼稚。实际上也是被误导，更是在误导他人，当然，读者看起来可能觉得很刺激，毕竟，能这样自爆家丑的人实属罕见，但我却以为是在自我突破。

一方面，我真的只能感叹自己太年轻、太冲动、太幼稚了。但对于陷入"觉悟""放下""疗愈"迷局中无法自拔的我来说，这倒是产生了触底反弹的效果。

至少对于自己的各种自认为"肮脏""龌龊""卑鄙"的想法和念头，我不再感到羞耻。内心深处的声音告诉我，反正我已经什么都说了，大家已经知道了我的东西，我不需要再伪装什么了，这就是真实的我。自从我在博客上这么坦诚之后，我整个人都变得更加真实，也感到更加轻松，不再躲躲藏藏、遮遮掩掩，也不再避讳自己会有各种"肮脏"的想法和念头。

时至今日，经过了十五年多的从业实践，我现在明白对于这类"肮脏""龌龊""卑鄙"的想法和念头，自己的不避讳、不遮挡、不否认才是关键，也即是对自己保持诚信和觉知才是重点。但完全不需要让无关的人知道，如果压抑过大的话，只需要和心理咨询师袒露即可。

随着我接待的年轻人越来越多，特别是男孩子，我发现他们也曾经也像我一样因追求"良知清白"而不可得，并由此衍生出各种心理疾病。而我的这段探索经历，也让我开始善于协助那些心里有负担的来访者。

如果用荣格分析心理学的话，就是我开始知道怎么协助来访者去探索他们人格中的阴影了。

现在，我完全不同意在非咨询室外暴露个人隐私，这完全没有必要。即使是自己想坦诚，也应该具体问题具体分析。只有结合具体问题、具体情况，必要时才需要袒露。如果袒露有助于你面对自己、拿回力量，那就有必要。而且，袒露自己的隐私应该在私下的场合，找一个你信任的咨询师进行倾诉。那位 Z 老师的话，可能只是个隐喻，而年少的我却当成一种自我疗愈的手段。

在当时，没有人告诉我该如何面对非良知行为（人格中的阴影），并穿越过去，也没人告诉我，人为何会有如此大的负担，要怎样化解那个潜意识中的冲突，那个追求良知清白的需求和总是抑制不了的心猿意马该如何协调。

这原本就是无解的问题，特别是我在年轻的时候，内心的欲望就像脱缰的野马（本我），而道德良知也会对其进行审判和约束（超我），这种冲突本来就是无解的，本来就是年轻人必然面临的烦恼。现在才知道，这其实就是人格在整合过程中必然会发生的现象，即为自我同一性的建立过程。

所以，重要的其实是，人是可以带着这些心理冲突与焦虑继续往前走的。该工作就工作，该谈恋爱就谈恋爱，把大量的精力消耗在工作之中，恋爱之中，等工作越来越上手了，自己也结婚生子了。

整合的过程其实会自然地完成，完全不需要做什么额外的心理治疗。当然如果个人心理冲突与焦虑已经严重影响生活了，那还是有必要去咨询一下的。但当时的我是没有任何关系，事业也还没有开始，更没有伴侣、没有婚姻的情况下，仅仅出于对心理学的热爱，参加了很多个人成长的心理学课程，盲目地跟着自我疗愈。

而这是不可取的。

但当时的问题却是，我在学习那些心理治疗技术，天天在练习，没事就内省自己、审视自己的无意识，挖掘潜意识深处的欲望与不善的念头。

我在学习过程中整天把自己的精力和注意力放在观察自己的念头上，特别是观察自己的恶念、邪念、不善的起心动念上。那这还得了，这妥妥的是一种自我强化，如此学习下来，其实就是把自己放在火上烤了。现在回想起来，当时年轻气盛、身体健康的自己，哪里可能没有"肮脏""龌龊""卑鄙"的想法和念头？如此练习得越多，我内心的冲突就越大，以至于我被折磨得筋疲力尽、双眼发黑。

也就是说，本来是一个正常而且健康的年轻人，但过度的自我检视之后，硬是检视出了一堆的心理问题。

所以，当我看到有可能摆脱的希望时，便下定决心让全世界都知道。不是说要勇敢揭露吗？那我不入地狱谁入地狱，于是我大胆揭露自己，还把这些内容放在博客上，希望可以帮助更多有类似痛苦经历的人。

因为有了这些"试图拔着头发离开地球"的"痛苦"的经历，所以我在2015年接触王阳明心学的时候，才会感到无比欣喜。

心理咨询师也好，来访者也罢，都是活在世间的人，要不停参与各种社会关系。我们终究是社会人，只要在社会中，我们就会被社会环境所影响。社会是五光十色的，也是五味杂陈、更是七情六欲的红尘，所以追求良知的洁白、追求终极的解脱，那本来就是缘木求鱼。

如果将"良知清白""超脱""出离"作为我们行事的准则，或者说作为立身处世的标准的话，那真的会让人失去行事的动力、生存的欲望。因为但凡做事就是有动机，也可以说就会有欲望，而且做事的人难免会犯错，而且做得越多，错得越多。只有不做事，空谈道德的人才不会犯错，才能做到"不二过"。

由于个人有这样一段经历与咨询实践，当我再次理解心学时，就有了不一样的体悟。王阳明心学始终倡导的是"致良知"，即向着良知的方向进行，而非追求良知的清白。渴求良知清白更可能是一种道德洁癖，也会阻碍我们真正去承担社会责任。

♡ 破除头脑中固定的解释逻辑

人为何需要直面自己的非良知行为呢？其中一个很重要的原因是，若不勇敢面对，我们的意识会对这些实践活动进行反复的加工和合理化，**以至于完全扭曲或者消除最初的动机与真相，将其合理化为表面上看似可以接受的解释。**

这也可以被理解为人的心理防御机制。弗洛伊德认为，防御机制是为了消除人格内部的冲突、降低或避免焦虑，以保持人格的完整和统一而采取的方法。其中包括压抑、升华、替代、否认、反向作用、理智化、投射、合理化等主要机制。

简单来说，就是"本我"产生了一些不被"超我"（道德标准）所接受的冲动或行为时，为了避免"本我"与"超我"之间产生激烈的冲突，"自我"会对"本我"的动机采取各种防御机制，如压抑、升华、替代、否认、反向作用、理智化、投射、合理化等，以使这些动机被"超我"接受。

王阳明心学中"良知"的概念和精神分析中的"超我"非常类似。心学中的"良知"在人类心理活动中起着类似的作用，即对心理冲动和行为进行道德标准的判断和约束。

"超我"包括理想自我和道德良知。其中，道德良知负责对违反道德的行为进行惩罚（内疚），而理想自我则提供各种典范，用于判断一个行为是否合乎道德，是否值得赞美。"超我"的主要任务是指导自我以道德良心自居，抑制"本我"冲动，并遵循"道德原则"。在西方语境中，"超我"与"本我"经常发生冲突，"自我"总在竭尽全力维持两者的平衡，这也导致各种心理问题的产生。

2008年我刚刚学习时，进入的是传统文化的世界观当中，后来才逐渐进入了"心学"的致良知。虽然现在可以使用精神分析的"超我""心理防御机制"等概念来重新诠释人类的心灵机制，但我多年一线教学、咨询的经验表明，使用"良知""致良知"等词更符合中国人的语言习惯。

因为心学背后的世界观是咱们儒家思想中的**"圣人之道""仁者治人""天人合一""天下大同"**等，这些观念强调个人的人生价值在于实现**"修齐治平"**的济世情怀。

"超我""自我""本我"这三者的冲突，其实是在西方文化背景下产生的冲突，而这种冲突又具有跨文化的一致性，只是中国传统文化中是可以统一在一起的，是可以和谐共处的。

想了解这一点，可以考察西方文化中的"阉割情结""俄狄浦斯情结""弑父情结"等概念。中国人不必把这些情结原封不动地搬过来，它不能完全解释中国人的心理现象。

通过归纳上面的几个概念，可以得出这样的结论：人如果做了非良知的行为，它就会与我们的良知相冲突，会一直被自我的良知审判与惩罚。为了消除这个冲突，维持人格的统一，心理防御机制就会一直对原始的非良知行为，特别是其中的动机进行各种扭曲、掩盖，最终合理化为自己头脑意识可以接受的理由。因此，在面对某些具体的情况时，有些人就会显得很偏执，根本听不进理性的声音。

当然，这种"偏执"的现象不仅在非良知中起作用，实际上也是一种本能，为什么这么说？因为人会自动解释发生在自己身上的一些现象或行为，特别当意识层面无法解释这些现象或行为时。换句话说，人的大脑无法容忍空白，或者说意识无法解释的现象或行为存在（特别是发生在自己身上的）。

人的大脑会对自己的行为、所处状态，周遭事物不停地进行解释，无论这个解释多么荒谬与不合理。

所以，很多时候我们会在嘴上承认自己错了，但心里并不服气。也就是说，大脑中存在另一套逻辑，用来解释自己的行为与境况，并固执地认为自己是对的，是有道理的，是合理的，而根本不管客观事实如何。

其实，大脑的这个功能不难理解，它之所以要这么做，是为了大幅度节约内存与能量。这是因为，当我们遇到熟悉的事物时，大脑会直接调用已有的经验来进行处理，而不需要重新审视和熟悉。这种机制可以让我们更快速地做出决策，同时也能够节省能量和时间。因此，在面对熟悉的事物时，我们往往会直接忽略需要重新审视和熟悉的流程，直接按照已有的经验进行处理。

经过漫长的人类进化，这些功能已经无缝运行，以至于我们感觉不到它们的存在。这就是心理学上所说的"自动化加工"（谢夫林的双加工理论）。**在大多数情况下，人脑的这些功能是在全自动运作，只有在出现问题的人身上，我们才会明显地觉察这些功能。**

20世纪60年代，神经学家迈克尔·加扎尼加（Michael Gazzaniga）及其同事对接受裂脑术的癫痫患者进行了一系列实验。裂脑术是一种医疗手段，即通过切断连接癫痫患者左右脑的胼胝体来减缓患者的病情。在这些实验中，科学家用一种特殊的手段只向病人的右边大脑展示图像，并对其下达指令。在病人服从指令后，科学家要求他们解释为什么这么做，得到的答案稀奇古怪。

有一个人奉命大笑，当被问及为什么笑时，他告诉实验者说："你们太过分了！"而另一个病人按照要求走路，被问及为何站起来时，她说她渴了，要去倒杯水喝。

这些案例表明，人的行为可以由大脑的不同部分独立控制，而不同部分之间的联系可以被切断。这种现象被称为"裂脑现象"，为研究大脑的功能和结构提供了重要的线索。

在1977年，心理学家理查德·尼斯贝（Richard Nisbett）和蒂莫西·威尔逊（Timothy Wilson）在密歇根的百货公司开了一家店铺。他们要求顾客对比4组"不同"的连裤袜，实际上4组连裤袜完全一样。结果，顾客还是固执地选择了其中的一条，并且给出自己的理由，如"这条的颜色稍微漂亮些"，或者"这条的面料更柔软"等。

在这个实验中，人们在面对选择时，即使没有真正的好处，也会寻找一些理由来支持自己的选择。为什么？因为大脑会自动地解释我们的行为，而不论我们的行为事实上是怎样的。

再举一个大家生活中很熟悉的例子。

Z相信练习气功有益健康，所以他坚持练习了10年，后来成为一家气功培训班的师父。

我们不难发现，有3个原因促使他必须相信气功的益处，但是，这些原因中没有一条涉及气功的真实效果。

首先，Z或多或少抱着延年益寿、强身健体的目的练气功，所以肯定不想听别人说"练气功是无效的"（甚至对身体有害）。

其次，他对气功的执着代表了一项神圣而坚固的传承，怀疑练气功的价值会严重损害他的师承关系，更不用说还要考虑自己的利益。

最后，他已经将自己的金钱、学识和地位都投入到了练气功方面，因此不得不相信气功具有养生益智的效果。

所以，这个例子中，Z深信"气功一定是有益健康的"，不论事实如何，都不会改变他的这种想法。

所以我们要意识到，要求"我是对的"，及"我所有的行为都是可以被解释的"，是人类大脑中最本能、最顽固的部分。这种生存之道，往往会导致各种生活问题，是不少痛苦的根源。在佛学里面称这个为"执念"或"我执"。

而传统文化中有很多去除执念的方法，它们都在这个部分做功。其中包括破解头脑的局限性、让人放下小我、去除头脑的框架等，最终追求解脱、了悟人生。

从辩证唯物主义的立场出发，我们不会在"出世间"这个方向做功。但是，我们可以借鉴传统文化中"破除我执"的练习方法，来帮助来访者、学习者识别自己身上顽固的"执念"。否则的话，心理咨询就很容易在原来的头脑的逻辑里打转。也就是说，咨询师努力了半天，结果，所有的咨询只是被来访者重新纳入其旧有的认知框架（皮亚杰所说的图式）。

比如，上文提到的那个深信"气功一定是有益健康的"的练功迷，他因为练功而陷入"走火入魔"的状态，如果只是劝他不要练功了，是远远不够的，我们需要协助他跳出原有的认知框架，甚至打破他的认知框架，如此，他才能从"走火入魔"的状态中解脱出来。

大脑的这个功能，在大部分时间里都能够正常运行，我们也几乎感觉不到它的存在。当我们陷入某个循环往复的怪圈当中（如"受苦"体验），我们的意识根本解释不了"我为何会把生活过成这样"，此时我们若经过刻意的觉察训练，如此才有可能注意到这个强大功能的存在。

如果我们能像看电影一样回顾自己的一生，并像台下的观众一样审视自己的一生，我们就有机会观察到自己行为的荒诞性。

电影《被嫌弃的松子的一生》就把这个循环往复的怪圈揭示得很清楚，我们清楚地看到，松子的一生是如何被嫌弃的，但作为当事人的松子却并不察觉，她只是习惯了这种生活。因为那就是她小时候的味道，她习惯了被嫌弃，习惯了用隐忍、讨好的方式获得一点点的温暖与慰藉。成年后的松子继续被忽略、被嫌弃、被诬陷、被强暴、被暴打、被抛弃，她总是轻微挣扎一下，然后就放弃抵抗。她不知道，其实可以换一种方式生活，那样可以活得更有尊严，而且也会得到她所渴求的爱。

因为被嫌弃的记忆深深镌刻在她的记忆深处，这是从小到大的体验，就像呼吸和吃饭一样正常。她不知道人是可以不被嫌弃的，人是可以不被忽略的。她只学会了用卑微的方式来讨得父亲难得一见的笑容，成年后的松子也只会用各种卑微的方式来获取男性的一点点的怜悯。她从来都不知道，当别人伤害自己时，是可以反抗的，是不需要道歉的，因为自己根本没有错。

所以，问题之所以产生，是因为我们从小到大习惯了（松子被忽略、被嫌弃），头脑形成了一套固定的解释逻辑，来解释自己所遭遇的情况（被诬陷、被强暴、被抛弃），或者对自己的某个行为（讨好）进行某种合理化（都是松子的错），然后这个解释的逻辑、合理化的路径就代替了事情的真相（本来不是她的错）。而松子却无法跳脱出来审视自己的一生。

这套合理化机制会将发生在自己身上的事情纳入其中，并进行诠释。这样，人就一直处于熟悉的感觉中无法走出来。

♡ 内心羞愧，脸颊才会火辣辣

在中国传统文化中，"良知"是一个广为人知的概念。但是，如果仔细询问人们对"良知"的理解，一千个人会给出一千种答案。诸如"'致良知'很重要，它真的有那么好吗？""它为何能令那么多英雄豪杰顶礼膜拜？"这样的问题，更是没几个人能回答得上来。

如果请教心学大师王阳明先生，他会告诉你：良知啊，就是能知善恶（在2015年，官方确认王阳明的心学是中国传统文化中的精华，也是增强中国人文化自信的切入点之一）。王阳明先生总结的四句教是"无善无恶心之体，有善有恶意之动，知善知恶是良知，为善去恶是格物"，虽然已经将心学的主旨阐述得很清楚，但是对于今天的很多人来说，仍然是丈二和尚摸不着头脑。

因为古人写文章言简意赅，寓意深刻（实际上背后涉及大量的文化知识背景），现代人如果没有一定的人生经验和知识储备，贸然去研读《传习录》，恐怕很难理解其中的深意，从中得到启示与帮助也十分有限。就像古人所说的"半部《论语》治天下"，这句话的意思是，在治天下的人的手中，半部《论语》就足够用了（或言根本不需要把整部《论语》背得滚瓜烂熟）。但对于那些从不出门的书生，就算把整部《论语》背得滚瓜烂熟，也难有作为。

因为我们没有生活在阳明先生所在的那个时代，也没有那个时代的基本知识储备。阳明先生是大儒，他从小就立志要做圣人，即便做不成圣人，也要匡扶天下，担起拯救天下的重任。他历经磨难，被阉党谋害，流放至贵州龙场。在生死关头，他不忘初心，终于悟道成就了阳明心学。

他将心学归纳为"致良知"三个字，实际上已经将其中的深奥蕴意阐述得淋漓尽致了。他的遗言是"此心光明，亦复何言"，表达了他作为儒家圣人的无憾与光明。

人到中年，我在近 15 年的工作与研学过程中，在体会王阳明先生的"致良知"时，我突然意识到，一直以来我揭露隐瞒事件，暴露各种违反道德良知的行为和念头的过程，不正是在"致良知"吗？

也就是说，面对隐瞒事件、非道德行为，我们最终的目的不是追求良知的清白，也不是为了让自己忽略这些事情，更不是为了解脱和放下，而是为了恢复良知——**直面隐瞒事件、非道德行为的过程，我们的脸颊会是火辣辣的，内心会是羞愧的，胸口是会疼的，这些都是良知恢复的感觉。**最终，"致良知"意味着让良知在生活中发挥指导作用，使良知与自己的行为一致，实现"知行合一"。

说一则阳明先生审匪的趣事吧，方便大家更好地了解什么是恢复良知。

王阳明担任庐陵县令时，有一次，抓到了一个江洋大盗。案情重大，县吏们轮番审讯。大盗自知罪不可赦，死鸭子嘴硬，一言不发。

无奈之下，县吏们只好向王阳明禀报。了解完整个审讯过程，王阳明沉默片刻，吩咐一声："尔等且回，我已想好对策。"县吏们半信半疑，随即离去。

次日，公堂之上，王阳明亲自审讯，大盗一副死猪不怕开水烫的架势："要杀要剐，随便，老子无话可说。"言罢，瞪大眼珠子，直勾勾地看着王阳明。

县吏之中有人说："大人，此贼恶贯满盈，审与不审，均可依律治罪。"

王阳明摆了摆手："不急，这厮颇有血性，跟他聊聊又何妨？"他看着堂下大盗问道："小子，天不怕地不怕，怕不怕跟我聊上几句。"

大盗毫不犹豫地回答："老子，砍头都不怕，还怕跟你这个鸟官聊几句话？哼！"

王阳明哈哈大笑："好！那敢不敢把外套脱了，再聊？"

大盗二话不说，脱掉外衣扔在地上："这有什么大不了的？老子脱了，有屁快有话快说。"

王阳明走下堂，又说："那敢不敢把内衣也脱了？"

大盗痛痛快快又把内衣脱掉："这回行了吧？"

王阳明向前两步，又说："外衣，内衣都脱了，索性连内裤一并脱了吧！"

大盗先是一愣，然后支支吾吾地说："这，这……多不方便。"

王阳明注视着大盗，说："有什么不方便？你不是什么都不怕吗，还怕不穿内裤？"

大盗哑口无言，小脸唰地一下红了。

王阳明回到堂上，坐下说："人有脸，树有皮，看来你还懂得一点廉耻。大丈夫顶天立地，凭智慧存世、靠双手吃饭，只有那些少廉寡耻的人才去偷盗抢劫、沿街乞讨。干了此等下流之事，不以为耻，反以为荣，有何颜面面对父母妻儿？知错能改善莫大焉，念你良知尚存，从实招来，本官酌情为你减刑。"

话音刚落，大盗把头一低，放声痛哭。哭罢，交代了所有罪行。

这就是大盗的良知。它是一种本能的道德意识。

虽然中国人都知道"人人具有良知"，也知道要"为善去恶"，但具体操作上好像并没有一个切实可行方法，每个人只是秉持自己的理解去摸索。这就难免造成混乱与无序，无法切实有效地深入体验和实际操作。

这些年，我一直在一线协助来访者，通过和他们交流，我更好地理解了什么是"致良知"。因此，我希望能够用现代的语言重新解读"致良知"。

用现代心理学的研究成果去诠释"致良知"，去解构它，定义它，理解它，用心理咨询的技术去实践"致良知"的过程，并且以此为基础，训练、比较、校正、提炼和批判与继承。

如此，"致良知"就会变成一个心理学上可以实操的咨询技术了，这是我这些年一直为之努力的方向。

♡ 我们为什么要有良知

说到"致良知"，我们不得不提及一个问题，人为何要有良知？

从社会学的角度看，其实不难理解。人类是群居动物，而且是群居的灵长类动物。在人类漫长的群居生活中，为了保证整个族群的休养生息，人类社会必然会发展出一套有利于这个族群生存的行为范式。也就是哪些行为是利于群体生存的，哪些行为是不利于群体生存的。简而言之，就是什么是对的，什么是错的。

随着时间的推移，这些行为范式就演化成了今天的道德范式（如社会契约、规矩、风俗、习惯、规则等）。

在漫长的人类历史中，这些范式慢慢地深入人类的集体潜意识，并一代代地传承下来，成为我们内在的一种强大制约。这个制约不需要说出来，但我们会在潜意识中默认它、肯定它，也会在无意识中遵循它、维护它。

这个力量就是良知！

潜意识中的那个契约，也是我们俗称为"道德"的那个东西！

这个道德是真实存在的，它对人、家庭、团队、公司、国家或种族会有一定的制约作用。

所以，良知能起作用的是那些被认为符合群体生存特性的事情。一个符合群体生存的行动，也就是一个符合良知的（道德）行动。违背良知（不道德）的事情也就是违反群体生存的事情。

有害的或是违反道德法则的行为被称为非良知行为。当一个人违反了道德守则，或应根据道德守则应该做某事而未做，或是拖着不愿做时，我们的良知就会审判或惩罚我们（精神分析上说超我——道德良知具有审判和惩罚的作用），**因此我们把这些行为称为非良知行为。没有被说出来或被公开的非良知行为，这又构成了隐瞒。致良知，就是不再隐瞒自己的非良知行为，然后使人的意识和行为重回良知的指导之下生活。**

比如，夫妻之间要彼此忠诚，一旦成婚，就不能背叛对方，不能有出轨行为。这是婚姻的契约，不需要通过签字说明，在社会文化背景下，这些契约是显而易见的。我们的潜意识会默认这样的契约，也认为只有这样才有利于夫妻双方、孩子和双方的家族（甚至更广泛的社会关系）的生存。

如果一个人一旦违反了这个契约，那么他就做出了非良知行为。致良知，就是让这个人重新回到忠诚的契约之内（指重回道德良知的框架之内，不一定是重回婚姻这个形式）。换句话说，就是回归伦理秩序之中。

♡ 揭开谎言方能看见良知

致良知始终是一个知易行难的过程，因为在面对非良知时，会面临很大的挑战。这个挑战就是，良知恢复的过程需要从各个角度对人格中的阴影部分进行无死角的精细检视。一般人还真无法完整地走完这个过程。因为它挑战的几乎是潜意识人格中阴影的部分。

荣格学派中的阴影理论，是一个相当深刻且引人深思的概念。阴影，简单来说，指的是我们内心深处那些被压抑、不愿面对的情感、欲望和行为。在荣格的理论中，阴影被视为我们精神世界中潜意识层面的一部分，是我们不愿意承认或面对的部分自我。阴影理论认为，阴影中包含了我们内心中的负面特质和情感，这些特质和情感由于种种原因被压抑或隐藏起来，不被我们所接受或认可。然而，阴影的存在是不可避免的，它是我们人格中不可或缺的一部分。正是由于阴影的存在，我们才会展现出一些不道德感、攻击性和易冲动的趋向。

荣格认为，阴影并不是完全消极的，它实际上是我们成长过程中被压抑到潜意识中的一切，是未充分激活和发展的功能，是内在活生生的另一个自我。阴影的本质无所谓好坏对错，它只是我们内心中的一个部分，需要我们去接纳和理解。

在荣格的理论中，学会面对和接纳阴影是非常重要的。通过探索和理解阴影，我们可以更全面地认识自己，成为一个更加完整和健康的人。同时，阴影理论也为心理治疗提供了重要的思路和方法，帮助我们处理内心的冲突和矛盾，实现个人的成长和转变。

我们每面对一次自己的隐瞒，人格当中就会激发起一些压力、羞愧、悔恨等负面情绪——这些负面情绪也可以说就是良知的声音。但是，人们总是不喜欢负面的情绪与感受，更不用说很多人无法承受"负面情绪"，无法直面"人格阴影的压力"，也就是说，当人们感到难受时，便会选择逃离。为了逃避痛苦，人们会对原初的事件、动力进行越来越多的掩盖与扭曲，直至它深藏于人格深处。

心理防御机制就是这样一直在发挥作用的。

直面，就是将心理防御机制的那些功能全部都解开，否认——不否认、压抑——看见它、投射——回归真相、反向作用——拉回来、转移——不转移、合理化——不合理化、升华——还原为本来面目。

用大白话说，就是剖开每一个与客观事实不符合的"包装""谎言"，仔细地还原，再剖开，再还原。如此往复，直到我们检视自己人格中的阴影时，没有什么是自己无法直视的。没有什么是自己无法还原的。

即，**直至自己的心理防御机制不再欺瞒自己为止。**当然这个时候人格也就完成了重新的整合。阴影与光明（人格面具）之间不再互相对立，不再把自己的人格阴影投射到他人身上或者环境之中。也不再扭曲事物的本来面目。

理想的情况是，当自己面对问题时，不再有辩解、固执、合理化、想不通的情绪存在，而是能够清醒地思考与理解。但是，这个过程有时极其缓慢和艰难，甚至需要花费大量时间（许多人在面对问题时会出现巨大的反弹，这是咨询师最危险的时刻），也是人格阴影不好面对的原因。但是，最后得到的结果将会是释然、释怀与恍然大悟，包括自我的接纳，人格的重新整合。

在这里，我举一个曾经的案例，来说明如何一层又一层地直视人格的阴影，以及人格阴影投射出来的"谎言"。

有一个来访者（X），她一开始的困扰是：无法和男朋友好好相处。起初，她是这么对我说的："我之前的那些男朋友都说了，我这人什么都好，就是性格太暴躁，一旦被刺激到就像世界末日一样。所以，我想解决的问题是，怎样做才能让自己不那么暴怒，只要改掉这个毛病就什么都好了。"

这是来访者当时的认知，看起来是真实的，至少当时她是这认知的。但是，如果我们深入了解就会发现，这并不完全是事实。

如果我也认同她的观点，试图教会她控制暴怒、疏导情绪、避免被刺激到，甚至使用药物，那么我就陷入了她的意识陷阱中，也即是被她的人格阴影所欺骗。这并不能帮助她真正解决问题。

所以，我仔细还原了 X 的整个暴怒事件，特别是与她男朋友有关的暴怒事件。当我一次又一次地帮助她回顾这些事件时，那些事情就像电影里的慢镜头一样，被重新播放。任何不清晰的地方、自动的、非理性的和没有意识的行为，都在这里被还原，并放大了仔细检查。

为什么在那些事情上，我就容易被激怒，而且无法自控呢？

当时，我打电话给我男朋友，兴奋地告诉他我明天要去老师那里做心理咨询，我要改变自己。本想开心地和他聊聊天，然后互道晚安，开心地睡觉。但是，我突然听到电话那头传来一个女孩子的声音："阿M，轮到你了！"他支支吾吾地向我解释："我在和兄弟打球呢。"突然之间，我火冒三丈，觉得我和你打电话，你怎么可以不专心呢？一点都不关心我！愤怒之下，我整晚都在大发雷霆。

他根本不尊重我，不关心我，注意力也不在我身上，我受不了！

此时，当事人从"我什么都好，就是太暴怒了"的认知中（实际上这只是阴影投射出来的认知，不是事实，更不是真相），开始向下看，看到了下一层真相，也就是"受不了他不尊重我，不关心我，注意力不在我身上"（这依然是人格阴影投射出来的"认知"）。

于是，我继续引导她面对，引导她慢慢回顾这些不尊重、不关心、让她很愤怒的事件。

她想起了很多同类型的事件，随着引导的继续，她开始探索更深的潜意识内容，回忆起了更多生命中的故事，并仔细地梳理了一遍。

你是我的，你不可以背叛我。我对你这么好，你怎么可以背叛我呢？

在这个时候，当事人开始更深入地探索自己，并开始回忆起年轻时与初恋男朋友的经历。然后她喃喃自语道："我受伤了，我被伤得很重！我对你那么好，你也那么地爱我，我们曾经那么相爱。你一定是被别人迷惑了，你一定不是真的爱她。你说过你会一直爱我的，你还送了我戒指，你说过你是最爱我的。我的初恋、初吻和初夜都是要留给你的。"

你怎么可以被别人抢走呢？我失败了，我在给别人培养老公，我失败了！

我从来不对你发脾气，我什么都容忍你，你怎么可以不要我呢？那个死女人脾气那么坏，长得也那么难看，还不就是因为她愿意和你发生关系，所以你得对她负责！好吧，你早说你要的是这个，那我也可以给你啊。

于是当事人进入了失恋的痛苦当中，因为无法承受失恋的痛苦，于是她也快速地投入到另外一个男生的怀抱。同时，把她认为初恋男友不要的东西，统统给了这个男生。

但是，在给予之后，她又认为这个男生拿了本不属于他的东西。她发现，男人真正需要的竟然只是这些！这一刻，她的怨恨油然而生。通过这个男生，她意识到，只要她发脾气，男生就会害怕；只要她控制他，他就会听从；只要她运用欲擒故纵的手段，他就会不离不弃。

于是这么多年以来，当事人就一直活在这个行为模式当中（自认为的真相），但这真的是事实吗？并不一定。当然，当时的伤心，感觉上都是真的，因为她痛得如此真切，这使她在二十年后的现在回忆起来，依然是痛彻心扉。

但要记住，**任何持续存在的情绪都包裹着不被自己认知的真相**，所以，她对于受伤的记忆也可能隐藏着一些她不愿意面对的真相。

我们的咨询继续推进。在某个时间点上，当事人一直停留在和初恋男友的浪漫情怀中之中，她不再愿意继续深入探索。她紧紧地抓住这个令人心醉神迷的唯美爱恋不放，想着："这一辈子能有机会如此爱一回，我已经足够了。老师，我不想看破它。如果看破了，我还会爱吗？如果看破了，我还会保持浪漫吗？那我的人生还有意义吗？"她的内心充满了恐惧。

我只有保持沉默，因为探索人格中阴影的部分，恐慌是经常会发生的，所以我也不好说什么，只能是静静地等待。

终于，机会还是来了，当事人再次对（咨询时困扰的关系中的那个）前男友的现任女友产生了强烈愤怒和报复心理。"你什么都可以抢走，但你不能抢走我的男人。"这些行为最终导致了她前男友、前男友的家人以及前男友的朋友们都开始结成统一战线，对她敬而远之甚至避之唯恐不及！在这个时候，当事人依然沉浸在报复的快感中，"就算被你抢走了，我也要让你们血淋淋的。"借助她的愤怒，我终于逮住了机会，开始直视她潜意识中的阴影。

你真的爱他吗？真的对他那么好吗？他真的那么爱你吗？

再次带她回溯他们正式牵手之前的故事。第一次见到男朋友的时候，内心起了阵阵波动。小学、初中时她就不是个温婉秀气的女生，为何和初恋男友谈恋爱后，会变得如此善良？如此包容？如此体贴？

到底这里隐藏着什么不为人知的秘密呢？

终于，当事人开始审视自己从来没有认真审视过，而且也完全遗忘了的那段记忆。

那是一个王子爱上灰姑娘的中国版故事了。中国版的灰姑娘出生在一个"重男轻女"的农村家庭，在粗俗的叫骂声中长大，是一个在"弟弟什么都有，我什么都没有"和"你是大的，你要让着小的"的教导中长大的农村女孩（打上引号的意思是，这依然是当事人的自述，但我保持怀疑）。

他们祖祖辈辈生活的村庄需要搬迁，因此这些在"牛粪遍地"的土地上长大的孩子们有了机会进入干净整洁的部队子弟学校读书。

这个"野姑娘"因为得到了她不该得的东西，进了不该进的圈子，尽管她非常努力，也无法摆脱"乡巴佬"的身份，从学前班到初中这段时间，她遭遇了种种羞辱、鄙视、欺凌。她也试图用自己的野蛮、倔强，以及小小的诡计来对抗这一切，但终究无济于事。

读初二的时候，偶然间，她在权贵的世界中遇见了一个"王子"，而"王子"以为她是个优雅的、有教养的公主，于是和她开启了一段浪漫的爱情之旅。

现实中的"灰姑娘"终究不是真正的"公主"，虽然她极力模仿小说、影视剧中公主的举止，让自己看起来像个公主，但这并不能掩盖她的脾气。虽然年少的"王子"陶醉于这种梦幻般的浪漫，但随着他逐渐长大，他开始意识到与灰姑娘发生感情并建立关系并不是一个明智的选择。于是，他看上了另外一位"野蛮女友"，并快速有了关系。

这就是浪漫故事总是没有结局的一个重要原因。双方都沉浸在一个迷局中，总害怕被人戳破，唯有不告而别才是最佳的结局。这种行为源于内心深处的阴影，即是对良知的蒙蔽和压抑。

这就是灰姑娘不愿意看见的真相。梦境有时候太美，是因为现实太残忍，出生在"遍地牛粪"的农村，究抵挡不住高档、优雅圈子的诱惑，然而"偷来"的美梦终有一天是要醒来的。

这个灰姑娘不愿意面对一个事实——她甚至不想承认自己的身份，觉得它太残忍，所以想一直活在谎言与梦境中。

如此，在整个的咨询过程中，她的种种由人格阴影投射出来的谎言就不攻自破，"我这人什么都好，就是性格太暴怒了，一旦被刺激到简直就是世界末日了"。其实，她没有对他那么好，也没有那么爱他，受的伤也不是真的，她之所以愤怒，是因为对人格阴影中潜藏的内容的害怕。

所以，当事人愿不愿从这个梦境中醒来。对她来说，其实还有很长的路要走。

当年的咨询也只做到了这里，当事人就中断了咨询。如果继续探索下去，可能会有更多投射出来的谎言被击穿，这是当事人不愿意接受的。从她很多具体的行为中，我能推测出一些事情，但这些毕竟没有获得当事人的确认，所以我不再做进一步的解读。

只是，请各位读者换一个角度思考问题，比如，怎样的人才会如此嫌弃自己的出身？本就是农民的孩子，怎么会如此嫌弃农村？真的有农村是遍地牛粪吗？最少在我生活的农村，貌似牛粪都会被作为肥料及时收走的。如此暴虐的脾气，又是谁给她的勇气呢？一个从来没有被支持、被爱的孩子，是少有如此暴虐的脾气的！

要一直追问下去，是需要极大的勇气，而并不是每个人都有这样的勇气。

而且，如果我继续追问，当事人人格中的阴影也可能会反噬到我的身上。其实，这些年让我深有感触的是，真正有效的干预往往有着较高的风险。我收到很多人的感谢，他们在我的帮助下很好地整合了人格，生活发生了巨大的改变。但是，我也会遇到一些反噬，有些人无法直视自己人格阴影的时候，会选择攻击我，而我心知，实际上是因为我知道了她们的人格阴影，那些他们心灵最深处的隐瞒。虽然他们主动寻求我的帮助，但是，在他们迫在眉睫的问题得到解决后，会忘记探索内心的阴影实际上是他们邀约我一起往前行进的。而我一般不太愿意探索来访者的人格阴影，也就是他们的非良知行为。

很多来访者并不追求"恢复良知"和"致良知"，虽然这是我个人价值里最为珍视的部分，但并非人人都需要。

♡ 致良知，莫把心学异化为鸡汤

说到底，我们探索人格阴影的部分，是为了让自己的人格更加的完整，不再有对立的撕裂感存着，用心学的话可以说是，揭露非良知的目的是"恢复良知"，更是为了"致良知"。"致良知"或许就是现代人讲的人格完整的体验吧！

正如上文的当事人（X），虽然她的投射在我的咨询中的"谎言"一个又一个地被击破，以至于她的恨都无法立足了。但真正要往下继续探索的时候，她就立刻中断了所有的学习与咨询。

也就是说，她其实害怕自己人格中阴影的部分，她选择了不要去看见真相。所以，我们也无法因为"致良知"的美好，人格整合后的完整感，就勉强来访者进行深入的探索，这肯定是不可以的。

"致良知"是需要勇气的，或者有大的目标才行。或者有足够的痛苦也行，痛苦到必须改变为止。只有这样，心学才能真正起作用。如果只是不痛不痒、不急不慢地上课和结交朋友，那么心学就会被异化为哲理鸡汤。

毕竟，"心学"是儒家圣人王阳明创建的。阳明先生之所以创立"心学"，是因为他从小就立志要成为圣人。

儒家的圣人，如张载所说，"为天地立心，为生民立命，为往圣继绝学，为万世开太平"。如果境界没有那么高，至少也要做到"穷则独善其身，达则兼济天下"。如果只想保住自己的一亩三分地，那是无法实现"致良知"的。

为了方便现代人理解，我经常引用精神分析中的"超我"概念。

"超我"代表社会价值观和标准，人生早年是父母的价值观和标准。"超我"包括理想自我和道德良心。道德良心负责惩罚违反道德的行为（内疚），而理想自我则提供各种典范，用来判断一个行为是否合乎道德、是否值得赞美。超我的主要任务是指导自我以道德良心自居，并遵循道德原则。

要进入遵循"道德原则"的生活，而又不感觉处处受到约束，需要高级的驱动力。

在中国，唯有儒家的济世情怀才能做到"从心所欲而不逾矩"，即跟随自己的心意，但在任何情况下都不违反规矩。也就是说，"我"和"规矩"并不是对立的，而是统一的。

用心理学的语言来说，"超我""自我""本我"之间没有冲突，当它们不再对立时，人格才能统合完整。

用马斯洛的调查研究，这些人就是"自我实现了的人"。美国心理学大师马斯洛（Maslow）在研究了许多历史上伟人共同的人格特质之后，详细地描绘出"自我实现者"（成长者）的画像。自我实现者有下列 15 个特征：

1.他们的判断力超乎常人，对事情观察得很透彻，只根据现在所发生的一些事，常常就能够正确地预测将来事情会如何演变。

2. 他们能够接纳自己、接纳别人，也能接受所处的环境。无论在顺境或逆境之中，他们都能安之若素，处之泰然。虽然他们不一定喜欢现状，但他们会先接受这个不完美的现实（不会抱怨为何只有半杯水），然后负起责任改善现状。

3. 他们单纯、自然而无伪。他们对名利没有强烈的需求，因而不会戴上面具，企图讨好别人。有一句话说，伟大的人永远是单纯的。我相信，伟人的头脑充盈着智慧，但常保持一颗单纯善良的心。

4. 他们对人生怀有使命感，因而常把精力用来解决与众人有关的问题。他们也不太以自我为中心，不会只顾自己的事。

5. 他们享受独居的喜悦，也能享受群居的快乐。在独处的时候，他们能够面对自己、充实自己。

6. 他们不依靠别人满足自己安全感的需要。他们像是个满溢的福杯，喜乐有余，常常愿意与人分享自己，但不太需要向别人收取什么。

7. 他们懂得欣赏简单的事物，能从一粒细砂想见天堂，他们像天真好奇的小孩一般，能不断地从最平常的生活经验中找到新的乐趣，从平凡之中领略人生的美。

8. 虽然看到人类有很多丑陋的劣根性，但他们仍充满悲天悯人之心，能从丑陋之中看到别人善良可爱的一面。

9. 他们的朋友或许不是很多，然而所建立的关系，却比常人更深入。他们可能有许多淡如水的君子之交，素未谋面，却彼此心仪，灵犀相通。

10. 他们比较民主，懂得尊重不同阶层、种族、背景的人，以平等和爱心相待。

11. 他们有智慧明辨是非，不会像一般人用绝对二分法（"不是好就是坏"）进行分类判断。

12. 他们说话含有哲理，也常有诙谐而不讥讽的幽默。

13. 他们心思单纯，像天真的小孩，极具创造性。他们真情流露，欢乐时高歌，悲伤时落泪，与那些情感麻木、喜好"权术""控制""喜怒不形于色"的人截然不同。

14. 他们的衣着、生活习惯、方式、处世为人的态度看起来比较传统、保守，但他们的心态开明，在必要时能够超越文化与传统的束缚。

15. 他们也会犯一些天真的错误，当他们对真善美执着起来时，会对其他琐事心不在焉。例如爱迪生有一次做研究太过专心，竟然忘了自己是否吃过饭。朋友戏弄他，说他吃过了，他信以为真，拍拍肚皮，满足地回到实验室继续工作。

据马斯洛的估计，世上大概只有 1 % 的人，最后能成长到上述这种"不惑""知天命""耳顺""随心所欲而不逾矩"圆融逍遥、充满智慧的人生境界。

很明显"这些自我实现的人"和"致良知"者，不太可能是个人主义者，更不可能是精致的利己主义者。

♡ 重建"规则意识"，恢复"道德感"

现在的实践教学当中，我已经很少讲"致良知"这个概念了，根本原因是这三个字太言简意赅了，这是中文的妙处，却会是咨询教学实务中的巨大障碍。因其概念的内涵越少、越简单，其外延就越多、越复杂。

在咨询与教学的实务中，咨询师与来访者，是由完全陌生的两个人而建立起来的咨访关系。他们的年龄、文化教育、成长环境、家庭教育、大脑对信息的加工方式都是千差万别，要达成有效的、没有歧义的交流与咨询，就必须在交流时进行明晰的定义，尤其是一些特定的名词概念，以确保双方都不会产生误解。

因此，实验心理学上常用"操作性定义"来进行科学研究。

操作性定义，又称操作定义，是根据可观察、可测量、可操作的特征来界定变量含义的方法。即从具体的行为、特征、指标上对变量的操作进行描述，将抽象的概念转换成可观测、可检验的项目。从本质上说，操作性定义就是详细描述研究变量的操作程序和测量指标。在实证性研究中，操作性定义尤为重要，它是研究是否有价值的重要前提。

"致良知"只有三个字，但将其放在王阳明一生中的各个具体情境中去理解，就会有不同的妙处。然而，其抽象出来的概念都是一样的，即致良知。致良知需要通过实践来实现，而"事上练"就是具体的实践。

心学是儒家的"齐家治国平天下"的具体应用，是一门实践性的学问。

要成功地应用致良知，就必须在实践中落实它。换句话说，就是要具体问题具体分析。因此，"致良知"必须结合各种具体情况来应用。

在心理咨询的语境下，我通常将"良知"等同于精神分析中的"超我"概念。精神分析中的"超我"代表社会价值观和标准，包括理想自我和道德良心。道德良心负责惩罚违反道德的行为（内疚），而理想自我则提供各种典范，用来判断一个行为是否合乎道德、值得赞美。主要任务是指导自我以道德良心自居，遵循道德原则。

在家庭教育的情境中，"良知"可以约等于"伦理道德""是非观""社会秩序""规则规矩""道德规范""公序良俗"。

在更具体的实际操作中，"良知"也可以被视为家庭中的序位。因此，在每一个具体的实务案例中，"良知"都可以用现代人可以理解和沟通的名词来替换。

总之，方法论就是"致良知"，也就是恢复秩序、回归有序、回到正确的立场并坚持正确的是非观。重建"规则意识"、恢复"道德感"，以及"从心所欲而不逾矩"都是"致良知"概念的具体表现。

因此，青稞教育理论的哲学底色就是"心学"和"致良知"。只是在具体表述上，可能会有区别。

例如，为什么要让大家面对各自的非理性？因为那些非理性障了我们归于有序的生活，阻碍了我们在家庭中落实正确的教育。

某 A 在教育孩子的过程中，永远没有底气去管教孩子，而任由孩子在家里躺平、摆烂。无论我们怎么教导她，她都做不到理直气壮地管教孩子。

在 A 的具体情境中，孩子已经躺平、摆烂，理直气壮的管教就是致良知。然而，A 无法管教孩子，没有底气去管教孩子，这代表着有东西阻碍着她去致良知。因此，我们需要找出那个障碍，也就是她的非理性。有时候这个障碍可能是隐瞒事件或非道德行为，而有时候则是因为虚幻的自我过于强大，导致 A 看不见自己并无能力。这些都是 A 无法致良知的障碍，所以要优先面对它们。如果"隐瞒事件"或"非道德行为""虚幻的自我"无法去除，那么背后的原因可能就是人的私欲。只有直视这些私欲，才能帮助人们致良知。

某 B 在教育孩子的过程中总是围着孩子转，各种讨好孩子，把自己的所有价值都依附在孩子身上。结果，孩子逃离她并且毫无生活动力，只习惯于世界围着她转，甚至从来没有学会过迁就他人和遵守规矩。然而，B 却根本无法停下自己的行为，一靠近孩子就要为孩子多做些什么。

在 B 的具体情境中，孩子已经逃离她，并且毫无生活动力，生活极其被动等。那么，停止围着孩子转的行为，不再主动为孩子解决问题，而是等待孩子自己滋生出生活的动力和自主意愿出来，这就是"致良知"的行为。然而，B 无法做到这一点，非要吸附着孩子，要求孩子给她温暖、肯定和微笑。这实际上是一种"私欲"，也就是非理性的表现。因此，我们需要优先清除这种私欲。

某 C 又恰恰相反。在 C 的具体情境中，孩子没有形成安全的依恋关系，也没有可信赖的关系。对于 C 而言，爱孩子、关怀孩子是"致良知"的行为。然而，C 无法做到这一点，因为她总是忽略孩子，担心孩子会啃老、不肯吃苦、躺在家里不肯努力。这种担忧和恐惧是 C 的私欲，也可以说是非理性的表现。因此，我们需要优先面对这种私欲。只有通过面对和解决这种私欲，才能真正地致良知。

在某 D 的具体情境中，管教孩子、给孩子建立规则、让孩子尊重老师、遵守社会规则是"致良知"的行为。然而，D 从来没有管教过孩子的念头，这可能是因为她自己图舒服、不想费心、只想开心；或者是因为 D 从来没有担过事，所以从未为孩子负过责任，没有认真思考孩子的成长需要。这些想法和行为都是人的私欲，也可以说是非理性的表现。因此，我们需要优先面对这些问题。

♡ 私欲重了，良知就不见了

私欲过重，过于看重自己的感受，会表现为两个方面：**一是爱惜羽毛，极其在意自己的形象。** 这类人总是把注意力集中在自己的形象上，所以会下意识地表现出符合自己内心形象的行为，比如有些"女神"型的妈妈，即使已经五六十岁，甚至在哭泣时也会表现出黛玉般的抽泣。

如果她下意识地将注意力放在这里，那维护形象的动机往往会大于求助的初衷。也就是说，她确实是为孩子的问题而来，但一旦来到人群当中，一旦来到咨询室这个场上，她不自觉地就过度关注自己的形象，而往往都忘记了来这里求助是要谈论孩子的，是要把注意力放在孩子身上，是要观察孩子、反馈孩子的现状的，是要回家落实青稞的家庭教育的。

而过于在意自己的形象，就会令她非常在意老师对她的看法，她在这里表现得好不好，她回去有没有做到符合咨询室指导的"好妈妈"的形象。而这一切其实都偏离了初衷。但很无奈，这就是某些来访者会有的现象。

而很无奈的又是，她又会以自己家孩子的改变与否来和我谈论她学习的效果。那为了推进效果的递进，我有时候又不得不赶紧挑破她行为的盲区。但这其实也是外人碰不得的"逆鳞"，但凡我敢刺破这个人格面具，那她与我翻脸也是分分钟的事情，有些来访者，就算我已经铺垫了一年多的时间，但她依然会做出强烈的反应。以至于我从此之后再也不会试着用剧烈的疗法来挑战来访者了。

当人过于在意自己的形象时，他们很难真正吸收他人试图反馈给她的事实与指导。

咨询室的指导会从关系入手，也就是如果你是为孩子而来，那我们就会先从你和孩子之间的关系，特别是心理上的关系入手，也就是来访者的各种心理想法、执念、认知模式与孩子行为之间的关系。而这就是需要来访者非常真诚地反馈自己内心里面下意识的想法，不管这些想法是否是让人羞愧的。

为了迅速找出来访者（父母）与孩子之间问题的关联，所以我经常会快速地从来访者回馈的资料里面，特别是资料中他们的陈述、下意识反应，抽丝剥茧地找出他们家问题的本质，比如孩子的某个行为一直无法被纠正，而这与她潜意识里的某些执念是如何关联的。

因为潜意识的执念往往是以投射的方式与外在世界进行关联的，所以拆解下去，往往会令到来访者措手不及，但来访者又迫切地想解决孩子的问题，而孩子的问题本身就错综复杂，我们也试图在一团迷雾之中快速厘清他们家的问题，直击问题根源。

但那就顾不得慢慢来，顾不得先和来访者建立信任、共情、同理、引导、让来访者自己慢慢地往下探索，自己成长、自己发现问题所在，自己恢复力量，找到力量，然后解决问题。

在现实的家庭教育过程中，是容不得如此慢条斯理、循序渐进的做法。所以我应用的手法往往如犯罪心理学家破案一样，根据来访者的现场资料，潜意识资料，汇报资料，咨询互动的资料，快速地勾勒出他们家出问题的成因。而这个过程来访者并不总是高兴地认为"哦，原来我家的问题在这里""问题在这里就好办了"。

相反，部分父母的反应往往是"这样好难看""被老师这样批评让我很丢脸""大家以后会怎么看我呢？""我没有那么差吧？""我有老师说得那么难堪吗？"等。

实际上我已经非常非常谨慎了，几乎都是在循循善诱的基础上，每一步推理都是来访者同意之后，我才敢继续往下深入的。

为难的是，如果我完全使用学术的、严谨的专业词汇，这固然会没有倾向性，没有情绪性，但同时也失去了感受性、冲击性、与可以直接交换的体验。

学术化、严谨，就必然失去了价值判断、情绪倾向，也就失去了身为父母的立场。只是研究者的立场，客观、中立、理性，这与父母的立场是毫无关联的。我试过很多次，我的用词越严谨，对方当然听得就越舒服，但却会不知其所以然。听得是很舒服，但问题在哪里，不知道的。

比如，我说这是你的高敏感领域，一旦触发你就会失去理性思考的能力，以至于整个意识都狭窄了。对方听着肯定就很舒服了。但他会理所当然地继续这样下去。而我若是说"你为了让孩子学习，你完全不顾孩子的感受，你只想孩子取得好成绩，除了学习，你眼中还有孩子这个人没有？你真的是完全失心疯了"。

结果，来访者只记住了，我骂他"失心疯"，于是我就又多了一桩罪证。

这是教学当中的悖论，严谨的、学术的，听着是客观、理性、中正，可是对于推动事情的进展太慢了，最终来访者也会不满意，你的指导也无助于来访者家庭的改变。

那怎么办？很多时候只能冒险了，只能用日常的言语，虽然不学术、不客观，但能直击来访者的心灵，有时候就是会让他痛，只有适度的疼痛来访者才会从过去几十年都习以为常的模式中醒来。

比如，有些家长实际上就是头脑简单、不思考、不琢磨、不想问题，凡事遇到都不多思考两步，只是满脑子的焦虑，让他人来帮她解决问题。但这些话我也不能直说，我只能同理她，"是啊，你作为妈妈太不容易了，整个人都被事情给困住了，你也是第一次做妈妈，不会很正常，焦虑很正常"，当然这样回应给来访者的感觉很舒服，但下一步呢？

学习了一年多，我们在这里也委婉温和地提醒了一年多，但她从来都不肯去琢磨。比如呈现她的脾气大，她觉得"是对方活该"；事实是她的肆意妄为，对家人、对孩子，想一出是一出，想怎么搞孩子就怎么搞孩子，她却说"她只是在保护自己，保护孩子，她是为了孩子好"。除了同意，你还能做什么？回到父母私欲过重这个话题，那就是私欲完全地战胜了她对孩子本能的爱，目前的爱。

有时候，眼看着某些同学一年的学习时间就要结束了，而她们最终又会抱怨学习无效。实际上，我已经无数次告诉她们问题在哪里了，甚至有时候她对自己的内省还是有效的。但我要求她更深入地探讨里面的内容，她却只是稍微看到一点真相，也就是她在家里称王称霸、任性妄为的事实。但她从来都不愿意真正地、深入地去看，那也就无法做出改变了。

有时候我也试着冒险一下，比如我将"头脑简单、不思考、不琢磨、不想问题，不多想两步"呈现给她的时候，她依然会自我美化为"对啊，我就是直肠子，我就是没有那么多心思，我就是没有花花肠子的啊""我这个人就是这样的"。我也只能晕倒了事。

曾经有一位求助者，眼看着要结业了，她们家的孩子改变也非常大了，但她本人对自己的问题还是一直在美化自己，掩盖自己的行为，那个时候我试着想推进一下，我把她的行为用上一个负面的词来形容她的行为时，对方就立刻炸毛了。认为我就是在羞辱她，立刻拂袖而去。

虽然她的孩子完全在我这里干预好了，从原先的极其对抗，自暴自弃干预到完全复学，并且积极向上；但因为我这次的推进，最后咨访关系就完全破裂，并且要求立刻退费。

这些事故，也给了我很深的教训，就是有些人格深处的阴影，我再也不想去挑战了，再也不想让来访者去整合那部分的人格了。虽然我一直都知道，那就是他们家问题所在，那就是他们夫妻关系不和的根本原因。但来访者不愿意去碰触。因此，当来访者没有动力、没有意愿的时候，我们就不去碰触，甚至来访者口口声声说要去突破，我也不太愿意去协助了。

因为，人格阴影的反噬力量太大了！

当年刚刚介入家庭教育领域，还是以为一切为了孩子，为了孩子父母啥苦不能吃，啥情绪不能受？但最终看来，其实这样不行的，毕竟来的那个人才是来访者，所以，依然要切换回以来访者为中心的思路上来。不再盲目地去推进来访者对自我人格阴影部分的探索了。

人为何会如此在意自己的形象？为何会如此地听不得对自己形象的任何负面的评价呢？从人格心理学的角度，其实就是她本人无法接受其人格当中是具备肆意妄为的、霸道的、泼辣的这些特质，甚至她的父母本质上也是这样的人，所以她非常抗拒看见自己家人就是这样的人。

尽管她的行为上一再表现出如此的行为模式，但她的意识是要把这些剥离出她的人格，以至于被压抑到阴影当中去。因此，她的行为就会表现出明显的对立状态，语言上把自己描述得非常理性、温和，甚至被夫家、被丈夫背叛、否定以至于嫌弃。但行为反应上却完全相反，所以她的孩子才会非常抵触她，完全不想和她对话，甚至费尽心思要逃离她。

我本来想趁她还在我这里学习期间，协助她更深层次地整合一下自己。但意外的是成了一场教学事故了。

在意自己形象的另一种表现就是，她们容易完全听不见我在说什么，只看见我嘴巴在不停地说，即使我讲得很热情洋溢，但她们仍然听不见，看起来像是耳聋了一样，实际上是她们的心在屏蔽。

如果我试图引导她去思考更多问题，她的脑子会变得一片空白，无法回忆起任何事情。如果我继续追问"你能告诉我，事情为什么会发展成这样？""事情的始末是怎样？""你一再遇到类似的事情那就不再是偶然了，你能从中看到什么吗？"或者"总是有同质性的感受、反应和情绪，这里面应该隐藏着一些不为人知的逻辑"，我明明就是只想挖掘更多的资料出来，但她只会把我的提问和引导理解为逼问，这会让她感到更加不舒服和紧张。

虽然经过一段时间的学习，她已经知道我不是在批评她，只是在引导她思考，但是由于她无法忍受任何的批评或指责，所以注意力全部集中在"老师要问什么？""老师到底在想什么？""怎么回答才是合适的？"以及"怎么做才是对的？"这些问题上。

于是，我试图引导她进行内省，但她无法借此突破自己的执念。我所做的尝试也只是化为乌有。

后来，她又觉得既然来学习了，如果不问问题，自己会很吃亏，于是她抓住机会拼命提问。然而，我一直都有回答，并且我的回答都会指向她家庭的问题。

但是，她总是避开我真正指向的问题。更多时候，当她提问时，注意力又全部集中在我的表情变化上。只要我表情严肃，她就立刻听不见我说什么，下意识就会认为我是不是又认为她不好了，而当我表情温和时，她们就感觉很好，认为自己被肯定、被关注、被接纳。

所以，很多时候交流就总是陷入在这种对我表情的关注上，或者我对她这个人的关注上，而非对问题的关注上，更不用说对孩子问题的推进上。

一旦她发现我态度上的不对，那就是我身为咨询师修养的破绽，也是我人品的问题。

这个问题如果得不到有效的突破的话，那就变成我很难去推动她们家庭的改变，因为一旦推动就得用力，而用力，很容易就是她们受不了的。而你好我好大家好的和谐局面，又无法破局。毕竟她们又是为了孩子而来。所以，我经常也很为难，试过一段时间用力之后，现在慢慢地回归为给出支持与耐心了。

但总结起来，过度在意自己的感受和形象会是她们家庭的症结所在。

所以，他们永远表现出勤奋和听话，永远是"好学生""乖学生"。因为过于在意这些外在的形象，某种程度上是因为太害怕自己人格深处的阴影了，也是竭尽全力地避免自己去窥见人格中不好的部分。所以，他们很难直视自己的内心，也很难用自己有效的直觉来感知环境、做出判断。

而阳明心学的核心是要找回你良知上的本能反应，也就是找回你良知的感觉。

人将注意力一直集中在"自己很差，很不好"或者"自己很软弱""自己很不堪"上。阳明先生称为私欲。因为过度在意，已经超出了合理的范围，私欲太多，人就无法回归良知的立场。

因为青稞的整个教学本身就是一种回归良知、唤醒良知的过程。

人会被感动，是因为我们的良知在发挥作用。但是，这种感动可能会显得脆弱（这是人欲）。因为被温暖了会哭，也是良知的声音。而哭被认为是很丢人的（这是人欲）。检视到自己不好的行为，会很羞愧，羞愧是良知的声音，觉得好丢人好丑，却是人欲。

看见自己过去对孩子的伤害，会自责；看见对孩子的不作为，会受不了自己；看见自己对孩子的忽略，会很痛苦。这些都是良知的声音。然而，由于害怕痛苦、害怕内疚、害怕自我谴责，而逃避面对这些事实，这就是私欲了。

如果人不愿意直视这些人格的阴影，那它就会一直起作用，一直掩盖住真正的真相。

人格阴影过于强大的人会轻易地斩断与他人之间的情感联系。因为那些联系都会唤醒她们真实的记忆，而这个是她们无法忍受的，唯有斩断，唯有攻击对方，才能显得自己正确与无辜。

这也是人格阴影在行为层面的表现了，所以为什么有些人会沉湎于自己是伤痛、委屈、受伤、受害，而死活不愿意去和对方沟通、交流，最少要有勇气彼此敞开的交流。而交流，就会涉及具体的场景与内容。

而唯有斩断才能不再碰触到自己人格中不好的那些内容。

这些年作为家庭教育的咨询师，其实我们已经无数次被这种人格的阴影给反噬过，反噬多了。我们现在也明白了他人的人格阴影应该要如何共处了。

因为选择断开关系的那个人，就不再需要考虑他人的感受，不再需要站在他人的立场思考问题，更不需要同理他人。所以，他们似乎只需要封闭自己的感受通道，就能获得一种优越感。他们认为自己赢了，因为只有在意的人才会哭泣，而哭泣的人就是输的那个人。

而他（她）是绝对不可以输的那个人。

第三章
心理咨询师的自觉

　　一个优秀的从业者必须有自觉性，不断提升自己解决问题的能力。

　　内省可以非常有效地推进个人进行问题的复盘、跳脱情绪、思考盲区，以找到解决问题的钥匙。

　　最终内省的方式是否有效，内省的能力是否深邃，并不取决于你的自我感觉是否良好，而是取决于你解决实际问题的能力是否扎实提升了。

♡ 每一次咨询都是成长的良机

在心理咨询的实践中，心理咨询师常常需要接受咨询，这种形式被称为督导。

这是因为在实际的咨询当中，当咨询双方建立起越来越深入的关系时，如果遇到心理咨询师自己无法解决的问题，来访者很快就会表现出对咨询师的怀疑或阻抗情绪。

因此，一个优秀的从业者必须有自觉性，不断提升自己在各方面的修养与实践，特别是解决问题的能力。虽然大量阅读是必需的，但亲身实践更为重要。

如果心理咨询师自己都没有建立良好的夫妻关系，或者处理冲突的能力，那么他就无法给来访者提供有效的关于夫妻问题的咨询。如果一定要进行此类咨询，也只能泛泛而谈。

特别是那些无法建立亲密关系的心理咨询师，在有关两性关系的问题上，一不小心就会造成对来访者的伤害。因为咨询师自身的价值观难免会影响到他的咨询，虽然不是故意的，但无法建立亲密关系的心理咨询师，往往很难让来访者走入亲密关系。

同样的道理，无法超越自卑心理的咨询师，面对自卑的来访者，在保持同理心方面他可能会做得很好，但是，两个自卑者凑在一起，可能不会是好事。

那些自身情绪不稳定的咨询师，在咨询来访者时，可能会表现得过于激动或者过度隐藏自己的感受，导致来访者感受到被灼伤或者被冷淡。

这就是常说的"来访者和咨询师互为镜子"的比喻。一个带有高度觉知的咨询师往往能够从来访者的拒绝、阻抗或咨询失败中发现自己的问题，并在以后的日子里进行修正和突破。

当然，发现问题到解决问题需要一段较长的时间，仅仅依靠上级督导也是远远不够的。

在实际咨询中，一个过于宽容、温和但实际上畏惧冲突的心理咨询师，如果遇到这样的来访者：她的家中刚好有一个过于忍让，没有什么地位的父亲，强势的母亲不懂得尊重自己的丈夫，经常在孩子面前贬低、臭骂，甚至殴打自己的丈夫。当来访者和心理咨询师进入越来越深的咨访关系时，她难免会将父亲的模样投射到咨询师身上。

当来访者觉得这个咨询师很懂她并且能够帮助她时，她就会在咨询师面前表现出在"父亲"面前的那种温顺、听话的状态。但是，一旦咨询开始触及潜意识中的暗礁，如需要来访者脱离童年期的心智模式，进入成人的心智模式时，需要剥离对原生家庭的依赖时——这本身就是一个冒险行动。如果心理咨询师出现动摇，而她的个性刚好投射出来访者父亲的样子，这个时候就可能出现咨访关系的问题。

因为来访者习惯性依赖的对象往往是强势的那一方（如强势的母亲），在冒险的时候，来访者的内在恐惧、焦虑、不安甚至抗拒都会呈现出来。作为控制者（强势的母亲），她也会呈现相同的甚至是失控的心理状态。如果咨询师没有警惕，仍然使用温和、宽容的方式回应来访者，而不懂得及时调整为强势的状态，那么来访者就可能会呈现出在原生家庭里对待其"懦弱父亲"的行为模式（下意识模仿妈妈对待爸爸的方式），出现得寸进尺，甚至是谩骂心理咨询师的行为。如果心理咨询师还没有及时觉察并调整，就有可能演化为不可控的咨询"事故"。

所以，在这个过程中，需要心理咨询师时时刻刻洞悉整个咨访关系的变化，随时觉察自己的心理盲区，并及时调整自己的治疗态度与风格。有时，还需要借已经发生的事情来穿越自己的恐惧，提升应对的能力。这样一来，咨询中的"事故"也可以化为风平浪静的"故事"。

如果心理咨询师有这个自觉，那么每一次的深度咨询都可以成为自己成长的良机。

♡ 深度共情，是一场双向奔赴

坊间常传闻，心理咨询师因为案例咨询多了，整天面对的都是负面情绪和负能量，最后会把自己搞疯。这并非毫无根据，但也没有这么夸张。

在深度共情的情况下，为了协助来访者穿越内在的心理盲区或伤害性经历，心理咨询师需要建立一些新的、以前没有尝试过的行为模式，这本身就是在冒险。在这个过程中，难免会引发来访者的伤害经历，也会引起咨询师内心类似的记忆。

比如，一位女士在某位曾经痛失爱子的心理咨询师面前，哀怨地诉说她曾经被迫堕胎流产的经历。咨询师需要协助来访者一次又一次地面对、穿越这个痛苦经历。来访者的每一种情绪、每一份感受、每一句话语，都有可能令这位咨询师失控或者崩溃。

还有一种情况就是，随着共情的深入，当咨询师全情投入在来访者身上，对于咨询师而言，就类似于在这个特定的时空里与来访者谈一场恋爱一样。这是因为，在短时间内，来访者愿意把所有隐私的内容、最难堪的忌讳、最深的伤痛都与咨询师诉说，这是需要多大的信任才能做到？咨询师也必须能完全听得懂，还能引导她鼓起勇气一次又一次地去面对，去闯入那个她这辈子都在回避、害怕的领域。这种信任以及用心程度，真不亚于谈一场恋爱。

所谓"疗愈"，可能就发生在咨询师和来访者短暂而特定的互动过程中。在这个过程中，咨询师需要建立来访者的信任，并引导她面对内心的痛苦和困惑，最终协助她获得心理上的突破和成长。然而，当来访者离开咨询室后，她可能会忘记咨询师的存在，回到自己的生活中去。但是，对于咨询师而言，来访者的生命故事和整个交流过程仍然会回荡在工作室内，甚至在他的意识深处回荡着。这些事件会对咨询师造成一定的影响，因为她们的事件和整个交流的过程会在咨询师的内心反复复盘和苦苦思索。

也就是说，如果咨询师没有保持自我觉知并经常调整自己的状态，那么做的咨询越多，就会有越多的来访者人格闯进咨询师的内心世界，并在他心灵深处留下他们的痕迹。

如果这个来访对象的咨询是完整的咨询，那么他们的故事就会被打包存放在记忆中，而他们的事件则会在咨询师的大脑里清空，这样就可以有效地释放咨询师的大脑内存，不必再时时费心去想起。

然而，如果咨询师累积了太多未完结的案例，那么他的内心深处就会保留着太多的来访者形象，包括哀嚎的身影、幽怨的眼神、悲惨的命运以及纠缠不清的情感。这些形象会一直滞留在咨询师的心中，滞留多了就难免会造成心理负担和情绪影响。因此，心理咨询师需要时刻保持自我觉知和调整状态，以避免过多的负面情绪和心理压力对自身的伤害。

而这就是所谓的传闻中的"风险"！

就好像一个人谈了很多场恋爱，每一场都很投入，但每一场却都戛然而止。就像在看一场电影，在看得正起劲时，突然被按了暂停键一样，画面停在那里不动了。咨询师在职业生涯中可能会遇到很多这样的情况，这是咨询师必须面对的现实之一。

在任何一段需要深度共情的咨访关系中，特别是在深度共情的同时，又突然被中断的情况下，是最令人难受的。

但是，我们应该树立起一个观念，即我们现在所能体验到的任何一种负面情绪或者不愉快的体验，都可能是指向我们身上的某个隐藏问题的信号或认知的盲区或有待提升的能力。

如果我们树立了这样的观念，那么心理咨询中的种种所谓的"风险"，其实都是在提醒我们：应该提升自己了。这也是咨询师这份职业的迷人之处，即在陪伴来访者成长的过程中，自己也有机会不断地提升。

♡ 内省是与世界打交道的一种方式

上文提到一个重点，即作为咨询师，我们要树立起这样一种观念：我们现在所能体验到的任何一种负面情绪或者不愉快的体验，都可能是指向我们身上的某个隐藏问题的信号或认知的盲区或有待提升的能力。

这个观念是我们跨入这个领域开始就要树立的，并贯穿我们职业生涯的始终。一旦我们放弃了这个观念，某种程度上就意味着成长的停止，而自我成长是咨询师的生命力之所在。

但这确实很难做到，因为它和我们平时的生活习惯是矛盾的。在日常生活中，我们往往更关注自己是否做对了事情，而在涉及纠纷、冲突时，我们往往会坚持自己的观点，认为"我是对的""我不能输""我得占上风"。这些思维方式会让我们减少许多自我修正的机会。

执业咨询师入门的第一课就是要学会把意识的焦点转向自己，对自己进行反思和检视。这包括行为模式、思考方式、生活惯性等方面，最终目的是提升自己的心理素质，达到更圆满的状态。要实现这个目标，我们需要摆脱"我是对的"的感觉，也就是所谓的"我执"。

如果一个人过分迷恋和追求"自我的正确性"，他就会失去往内检视自己的动力与自我修正的机会。因此，成为一名优秀的咨询师需要时刻保持开放的心态，并愿意接受来访者的反馈和建议，以便更好地帮助他们解决问题、实现自我成长和发展。

"行有不得，反求诸己"说的就是内省，它是我们注意力的方向，更是一种可以被训练的能力。它同时也是一种价值取向，是我们选择如何与这个世界打交道的方式。大部分人在平时的生活中也会有一些初步的反思，但没有经过专门训练的反思，基本上是处于自发的一种状态。这种反思往往很难深入到自我的认知深处，而人固执的认知往往藏在潜意识深处。

青稞所训练的内省则需要从意识层次上的情绪、感受、是非对错这些"路标"继续深入到更精微的潜意识层面。当发生冲突时，作为一个初学者，需要往更深层次的内在去思考，了解自己的情感需求和认知模式，并通过反思和调整来提升自己的心理素质和生活质量。

比如：

当我们感到受伤时，我们需要先分清楚自己的情绪是什么。（先分清楚）

然后，我们可以进一步问自己："是什么让我受伤了？"说具体点。同样地，也需要问清楚其他的各种情绪："为什么会让你'受伤'？"（比如：Ta 不应该这么对我，Ta 这么对我让我觉得……）

其中，你真正在意的是什么？写清楚。

如果我们经常遇到类似的冲突，那么就要深入思考这些问题。我们可以问自己：我是不是经常因为这个情绪、感受而苦恼？

如果是，那在这个在意的感受里稍微停留久一些。想想这个感觉是否会很熟悉？

通过这样的思考，我们可以找到问题的根源，并寻找解决问题的方法。

另外，还要思考一个问题：是不是我的处理方式出了问题？有没有改善的可能？如果没有，那又是怎么回事？我应如何面对这个问题？

通过这样的思考与复盘，我们就可以不断地提升自己的思维能力与解决问题的能力。

作为未经训练的初学者，一开始也是没有办法如此自问自答的。因此，我会建议大家先把整个过程仔细地还原出来，特别是把场景如实地描述出来。尤其重要的是要把整个冲突过程中的每一句话都复盘出来，类似于影视剧里的对白一样，把整个对白都完整地记录下来，然后把自己的话语背后的想法、情绪、感受都写出来，以及你对对方每一句话的体会、感受、想法也都罗列出来。当你能够做到这一点之后，再用我上面教的引导性话语来叩问自己，就会有很多反思出来。这就是自我反省的入门功课了。

只有通过仔细地复盘整个过程，才有机会让我们跳脱出自己的情绪，甚至才有机会摆脱自己某些固执的认知。当然，这还有其他很多作用，这里就不赘述了，后面会有更详细的专题讲解。

进入如此精微的内省，需要一定的心理准备和自我意识。这个过程需要我们放下自我防备，接纳自己的弱点和不足，并勇敢地面对自己的内心。可见，这本身就是一个与自己习惯甚至人性相逆的心理活动过程。这意味着凡事发生必有我们的一份责任。当深度内省的功夫在我们身上扎根之后，咨询师的成长就没有天花板了。

第四章
不忘初心，方得始终

一份初心，犹如一棵大树根系一样，只有根扎得够深，未来才能长得够高够壮。

人只有逐步恢复理性了，才能客观地审视周围发生的事情，特别是客观理性地审视自己。

只要是理性思维无法参与的全自动行为，不受控的行为，那背后一定潜藏着无意识的心理成因。

♡ 粗糙的初心，要不断用世事雕琢

今天谈谈"不忘初心，方得始终"这句老话，在我的学习成长过程中，我曾经无数次回顾自己学习的初衷。在每个学习阶段，我都以学习的初心来提醒自己，因此，虽然在人生的每个过程中都经历丰富，但始终不忘初心。

初心，可以是决定做某件事情的那一刻的想法和决心，也可以是你初次心动那一瞬间的意图与感受，还可以是你经过深思熟虑后的奋不顾身，或你不假思索的冲动。这些都是初心。

从意识层次到潜意识层次的初心，都是值得我们去探讨的和提炼的。

而问题在于，我们往往是匆忙地开始，然后着急地改变，最终发现结果根本不是自己想要的。

最初动心的时候，往往是一时冲动的、模糊的、盲目的，这是难免的，也没有关系，但关键是我们是否花时间去琢磨它，是否在随着事情的进展、了解的深入后在逐步调整、描绘、刻化内在的那个初心，让它一直成为自己前进路上的动力。

"不忘初心，方得始终"，这句话在所有的行业都是适用的！例如，来参加心理学学习的人通常有两个主要原因：一方面是因为自己与某个人的关系出了问题，另一方面则是为了成为具备专业技能的咨询师。

实际情况往往是心理咨询的技能较易掌握，但处理个人关系问题却不容易。因此这种情况非常普遍：咨询师本身存在严重的夫妻关系问题，却在工作场所向来访者传授夫妻相处之道，或者干脆自己是个离婚单身者，却在帮助他人解决婚姻问题。

咨询师自己当然也可以是来访者。我们不能要求咨询师一定是完美人。但如果我们自己的婚姻都无法妥善处理，甚至宁愿选择单身，你如何给你的来访者指导婚姻问题呢？

或许大方向上，凭借学习后的理解和被咨询后的体悟，确实可以做到让你的来访者有非常大的启发。然而，我们需要认识到的是，目前我们自己还没有能力获得幸福的婚姻，那么在来访者的婚姻问题上，有一些具体而微的地方，是我们无法传达并影响来访者的。

一个咨询师在面对夫妻关系问题或者自己是独身（或离异）的情况时，很难理解夫妻之间吵架的艺术、温和妥协的感觉以及相知相惜、互相帮扶的重要性。在遇到夫妻间的巨大危机时，他也难以体会到如何共同应对。此外，他可能无法体会到夫妻每天一起散步、聊天对于关系的重要性，以及夫妻之间的性生活虽然有很多禁忌，但却是增进感情的最佳途径。

即使有老师在课堂上教授相关知识，但在实际咨询来访者时，他们可能无法运用这些知识。这是因为他们没有亲身经历过夫妻生活，所以无法准确地识别不同夫妻关系中的具体问题。有些来访者只需要知道如何正确地与伴侣争吵；有些来访者只需要了解如何独立生活，摆脱对父母的依赖；还有些来访者的问题其实源于他们最近太忙了，导致彼此缺乏交流，感情无法得到积累。对于这些问题，有些夫妻可能只需要学习如何改善性生活就能解决。

相反，一个有经验的心理咨询师会通过了解来访者的个人经历和家庭背景，帮助她找到问题的根源并提供实际可行的建议。他们不会让来访者陷入无休止的自我反思和焦虑中，而是鼓励她积极面对问题并寻求解决方案。

此外，一个好的咨询师还会倾听来访者的需求和期望，并与她一起制定目标和计划，以确保她的努力能够得到实际的成果。他们不会试图强迫来访者放下对伴侣的期待，而是帮助她建立更健康、更积极的态度和信念，以便更好地应对婚姻中的各种挑战。

总之，一个优秀的心理咨询师需要具备丰富的经验和专业知识，以及敏锐的洞察力和同理心。只有这样，才能为来访者提供最有效的协助，帮助她走出困境，实现幸福生活。

如果咨询师能坦白地承认自己婚姻的真实状况，或许还能帮到来访者。最怕的是，一旦自己有了职业头衔，就不敢承认自己的关系其实是有问题的，非要"专业"地对来访者进行指导，这就真的是灾难了。

这本质上也是咨询师在自己的学习成长过程中忘记了自己学习的初心。实际上，他还有一个要改善自己人际关系的初心，所以他选择了更容易的方向——成为咨询师，来逃避现实中的人际关系。

因此，"不忘初心，方得始终"这句话的另一个含义是：明确你的初心是什么，如果是解决关系问题，那么就牢记它并坚定地朝着这个目标前进，直到你真正解决了问题为止，不要忘记自己的方向。

特别是，不要在半路上为自己寻找一个看似合理的使命，以此来欺骗自己继续走咨询师的道路。这样最终的结果可能是"了解了许多道理，却过不好这一生"，这或许是某些心理从业者最大的悲哀。

例如，在心理学领域深入学习后，可能会觉得某些学问、技能和课程的老师非常优秀，自己非常认同他们。因此，就很想将这些内容分享给更多的人。同时，也会告诉自己，这是一种分享，是向他人传播光明与爱心，引导他们踏上心灵的旅程；这样做是在帮助别人，是在唤醒他人，这是无私的大爱！于是，我决定将自己奉献给光明与爱心的事业。

这没错，但请在分享的同时，不要忘记投入精力去维护个人关系，并完成自己最初的使命。这样一来，在您分享时，自然会更有信心！

所以，在青稞的学习训练中，我们要求大家好好地面对暴露出来的关系问题，以协助实现自己的初心。

♡ 从杂念中解脱出来，做真实的自己

"凡事预则立，不预则废"或者"三思而后行"，它们都强调了预判和思考的重要性。然而，我们需要明确的是，真正的方向并不在于周密的策划、详细的行动方案，或者是完备的工具材料。预判和思考的依据都在我们的内心深处，体现在我们开始行动前的念头和想法上。

当初心模糊不清，或者说我们的想法没有经过深入思考、比较、权衡和琢磨时，也就是说，我们为何开始，我们内心深处真正想要的是什么？实际上，这样的答案往往是不确定的，内心是不踏实的、有顾虑的、缺乏信心的，因为有太多的选择和退路。因此，这样的开始注定无法全身心投入，也很难在遇到困难时勇往直前、逢山开路、遇水搭桥，更不用说灵活应对各种变化了。

怀揣这份不确定的初心，我们选择投身于某个事业或开始一段关系。然而，这实际上预示着当我们面临情况的变化，或者出现与预期不符的情况时，我们往往会陷入犹豫。在这个时候，难免杂念丛生：我是否做出了错误的选择？我是否真的适合这条路（爱这个人）？我有能力应对并解决这些问题吗？

我是否应该继续坚持下去？这个事业（这段关系）是否真的有前途（会带来幸福）？我的合作伙伴是否值得信赖？他们是否有能力处理好这些问题（关系）？

此时，一旦遇到更好的机遇，或前途与事业更光明的人，便经受不住诱惑，选择立刻更换道路并重新开始。然而，这样的行为导致他们始终无法坚持到底，一生都在不断地换跑道。

因此，在这个时候，与其抱怨命运对我们不公，不如反思我们当初为何选择这条路。无论你是在事业、婚姻或其他目标上遇到挫折和障碍，感到迷茫和无助，甚至最终失败，你都需要回归到最初的动机上去审视自己（为什么开始），或者重新调整自己的方向。

首先，我们需要回顾初心的起源，了解为什么会有这个初心？为什么是我选择了这条路？这个初心已经存在了多久？最早是从什么时候开始的？当时为什么会有这样的想法？是基于什么样的考虑？那个考虑所依据的信息是否准确？或者是否有其他隐藏的因素？同时，我们还需要思考当时的我是什么身份、处于什么样的环境，以及其他相关背景信息。

一份初心，犹如一棵大树根系一样，只有根扎得够深，未来才能长得够高够壮。

那么，这份初心在我们的整个生活（包括事业和婚姻）过程中是否发生了变化呢？如果发生了变化，是什么原因导致的？这些信息是从哪里获取的？它们是否可靠？我这样修正的目的是否合理？是否仍然符合我最初的设定？还是已经偏离了我的初心？在这个变化的过程中，有没有谎言或不实的信息？或者有没有是我之前不知道的信息？如果可以的话，把它们找出来！

当然，在这里我只是随意分享一些我日常使用的问句。如果您需要更具体的内容，可以自行设计。日本的经营之圣稻盛和夫在做出一个重大决策之前，他会用三个月的时间到寺庙这样的清静之地，好好地静下心来，然后不断地反问自己："我为何要开始？"只有在经过这样连续三个月的自我反问之后，他的内心依然坚定、明确且毫无疑虑，他才会做出决策。

所以，我们可以借鉴稻盛和夫的做法。当然，我们可能不会用三个月的时间去深入思考"我为何要开始"，也可能没有"经营之圣"那样的自省能力，更不用说审问的深度和广度了。但是，我认为在已经开始或即将开始的事业中，我们仍然可以采用这种方法。例如，你们已经开始了为期两年的督导小组学习。大家至少可以在这两年的学习过程中，不断地审视自己。

我真正想要追求的是什么？我为何选择开始这个学习之旅？我希望自己在未来成为怎样的人？又该如何不断提升自我，修炼自己的品质和能力？

经过两年的不懈努力，通过持续学习、探索、实践和反思，我们已经足够深入地了解并审视了自己的初心。这种能力的培养越为透彻，必将为我们未来的事业发展奠定坚实的基础，使我们在事业道路上走得更远！

从督导小组的学习角度来看，如果经过了解和审问后，你发现自己只是想尝试改变一下，或者最终发现自己的爱好并不出众，不想在这方面投入太多精力和时间，那么在以后遇到问题时，只需寻求专业咨询师的帮助即可。你可以将他们视为生活中的私人顾问，而不必自己花费过多时间和精力去成为专业的咨询师。

换句话说，如果你只是喜欢喝牛奶，那你只需要经常光顾卖牛奶的店就可以了，不必让自己最后成为养牛专业户。因为其他的生活方式可能更符合你的喜好和快乐！

在明确了这一点之后，我们对未来在这个领域所能获得的结果就有了一个初步的预期。这样我们才能把有限的精力和时间集中在自己的人生目标上，而不是让自己一直处于犹豫不决的状态。

人类心理有个特点，即"心灵诡计"（辩解与合理化）。它会习惯性地为我们的选择辩解并合理化，即使我们最初的动机完全是非逻辑的、模糊不清的。但一旦我们做出了选择，我们就会不断地辩解、证明自己的选择是多么正确，直到最后我们都忘记了为什么开始！

尽管这个辩解看似荒谬，但我们的理智在那一刹那无法识别它。然而，深入探求初心，却能帮助我们从这种心灵诡计中解脱出来，做真实的自己。

一个常见的例子是男孩爱上了女孩，女孩不断问他："你为什么爱我？"男孩可能会回答"因为你很善良、温柔""你对我很好""你聪明且待人接物得体"等。这些都是表面的理由，但却并非他最初动心的真正原因。

然而，通过潜意识追溯，我们会发现男孩最初心动的时刻是在校园里。当时，莽撞的男孩将足球踢飞，砸到了抱着书本、低头沉思的女孩身上。在女孩惊叫的声音中，男孩急忙扶起她并道歉，却在低头的瞬间看到了满脸羞涩的女孩。女孩羞涩而略带慌张地收拾好书本，随后落荒而逃的身影在那一瞬间牢牢吸引了男孩!

这正是男孩真正动心的时刻!

然而，恋爱开始后，无论男孩还是女孩，都早已遗忘了曾经的那份心动是如何产生的。后来的爱或不爱看起来却有了一大堆理由。虽然这个故事老套，但痴男怨女不都是在这样的套路中轮回不休吗?（关于这部分的具体内容，请参阅前面文章中"需求上瘾"的章节）

这只是我们为自己的选择辩解的一个典型例子而已。

我们总是不断地为自己的选择辩解，却很少去思考我们为何做出这样的选择。

♡ 淬炼初心，避免陷入"老鼠圈"

其实"不忘初心，方得始终"这个话题，一直在理性和理智的层面上被深入探讨。也就是说，通过反思和深思熟虑，以及理性的判断，我们可以清楚地了解自己的初心是什么，从而使我们的每一次决策和行动都更加清晰明确。这样，我们就能够坚守初心，即"不忘初衷"，进而实现自己的人生目标。

但是，我们很多时候是无法清晰地认识到自己的初心，更无法准确地判断哪个才是真正的初心。因此，这就使得我们的行动变得盲目而缺乏方向。人生也很容易陷入各种死循环之中，难以自拔。最终，我们会发现这些死循环（我将其比喻为"老鼠圈"）很大程度上是由于我们在原生家庭中经历的心理偏差和创伤（或成长过程中的心理创伤），进而演变成我们的心理事实，并在后续的人生中无意识地重复这些"事实"。

这些原生体验（或心理创伤）早已沉淀到我们的无意识深处，因此很难被我们的理性意识察觉到。而这是通过自我反思很难突破的局限。为了避免陷入这种死循环，我们需要深入了解自己的内心，挖掘潜在的心理问题，并寻求专业帮助来解决这些问题。只有这样，我们才能找到真正的初心，为自己的人生设定明确的方向。

例如，在某些情况下，唤醒心理创伤往往伴随着痛苦体验的复苏、剧烈的情绪波动、意识的恍惚、心理上的负面感受（如内疚、自责等）以及肉体上的疼痛记忆。这些情绪和感受（或体验）都是人类本能所逃避的，这严重阻碍了人们对自己初心的审视。

在电影《催眠大师》中，尽管两位主角在戏中展示了多种催眠技巧，但实际上这些都是虚构的，只是为了使电影更加引人入胜。然而，电影依然明确地揭示了主人公徐瑞宁内心深处隐藏着一个巨大的心理创伤。这个创伤源于他曾经因醉驾导致汽车冲出大桥，坠入水中，从而导致女友和最好的朋友溺亡的事故。对于徐瑞宁来说，因醉驾而失去了最爱的人和最好的朋友是无法面对的事实，但最让他无法原谅的罪责却是自己在逃生时回头看见了女友晃动的手指，那是尚有生命气息的女友在向他求救，而他却选择了先行逃生。这是他一生都无法原谅自己的，也是他潜意识里一直在逃避的"事实"。

所以，在现实生活中，徐瑞宁会一直避免或歪曲与这起事故相关的任何信息。例如，他莫名其妙地害怕水，开车时下意识地不愿意载人，甚至回避并选择性地遗忘整个事件。这些都是创伤性事件引发的扭曲、偏差和错乱行为。

当然，这起事件本身确实是一个重大的创伤性事件，但作为心理医生的徐瑞宁显然没有正视发生在自己身上的这个重大创伤事件。从电影的角度来看，徐瑞宁完全没有展现出一个心理医生应该坦诚面对自己的专业素养。也就是说，他的自我反思和反省能力仍然不足，甚至完全缺乏这种自觉。而这才是他命运悲剧的核心所在。

所以，电影中徐瑞宁的治疗风格之所以强硬和无礼，以及他对各种瞬间催眠法的深爱，这都反映了他的性格。他不善于敞开心扉，不愿意真诚地面对自身的问题，喜欢解决问题并征服他人。这种性格使他缺乏耐心与来访者进行深入的交谈，进难以让来访者在安全的环境中逐渐打开心扉。这无疑是徐瑞宁性格上的一个缺陷。而这场车祸，也正是他这种傲慢个性的必然结果。

虽然徐瑞宁本人是心理医生，但他在面对创伤时的下意识反应并非偶然现象，这种情况在现实生活中非常普遍。电影中看似是由任小妍（顾洁）解开了徐瑞宁精神的枷锁，但从实务治疗的角度来看，强迫心理治疗几乎无法成功，即使偶尔突破了来访者的心理防线，也不能保证他们已经真正走出困境。因此，在现实的治疗过程中，徐瑞宁还有很长的路要走。

自我内省的自觉并不会因为掌握了多少心理学知识和心理技术而自动产生。这需要长期、刻意的自我训练，才能成为我们身上的一种能力。

现实生活中，我们确实能遇到像徐瑞宁这样技艺高超的催眠师和长期从事心理治疗的心理医生。然而，令人遗憾的是，他们中的一些人却选择逃避自己内心的阴影。这就使得深度内省对于咨询师来说变得尤为重要。

一个精通心理治疗的专业人员，如果仍然选择逃避心理治疗，那么他实际上是在自取灭亡。而遵循"不忘初心，方得始终"的原则，持续深入地进行自我反省，实际上也是一种有效的深度内省方式。

我们需要一种特定的方式和准则来进行内省，这样我们才能知道该如何行动。当我们对"初心"这个概念有清晰的理解，并通过深刻的体验后，我们在未来的内省过程中才不会偏离方向。

当我们的思维真正面对自己的核心问题时，实际上我们已经准备好了无数条逃避的道路。特别是其中蕴含着自己的责任，这是更难以直面的问题。

然而，正是因为心理事件对我们的影响如此深远，它虽然可能不会被完全察觉到，但其作用力会在我们的行为上留下许多痕迹，供我们观察。

就像在天文学中，黑洞本身是无法被直接观测到的，但我们可以通过观察黑洞周围扭曲的各种磁场来推断出黑洞的存在。因此，通过长时间讨论"初心"的概念，我们也可以借此观察到自己身上哪些行为、举止、想法和念头实际上是受到扭曲的。从而推测出我们身上的"黑洞"到底是什么。

对于徐瑞宁来说，我们可能一开始并不清楚他内心的创伤是什么，但他下意识地害怕水、拒绝开车载人以及无法与他人讨论与车祸有关的事件。这些非理性的行为很容易被我们察觉到。如果我们能够密切关注这些行为，并结合他的经历和背景信息进行深入分析，我们实际上就能大致判断出他的心理创伤是什么，以及他为何会有这样的心理创伤。

然而，并非所有人都会像徐瑞宁那样经历重大事件。尽管如此，我们每个人在日常生活中都会出现许多非理性的行为。例如，为什么我在遇到某一类型的人时总是无法保持冷静？为什么我总是对某些人特别反感？为什么在某些话语或行为上，我总是容易失去耐心？为什么我总是不小心忽略一些人或事物？为什么在某些场合或场景中，我总是容易失控？

只要是理性思维无法参与的全自动行为，不受控的行为，那背后一定潜藏着无意识的心理成因！

简单来说，就是辨识清楚初心，把初心淬炼得清晰明了之后，我们会发现自己还是无法顺利地完成自己的初心，得不到始终。那么借由这个过程就可以检视到我们内心到底潜藏着多少大大小小的黑洞，以至于我们一直没有办法活出真正的自己，使我们在发出一个念头，一个想法之后，总会轻易地改变、回避、逃离，直至放弃。

♡ 发掘潜意识，找出你生命早期的故事

我再举一个更具体的案例，方便大家深入地理解我们的潜意识。

有一位来访者（L妈妈）前来咨询。她最初感到困扰的问题是她的6岁孩子的行为变化。她开始以为这是孩子自己的问题，直到她发现孩子最近的行为异常，充满了怨恨和暴力倾向。例如，当她带孩子去商场时，如果孩子想要购买一辆玩具车但她不同意，孩子就会在地上打滚、耍赖，甚至说出令人震惊的话："我恨你们，我恨死你们了，我要杀了你们！"这让L妈妈非常不安，因此决定寻求心理咨询师的帮助。

那么，这个问题是否就是L妈妈的初心呢？毫无疑问，是的。如果不是她觉得孩子有问题，她可能不会接触到心理咨询师。所以，这就是她在意识层次上的初心。

然而，我们一直在强调"不忘初心"，意味着我们要记住，我们来咨询是因为孩子有问题，我们的目标是解决孩子的情绪问题。这就是我们的初心，也被称为目标。

作为咨询师，我们不能仅仅停留在意识层面为这位妈妈提供解决方案。如果不了解她和她孩子在潜意识层面发生了什么情况，就盲目地为她提供一些建议，例如，将孩子送来接受行为干预以纠正他的问题，甚至教育和训练她的孩子，让他明白尊重妈妈和礼貌的行为，这是显然不符合咨询师职责的做法。

简单来说，孩子目前面临的问题是出现了仇恨和暴怒的情绪。为了解决这个问题，我们需要深入了解这些情绪的产生原因，即探寻这些情绪背后的潜意识。只有了解了这些，我们才能对症下药，真正帮助孩子的妈妈解决这个问题。

因此，同样的道理，我们还需要了解在孩子出现这个问题的那段时间，家里是否发生了一些特殊的事情。通过这样的询问，我们可以很容易地找到问题的深层次原因。原来，在那段时间里，L妈妈和爸爸离婚了，儿子则留在了

L妈妈身边。

对于孩子而言，爸爸是可以回家的，他们一家三口可以在一张床上睡觉，然而，突然间爸爸就不再回家，而他只能到别人家里去见他。

关键在于，爸爸在孩子面前经常抱怨妈妈的种种不好，指责妈妈对不起他，甚至提出离婚。而妈妈则为了不让孩子承受夫妻间的矛盾和怨恨，一直默默忍受着。

尽管如此，L妈妈对丈夫抛妻弃子的行为怎能没有怨恨呢？只是这种怨恨并没有以语言的形式在孩子面前表现出来，但孩子仍然能够感受到。

夫妻之间的矛盾和怨恨，这个孩子都深有体会。尤其是父亲那些明显针对母亲的攻击，对孩子的心理产生了直接的影响，使他误认为是母亲的过错，从而导致父亲离开家庭。因此，每当他情绪低落时，他就会效仿母亲的不良行为，认为母亲不好。而当母亲不能满足他的需求时，这些潜藏在孩子内心深处的怨恨便会趁机爆发出来。

爸妈之间互相的怨恨才是孩子仇恨、愤怒的起源，所以，这位妈妈要解决的不是孩子的情绪问题，而是她自己在这场婚姻中所积累下来的怨恨及其他各种情绪（当然实际是那些深藏在无意识中的负面情绪）。只要妈妈勇于改变，孩子的情绪自然会回归平和与安宁。

换个角度看，如果这个孩子就是成年的你，你的父母是没有机会去审视和疗愈他们之间的夫妻关系，以保护你幼小的心灵。那么曾经发生在你童年时期的这些故事，就会成为你生命中的"事故"，并潜藏在你的意识深处，影响着你的无意识冲动。

因此，你可能会莫名其妙地在两性关系中对你的伴侣产生愤怒、怨恨。甚至有一天，在午夜梦回时，你突然发现自己内心深处无法信任异性，或者不相信自己可以拥有一段幸福的婚姻。

假如今天你有机会阅读这段文字，即使你当初只想简单地处理自己的情绪，或者解决和伴侣之间的矛盾，但最终你还得明白，事情并不如你想得那样简单。心理咨询师的工作就是发掘你的潜意识，找出那些在你生命早期发生的故事。

只有解决了这些潜在问题，你的情绪才会得到疏解，你的婚姻才会走向幸福！这就是初心和潜意识之间的关系！

♡ 打开潜意识中的黑匣子

前文谈过，初心是可以淬炼的，具体该怎么做呢？关于这个话题，如果展开来说，内容有很多。这里，我只从心理学的角度来和大家做一些探讨。实际上，探索初心的过程充满了无尽的乐趣，同时可以帮助我们不断进步与成长。

下面，我以前面提及的那位 L 妈妈为例说明。

她本来是为了孩子而来的，但随着心理探索的深入，她逐渐发现，原来孩子的问题都是自己的问题，孩子身上的那种怨恨、愤怒，实际上是自己对前夫的怨恨与愤怒。这让她不得不去面对内心深处潜藏已久的情感问题。

一旦深入探索，潜意识的黑匣子就会被打开。原来埋藏在意识底层的世界是如此广阔无垠，而大多数人从未涉足过那里！

一开始，L 妈妈不得不面对并挖掘她一直不想再提起，甚至遗忘的那些痛苦往事。这是一段不堪回首的经历，需要勇气和毅力去一次又一次地从各个角度去挖掘，看看底下有什么。

这个过程并不容易，需要锲而不舍地努力去面对那些看起来早已过去的事情。但只有这样，才能逐渐了解自己内心深处的真正想法和情感，并找到解决问题的方法。

当 L 妈妈开始深入探索自己的内心时，她发现第一层的伤痛源于丈夫的决绝离婚和对自己的不信任。每次发现丈夫外遇都让她感到悲凉和颤抖。然而，随着时间的推移和经历的积累，第一层的伤痛逐渐减轻了。

但是，当第二层的愤怒浮现时，她开始对丈夫的不忠和薄情寡义感到愤怒。她为自己多年的辛劳和付出感到不值得，为丈夫的花心无度而感到愤慨。尽管第二层的愤怒也逐渐消退了，但更深层次的伤痛又重新浮现出来。

这个时候，L 妈妈开始感受到自己被人抛弃的痛苦，她觉得自己对待丈夫无怨无悔，最终却换来这样的结果。她为自己的不幸和孩子的未来感到悲伤和哀伤，不知道该如何面对未来的生活。

当 L 妈妈经历了一段时间的伤痛和迷茫后，她可能认为自己已经不再在意过去的事情，甚至觉得自己已经放下了对前夫的情感。其实不然，只是看起来没有感觉而已。

通过深入挖掘，我们可以了解到更多关于 L 妈妈和前夫之间的问题。如果我们继续探究，可能会发现一些更深层次的问题，比如恐惧。

在深入了解前夫的故事时，L 妈妈开始意识到自己内心深处隐藏着许多害怕被人知道的"不堪往事"。原来在认识前夫之前，她就已经经历过许多类似"猫捉老鼠"的游戏，这些经历让她感到不安和恐惧。

通过深入探索自己的内心世界，L 妈妈逐渐理解了自己过去的恐惧和不安全感，并学会了如何面对和克服这些问题。这不仅有助于她解决当前的问题，还可以帮助她更好地面对未来的挑战。

她曾经以为自己已经忘记了那些"不堪往事"，但实际上这些经历仍然影响着她的婚姻生活。她认为前夫出轨和背叛她们母子是导致婚姻破裂的原因，而自己并没有做错什么。

然而，这些"不堪往事"记录了她曾经遭受的伤害所留下的心理伤痕。这些心理创伤深深刻在我们的意识深处，形成了对自己内心的审判、否定和贬低。这让我们感到自己是不完整、不干净和不配的。

这些问题并不会因为她解决了婚姻问题和对前夫的怨恨问题就自动消失。她还需要面对自己内心深处的创伤和心理伤害，并学会如何接受、原谅和释放自己。

现在，她要面对的只是婚姻问题吗？或者只是对丈夫的怨恨问题吗？抑或只是为了孩子的问题吗？当然不止这些问题。

随着对她内心的探索，还有更深的黑匣子等着被继续挖掘出来。继续挖下去，我们会知道她为何会遭遇这些伤害。这并非完全偶然，肯定是有原因的。所以，得帮助她继续寻找，而这次冒出的是一个更大的深水炸弹！

原来，来访者的内心深处存在着非常深的无力感。尽管她的事业很成功，人际关系也不错，但只要涉及家庭内部的事情，特别是夫妻关系，她就会潜藏着深层的"无力感"。这种无力感一直充斥着她的整个婚姻和人生。

原来在她很小的时候，就跟着母亲生活。当时，她的母亲孤身一人，苦心孤诣地维护着孤儿寡母式的生活。然而在二十世纪六七十年代的偏远农村，没有族人、没有男人维护的家是不可能立足的。

这期间她们母女俩的遭遇，是不堪回首的。几十年不曾忆起的这段经历，早已深深地刻在了她的心底，"孤儿寡母"已然成为她的信念与宿命了。

在"孤儿寡母"的后面，则是世世代代家族女性的命运，她们都遭遇了类似的命运。因此，当她开始探索自己的家族命运时，她就已经面对整个家族的命运了！

我们不能否认家族对我们生命的影响，但人总是有主观能动性的。因此，她接下来应该思考的是如何为自己的家族做些事情，毕竟这是我们这一代人可以去尝试的。

♡ 不断探索，深入了解自身问题

从许多案例和督导学员的呈现中，大家可以清晰地看到，在青稞思想的指导下不断探索，我们有机会深入了解自身的问题，例如：我为何感到痛苦？我为何会对某些事物产生迷恋？我是如何在自己的习惯控制下重复着无效的行为？我们的婚姻、事业为何呈现出现在的状态？甚至可以更多了解家族如何塑造了我个人的性格和行为。

通过前面那位 L 妈妈的例子，我们可以很清楚地看到，她原本坚硬的认知（执念）是如何一层层突破的。例如：孩子存在问题，我非常担心；孩子的爸爸伤害了我，我对他心怀恨；孩子的爸爸抛弃了我，我感到痛苦；都是孩子爸爸的错，我想忘记他；我是不堪的、肮脏的，我感到恐惧；我被伤害过，是不完整的，我感到羞耻；我是孤儿寡母，我感到可怜；我是没有帮助和支持的，我感到无力。这些曾经坚硬的执念，她曾经完全未曾怀疑过的信念和认知，就在这段学习的时间里一层层被剥落。

在这个过程中，我们有机会体验到自己的意识是如何构成的，就像俄罗斯套娃一样。最外表的"我"看起来好像就是这样子，但揭开来看，原来底下还有一层。看到底下的那一层，以为就是"我"，继续往下揭开，才发现每一层的底下都有一个套娃——更深层的"我"。就这样一直往深处剥，最终可能发现，原本那么坚固的想法，及确定那就是"我"的信念，在这个解开的过程中，逐渐瓦解和消融。而这些"套娃"在心理学上可以称为认知、执念、情结、创伤。

当然，我们也可以穷尽一生的精力去研究这些相的构成成分和运作机理，比如，从生理学、脑科学、人种学、社会学、哲学、神学等范畴去研究。但是，这恐怕又会是以有涯之生，去追求无限的知识，正如庄子所说："以有涯随无涯，殆已！"

更重要的是，通过内观觉察的指导，并使用反复复盘的工具，我们可以不断探索、研究、揣摩内心深处的非理性信念所产生的执着（作用力）。随着非理性执着的逐渐解构、转换与重建，我们的意识、觉知也会变得更加通透、清明，同时也会越来越熟悉和了解内在各种非理性作用力的秉性和脾气。

这种熟悉与了解，能为我们带来一种能力，解构各种"相"的能力。用一句话来总结就是"离相，去执"（不被粘着自己的心理事实所束缚，逐渐回归到清明客观状态），就是我们在心理层面训练的方向。

也就是说，我们现在所学的并不是试图将自己清理干净，也不是试图让自己处于"空"或者"无"的这些终极状态，更不是重走各个流派大师走过的路了。我们是在通过内观觉察和反复复盘的工具，探索自己内心深处的非理性信念和执着，并逐渐解构和转换它们，以实现心理层面的训练和成长。

所以，我们的重点是训练自己恢复理性的能力。因为**人只有逐步恢复理性了，才能客观地审视周围发生的事情**，特别是客观理性地审视自己。这也就是王阳明先生所说的要磨砺自己的心境，使其明亮。如此，我们才能进入下一个阶段，即致良知。在良知的立场上处理生活中遇到的每件事情，从而让自己的生活回归正轨，回归幸福。

以上文为例，L妈妈最初是为了孩子而来，但为了了解孩子为什么突然变得那么暴怒和不受控制，她必须去探索孩子背后的原因，这涉及了她的婚姻和那段不堪的婚姻。当她面对自己的婚姻时，她发现自己的内心存在着许多偏差和错乱。当她意识到这些偏差和错乱都是在原生家庭中形成的时，她需要一一面对并解决它们。

当偏差错乱和不受控的执念、情结从她身上慢慢褪去时，她才能真正观察到孩子的心理活动，才能理解家庭序位是什么，才有机会站在更大的立场去处理家庭内外的事情。否则，她很难解开与前夫之间的纠葛，消除孩子左右为难的情绪，很可能让情况变得糟糕。

当她能站在更大的立场上去处理这些问题后，孩子的情绪慢慢变得稳定了，而且也愿意接受她的教育了。对L妈妈来说，能达到这样的状态已经让她很满意了。

第五章
信任系列

　　相信，其实是一种能力。信任是本能，而不信任才是后天习得的。

　　怀疑是我们辨别是非善恶、保护自己不受伤害、不做错事的必要工具。咨询师工作成果的检验标准，最重要的指标，也几乎是唯一的指标，就是来访者本人切实有效的改变！

♡ 心理咨询有效的关键是信任

在一场心理咨询中，咨询之所以能有效的关键是信任关系。虽然咨询师的技术水平、理论背景、临床经验非常重要，但是，如果缺少了信任，咨询效果会大打折扣。

很多时候，来访者甚至咨询师都会产生这样的错觉，"都花钱了呀，怎么就没有信任了呢？不信任来你这里干吗？"

听起来很有道理，但不完全是真的。双方之间虽然有信任，但这种信任只是初步的选择而已，并不是基于深入地观察、体验与比较之后而来的信任。

咨访关系是基于怎样的信任？答案是，要基于来访者对咨询师的深度信任。这种信任不是一开始就存在的，而是在咨询过程中逐渐建立起来的。咨询师需要通过耐心、倾听、理解、尊重等方式来建立与来访者的信任关系，同时通过深入的咨询工作，帮助来访者解决内心的困惑和问题，增强他们的力量和自信。

对于那些在原生家庭中缺乏信任和尊重的来访者，咨询师需要更加耐心和细心地倾听和理解他们的经历和感受，帮助他们重新建立信任和尊重的关系。这个过程可能需要一定的时间和努力，但只要咨询师坚持下去，就能够建立良好的咨访关系，帮助来访者解决内心的问题，实现自我成长和修复。

当来访者在内心没有安全感时，他们可能对人性缺乏信任，这可能导致他们难以真正信任咨询师。即使咨询师试图帮助他们，他们可能会持怀疑态度，并在心里另一个角落对咨询师进行监视，以寻找可疑的地方。

这种情况可能会使咨询变得更为困难，因为来访者不仅需要信任咨询师，而且还需要在心理上感到安全和受到尊重。如果来访者对咨询师的信任不足，咨询师可能需要更多的时间和努力来建立与来访者的信任关系，并帮助他们重新建立对人的信任和尊重。

假如咨询师有一些负面传闻，那么来访者是不会将对这些传闻产生的怀疑和疑虑讲出来。与此同时，他又不会理性地分辨这些传闻，任何的负面信息都会加深她内心的那份怀疑。

"我就知道，他这些都是装出来的""我就知道，他是故意在拖延时间来赚我的钱""我就知道，他是帮不到我的""我就知道，他想占我便宜"等。他们的这些怀疑，咨询师是永远都不可能知道的。

咨询师也没有机会知道，他什么时候会突然取消预约，甚至消失不见；更不知道，为何咨询看起来进行得很顺利，但从其他渠道获得的反馈却非常糟糕。比如，他的朋友、家人对他的咨询师的印象很差。

所以，咨询师要尽可能了解来访者的真实想法，探索来访者不愿意透露的信息，以便更好地理解来访者的需求和情况。遗憾的是，面对这样的来访者，并不是每一个咨询师都能做到这一点。

虽然来访者对人性的绝望与不信任是根本问题，但是，只要他们还没有明显地表现出这种态度，我们就可以尝试在合适的机会和他们探讨这些问题。

等待，是咨访双方一起迎接每一个考验（比如各种不信任、怀疑、受害、甩锅，以及冲突），正如不经历考验的爱情不会是牢靠的爱情一样，不经历考验的咨访关系，其信任度也是有限的。

在心理治疗中，来访者需要勇气去面对自己的内心问题，而这种勇气不是一下子就能产生的。来访者可能会退缩，这是非常正常的反应，因为面对内心的隐秘和痛苦需要一定的时间和过程。

咨询师需要给予来访者足够的支持和理解，帮助他们逐渐接受自己的问题，并逐渐克服困难。来访者的退缩并不意味着咨询失败，而是咨询过程中的一部分，咨询师需要耐心和等待，与来访者一起走过这个阶段。

如果有一天，来访者突然反复，或者完全推翻咨询师给予的支持，这可能是非常令人失望的，但实际上这是咨询过程中常见的情况。

特别是咨询进行一半的时候突然遭遇这些情况，当然会让人感到突兀与难受。作为咨询师，一定要能过这个心理关卡。**与此同时，我们又不得不承认，咨询师工作最大的成就与动力来源，就是来访者的进步与改变。**

所以来访者的否定与反复，确实会给咨询师带来比一般工作更多的心理冲击，**因为我们工作成果的检验标准，最重要的指标，也几乎是唯一的指标，就是来访者本人切实有效的改变！**

这也就是咨询师工作的微妙之处了，我们既要重视来访者的反馈，同时又不能被来访者的反馈所主导甚至迷惑。当然，若只是论来访者方面的话，真正的信任无法建立起来，这最终会让她受苦。因为她无法借助咨询师这个桥梁，使自己摆脱心理困境。

信任，永远只能是双向的。在咨询的开始阶段，咨询师通常会主动释放出自己的善意和诚意，与来访者建立共情。然而，来访者是否能够接受咨询师的善意和诚意，以及是否能够与咨询师一起走进自己的内心，需要双方共同努力。仅仅依靠咨询师的单方面努力是无法达成信任和解决问题的。

因此，那些仅仅通过一两次心理咨询就想解决问题的想法，从信任的角度来看是不现实的。建立真正的信任需要时间和努力，需要咨询师和来访者共同配合，共同探索解决问题的方法。

♡ 选择需慎重，相信要充分

相信，其实是一种能力！

在这个充满怀疑和互相戒备的年代，建立信任是一件相当不易的事情。很多时候，我们以为的信任其实并不是真正的信任。

如果我们认真反思，就会发现自己的内心经常会发出不同的声音：

"他说得是真的吗？"

"他不会是有什么企图吧？"

"他想干吗？"

"他想引导我去哪里？"

"他是不是在骗我？"

"他说的是我吗？"

"我没有他说的那些问题吧？"

"他说得好像不对呀！"

"这一定和我无关，我怎么可能是她说的那样！"

"他说的，我早已经明白了啊！"

"他怎么老说这些没用的呢？"

"这些我不想听！"

"我不想要这些东西！"

......

如果你的内心出现这样的声音，那就表示你对眼前这个人是不信任的、存有疑虑的。此时，你需要问问自己，这个人是你需要怀疑的，还是值得信任的？

当然，**我的意思并不是说我们不能有怀疑。怀疑是我们辨别是非善恶、保护自己不受伤害、不做错事的必要工具。**但是，当这个工具过于强大并且被滥用时，它可能会成为束缚我们心灵的绳索和牵绊。特别是在心理咨询和成长领域中，这种情况尤为常见。

我一再强调，心理咨询是咨询师和来访者共同探索内心深处的情结和非理性的过程，同时也是重建新的行为模式和思维模式的过程。由于这些情结和非理性是来访者未知的领域，可能是他们过去的伤痛区域，也可能是他们回避的地方，因此需要勇气和极大的信任来进行冒险和探索。

由于咨询师无法完全了解来访者的无意识底下的情况，来访者也不知道咨询师将如何带领他们穿越无意识的暗礁。同时，来访者更不知道探索、照见这些情结和非理性后会带来什么结果。因此，来访者只能选择相信咨询师的技术和能力，更重要的是相信咨询师的人品和职业操守。咨询师需要具备专业知识和技能，同时还需要有诚信、尊重和关心来访者的品质，以便更好地帮助来访者解决心理问题。

当然，在选择咨询师之前，你需要进行谨慎地考察和筛选。如果你选择了一个品行不端的咨询师，不仅无法获得治疗效果，还可能会使您走向更深的误区甚至深渊。

经过一段时间的接触和考察后，如果你确认这个咨询师是值得信任的，那么我建议你选择毫无保留地相信他，将自己交付给他。这也是"疑人不用、用人不疑"的原则所强调的。只有通过信任和坦诚，您才能与咨询师建立良好的关系，从而更好地解决心理问题并实现成长提升。

建立信任关系是一项相当困难的任务，需要时间和过程。那些不具备信任能力的人，往往因为不信任而选择相信自己。这种类型的人，也最容易犯自以为是的毛病。

这个"自以为是"的毛病，常见的表现就是试图用自己已有的认知、经验及认可的方式来解决当前的困境。然而，这显然是一种悖论。如果你自己能够解决当前的问题，那么为什么会产生现在的问题？为什么你会让自己处于困境之中？为什么你会把生活过得如此糟糕？

虽然很多人会给出很多理由，例如，"如果不是……我就不会……""都是因为……""因为……，所以……"，但基本上来说，这些理由并不是真正的理由。相反，如果这些原因是真正的原因，那么你应该早就解决了，或者至少不需要来求助了。因此，我们需要反思自己的认知和经验，以更加开放的心态来接受新的想法和观点，从而更好地解决自己的问题。

有一句经典的梗："懂了这么多道理，却过不好这一生。"说的就是这个道理。

一旦变得自以为是，人就很难承认"我做不到""我改变不了我自己""我是需要帮助的""我是有问题的""我搞不定我自己了"。

他们会因此变得非常固执，更加难以改变。只有通过开放心态，接受新的想法和观点，才能更好地解决问题并实现自我成长。

所以，要随时提醒自己，打破自以为是的想法，承认自己是有问题的，是做不到的，是需要帮助的。同时，要勇敢、主动地将问题暴露给老师，相信咨询师的专业能力，至少他们在这个领域比常人看得更远、想问题更透彻、更全面。这是走向信任的第一步！

然而，很多人却相反，当老师做了符合他标准的事情，他们就承认这个老师有本事；当老师用了他已知的方式，他们就相信这个老师。如果不是，他们就不信。

也就是说，我们需要认真选择并托付自己，学会完全地信任，才能真正帮助到自己。相反，很多人不加思考地随便选择，然后又开始怀疑，这会严重耽误自己的进展。在选择咨询师时，要慎重考虑，选择一个合适的咨询师，并完全信任他们。只有这样，才能真正地帮助自己解决问题，实现成长。

事实上，无论是来访者还是学生，成长和改变最快的，永远是那些能够相信的人。

♡ 待在"不信任"里面，做信任的事

关于这个话题，我想通过分享工作人员 Y 的故事来说明。以下为 Y 的

自述。

我经常对自己说："我发现自己骨子里其实是没有办法信任人的。比如，我能看到的是，我从来不信有人会真的帮我！在我的潜意识里，我经常认为'只要别人不嫌弃我就好了'。"

其实这个问题，老师之前也提醒过我好多次了。每次我都能明白老师的意思，也会觉得自己好幸运，有您这样一直提醒我，但也就是维持一两天而已。相处了这么久，我很清楚您对学生的用心，但内心深处总还是会浮现出"肯定不会是我！老师肯定不会这么对我"的想法。

当我听到别人说我没有脑子，别人都觉得我傻之类的话，我就会开始怀疑自己。我怀疑向老师学习是否正确，甚至还努力让自己保持清醒，让自己不要太相信老师了。我害怕因为太相信老师而失去自我了。"**为了保持独立思考能力，为了有自己的分辨能力**"，成了我一直自我保护的理由。

昨天和 L 聊了这些之后，她就很奇怪地看着我："你怎么会这样想呢？为什么要无端怀疑呢？完全没有必要，我完全不能理解你的想法！"

在局外人看来，我似乎把自己困在这里，明明是为了向老师学习，但老师身上的品质、精神、对事物的洞察力以及探索内心的原动力，我看得懂，却怎么都学不会，甚至怎么都跟不上。

其实我还是想不明白，我不知道什么是信任。您经常和我们分享您如何信任自己的老师，那种不假思索的信任，我是不知道的，也没有感觉。就像对盲人描述眼前美丽的景色一样，我眼睛睁得再大，也什么都看不见，这种感觉是一样的。

Y 能够这样坦诚地检视自己，已经很不错了。

对于一个从来没有体验过信任的人来说，和她再怎么谈信任，她也是做不到的，也没有感觉。

她用"对盲人说景色"的比喻很恰当！因此，要解开这个环扣的死结，重要的不是告诉她什么是信任，也不是教她怎么去信任，恰恰相反，她需要一次又一次地看到自己是如何不信任的，这才是最重要的！

那要怎么做呢？

具体做法是：**把关注点放在自己身上，观察自己是如何不信任他人的，把这个功课做足，做得更细腻、更深刻**。只有通过不断地自我观察和反思，才

能逐渐改变自己的不信任态度，建立起信任他人的能力。

要把自己一次次地丢进不信任的情境中，让不信任的那种不安、恐惧、心跳的感觉，甚至那种坐立不安的身体感觉，完全地呈现出来，完全地在身体上、心理上重演，用逼真的方式。也就是我们一直强调的要如临现场，让自己完全地如临那种现场。让不信任的这些信息（看到的，听到的，感觉到的，体验到的，甚至闻到的，尝到的）完完全全地在身上复现，别逃离，也别试图去转换，更不要去改变什么，就是如实如是地去经历这些感受，把自己丢进去。

当你一次又一次地待在不信任的状态中，不要试图让自己去做什么，就只是去经历它，反反复复地去体验它。无助得越久、越深，你的头脑、你的理性、你的分析、判断、合理化的全自动思维就会褪去，那些一直覆盖在你意识上面的聒噪就会褪去。

随着时间的流逝，功课做得越来越细腻，你潜意识深处的无意识部分就会一一浮现出来。这个时候，你才有机会一一检视清楚它们，并有机会进行转换，而转换需要一些新的体验。

看得够多之后，就再也没有办法欺骗自己，也不再用"我在保持独立思考能力""我得有自己的分辨能力"这些来合理化自己的问题。并且彻彻底底看清后，才明白不敢信任的底层逻辑，其实是无处不在的"不安、恐惧、纠结、不确定、不知道怎么办"等感受。

而这些不安、恐惧等感受，真正的指向是"老师怎么看我""老师会不会觉得我好差""老师会不会不要我""老师肯定觉得我好傻、好差，这个都不会，这个都不知道怎么办，这个话都不会说，这个事都不知道怎么办"等。

以下是 Y 写的整个经历过程：

因为有工作关系在，这样的状态必然会影响工作。

如果有一天，老师终于说出"我受不了你了"时，我一方面感到解脱，"老师，你终于说出了实话，原来我的感觉是真的"，另一方面，我感到非常羞愧和无地自容——我竟然差到连工作都做不好，这是我曾无论如何都没想过的啊，怎么都不可能接受的啊……

而自责的同时，我又有一些小小的骄傲。

和老公一起听老师谈话的录音，我心里想："他知道了我这么差，会不会不要我？"我小心翼翼地问出这个问题。

老公非常非常诧异，顿了一会儿，说："你怎么非黑即白啊？你怎么会这么想问题呢？"

我说："对啊，你看，我这么差，差到别人都不要我……"

老公回答说："第一，老师没有说不要你啊，他确实对你有不满，但不满的部分是很有针对性的啊；第二，你身上虽然存在这个问题，但你是一个完整的人啊，况且这个问题不会影响你作为一个人的整体性啊……"

当时，我听不懂老公后面的话，但他的错愕、诧异，让我印象深刻，让我知道他不是为了骗我、安慰我而装出来的。

通过这件事，我开始意识到，原来别人看问题并不是非黑即白，而是从多个角度去看的。

再后来，当我到老师家里时，师母和我聊起来，说："你确实让一敏很难受，但我告诉他，你也很难受，并且你的难受恰恰是因为你太想跟上一敏了。我告诉一敏，Y肯定比任何人都更想跟上你的节奏。"

这句话让我深深地感受她对我的理解。

同一天，老师说了一句"有青稞一口饭吃，就有你一口饭吃啦"，我听后，非常感动，眼泪刷就下来了。他的这句话印证了老公的看法——我是被老师认可和接纳的，老师是一个值得信赖和尊重的人。

又过了几天，有一次在听老师和我的那段谈话录音时，当听到"认命"两个字时，内心瞬间又被触动。那一刻，我看到了自己一直以来的逃离和挣扎。我所有的动力都来自这个逃离和挣扎，而所有的痛苦也来源于此。

我逃离的是什么，挣扎的是什么，都看得清清楚楚，它们就是原生家庭最底层的问题。当时，这种感觉让我感到彻底地通透。从此以后，我进入了"承认"和"认命"的阶段。

即：承认自己的出生，承认自己有这样的父母和成长环境，也承认基于这些因素，自己存在很多先天不足，比如没有格局、没见过世面、没读过什么书、不懂很多人情世故、不知道如何应对事情、与人缺乏亲密感、不知道怎么和人交心的交流、相对隔离和冷漠等。对于这些问题，我都认了。

渐渐地，我拥有了这样一种心态：

我确实就是这样的，我不需要伪装，不需要各种辩解，但也不意味着我只能这样。一生还有这么久，即便我永远达不到别人有的一些东西，但我从今天起，在每一个方面都努力一点，我就比现在的自己好一点。并且通过努力积累的东西，就是我的。我一生都这样，最终可能还是没法变得优秀，没法达成自己曾经的梦想，但我肯定不是一直这样下去。

从此，我彻底从不断地挣扎、不安中解脱出来了。

也是从这时起，老师在我心中的形象慢慢发生了变化，我也逐渐把他视为自己的骄傲、后盾、支撑。

外在行为：

在外在行为层面，很长一段时间，我都不再基于感觉来主导自己的行为，而是时刻记得基于公心（也就是他人的利益），它包括这么几层意思：

1. 青稞要什么、青稞的理念是什么？

2. 学员需要的是什么？

3. 作为一个成年人，面对这些事情，应该保持什么样的态度。如果做不到，参考 1 和 2。

当我坚持用这些理念来指导自己的行为时，不但可以事情做好做对，而且之前很多的担心、不安也慢慢消除了。与此同时，也得到了老师更多地肯定。

内心向往：

有了初步信任后，发现师母对人的热情、暖色、犀利、不怕冲突、直面问题……这些都是我不具备的。

在之后的工作中，我和她有了越来越多的交流，在互动的过程中，她的优雅、知性深深地感染了我，影响着我，我也在下意识地学习她。

后续几年，外在行为层面、内心向往的部分，都在持续地强化，这个过程中，我开始不断地置换不信任的底色，改变对他人不信任的态度。

不断地敞开：

我不断地和老师、师母、老公敞开自己的心扉，从开始的小心翼翼，到后来相对自然，每一次的敞开都能得到正向的反馈。时间久了，也就逐渐忘了"不信任"这个概念。

小结：

起初，我身上背负着许多心理的包袱和困扰。我对自己缺乏信任，害怕被伤害和背叛。这种心态让我变得封闭、疑神疑鬼，不敢真正地信任他人。

在老师、师母、老公等的指导与帮助下，我开始以不同的视角审视自己，找到了自己不敢信任的根源，逐渐找回真正的自我。

从承认自己不敢信任，到看到自己不敢信任的障碍，再到内在整合，这一路走来，我有过挣扎，有过困惑，甚至有过退却，但我最终还是选择了勇敢地面对自己，相信自己，并完成了一次内心的蜕变。

我从一个不敢信任他人的囚徒，变成了一个勇敢面对自己的探险家。我学会了拥抱生活的每一个片段，欣赏每一个细微的美好。每当我回望过去的一段历程，我感到自己已经不再是过去那个害怕信任的自己，而是一个不断成长、勇往直前的自己。

当然，我一直铭记着自己的初心，那份最初的动力一如既往地驱使着我前行。回想起当初步入老师的身边，我清楚地知道自己渴望得到什么。那份心愿在内心深处燃起了火焰，如同明灯般指引着我前进的方向。

♡ 有一种信任叫直接入心

这节谈的都是有关咨访与教学关系中的"信任"话题，我会从学生的角度，特别是那些不信任学生的角度来分享一些内容，相信会对大家有所启发。

下面，还是以学生 Y 的例子来说明不信任的产生与消解过程。以下是 Y 的自述：

我回顾了自己跟随老师学习的这两年内发生的点点滴滴。我以前也一直认为自己很信任老师，否则我也不会大老远跑到这里来跟老师学习，而且是孤身一人过来。如果不信任老师，老师叫我做什么，我就不可能就去做什么！

但现在发现，原来自己在内心深处，还是存在不信任，或者说根本不知道有这么个不信任的点存在。虽然之前老师一直试图指出我这个问题，但我就是不服气，只是这次有了这么鲜明的对比，对比了 L 同学的学习状态，才终于发现，我的学习和她的确不一样。因为我也观察到，L 每次听老师课的时候，她都会说：

"是啊，我确实有这个点呢！"

"哦，原来是这样！"

"怪不得呢！"

"我明白了!"

"好啊,好啊!"

同时,我还发现,老师指导她问题时,只要一开始剖析她,她总是立刻就顺着老师指的方向回看自己,不需要迟疑或者反复和老师确认一些问题,比如"我真的有这个问题吗?""您是怎么发现的?""我没有这个问题吧?""是这样的吗?"等。

老师分析完后,她在那个月的时间里面都会去内省自己身上的问题,同时会立刻顺着老师指引的方向去思考,去尝试着解决这个问题,而不是怀疑这样做是否有效,或者老师这样布置的用意是什么。她只是直接去做。每次回来上课的时候,她都会反馈老师上次布置的作业,如何点她的盲区,回去做得怎么样,而且总能总结出心得体会。

比如说,同样是老师布置的整理笔记与复盘的作业,您从第一天上课开始就告诉所有人这个功课非常重要,同时也告诉大家,老师当年就是这么学习的,还举了许多有名的心理学大师都是这么做的例子。因为这个作业需要极大的耐心和毅力,更需要大量的时间去完成。至今为止,认真去做的人寥寥无几,而能坚持做下来的只有L一个。

几个做得好的学生,最多只是把她们在课堂上记的笔记整理一下,然后直接交给老师看。有些学生甚至都不修改或排版,就把课堂笔记直接交上来。当老师不追作业时,大家就不交了。

甚至有学员事后还一直问,为什么要进行复盘呢?我上课不是都听懂了吗?而且我也都记了关键词啊?为什么要花那么多时间去做这个无用的工作呢?

当时我认为L的学习态度很认真,但现在才发现,原来L根本没有考虑老师这样布置作业的必要性,更没有怀疑老师要大家这样做的目的。她只听老师说这个作业是最重要的,其他都可以不做,所以她就坚持了下来。

但当我将自己与L进行对比时,我发现了一种差距。L是毫不怀疑地相信老师,并直接去执行。或者可以这么说,老师说的话,她是直接相信并执行的。而我则一直在小心地观察老师,甚至试图不断地去猜测老师的想法。虽然我知道老师这样布置作业肯定是有深意的,也能从各个角度去理解、分析老师让我们这么做的用意,所以我也会去做。但是,我和L之间存在一个差异,L

是直接相信并执行，而我则需要一个思考、论证的过程。甚至这个论证还需要我自己去分析、考虑和辨别。

L不需要这个过程，所以老师的东西能够直接进入她的内心，甚至老师的技术、语气、语调、应用指令的习惯，她都能直接吸收和应用。特别是她这次带来访者时展现出的感觉，那种老师一直试图教会我们、一直示范给我们看的那种感觉——咨询师的指令就像背景音乐一样，像水一样烘托着来访者的感觉。她能够这么快就展现出这种感觉，真的令人难以想象。

L这么大半年学习下来，练习的来访者次数只有督导小组上的这些，回家后没有练习过。她所有的时间都花在整理笔记上，特别是在复盘上花费了大量时间。例如老师接手示范的那几场，L都完整地听打出来。

而我和她的差别就是在这里！

我呢，与老师讲的东西之间总是存在一层隔膜，现在发现，这层隔膜就是深层的不信任，或者说不敢信任。我不敢完全信任老师，不敢把自己交托出去，直接跟随老师的步伐前进。

老师交代的每项作业，我也会去做，但在做的过程中带有疑虑。虽然我也有很大的收获，但我需要花费太多的精力去说服自己："老师是用心良苦的，是为我好，这样做是为了帮助我。"即便如此，我已经浪费了太多的精力在内心的挣扎上。

同时，老师身上那种无法言说的东西，比如待人接物的方式、立身处世的原则、不卑不亢的态度以及全力以赴的用心，这些始终是我学不会、学不来的。这些东西往往不需要言传，而需要不断领悟。如果用心理学的概念来解释，就是内隐式的学习。

不论学习什么，信任往往比方法更重要。只有深度的信任才可以把很多无法言传的东西从教这边传递到学那里。这也是我在教学时经常讲很多故事的原因，通过讲述各种故事或分享现场案例，以及自己的心路历程，我试图传递出一些抽象的概念，尽管其中很多是无法清晰定义的。对于那些可以给出明确定义的概念和名词，我会竭尽所能地讲清楚。

如人与人之间的那份心意和诚意，也是通过故事来传递的。所以，通过各种各样的话语，不管是棒喝、怒吼，还是嬉笑怒骂，形式可以随时变化，但那份心意和诚意，以及迫切想要大家转身回头、醒来的心意，能否被接受？

有些人始终无法接受这些，更不用说更广阔的精气神、勇气、责任等更高级的精神诉求。这些都需要通过信任才能传递过去。

而对于那些不信任的人，他们可能会记下大量的笔记、收集一大堆录音，每次课程也都参加，但实际上并没有真正吸收多少内容。根本原因是，他们不会信任，或者说是信任度还不够。

♡ 坦诚交流，跳出不信任的悖论

今天继续探讨"不信任"的话题，有些人会问："既然来访者或学生的非理性表现为不信任，那我们是否可以优先解决不信任这个问题？"从逻辑上看，应该是这样的，但在实际教学和咨询中，这种做法是行不通的。

这里就涉及两个悖论，一个是治疗上的悖论，另一个是原生家庭体验的悖论。

在医学治疗中，病人可能不知道自己得了什么病，但经过医生的诊断或仪器的检测后，病人通常会同意自己的病症，并愿意配合治疗。这种信任是基于对医生的专业知识和诊断结果的信任，以及对自己疾病的认知和认识。因此，病人通常会老老实实地听从医生的治疗建议，以寻求疾病的治愈和康复。

但在心理咨询中，很少会有来访者主动意识到自己骨子里缺乏信任他人。简单来说，真正非理性的人往往不知道自己是非理性的。那些从根本上对人产生怀疑、不信任他人的人，往往没有机会发现自己对他人的不信任。

恰恰相反，在她的观念中，不是她不信任人，而是没有值得她信任的人。她甚至可以举出无数个例子来证明她曾经多么信任这些人，或者多么爱这个人，但最终事实表明他们伤害了她，因此他们都不值得她信任！

在她的故事版本中，确实没有什么人、什么事值得她信任，而且你没有看到她正深受伤害吗？因此咨询师也很容易被这种现象所迷惑，她确实遭受了许多不公平的待遇，甚至是令人震惊的伤害，因此她太值得同情了，需要帮助，更需要治疗。

但是，我们别忘记了，为什么生活中会发生这么多的悲惨故事？凡事重复出现就不会是完全的偶然。为什么她不懂得逃离、躲开、警惕这些危险？也许正相反，她会下意识地靠近危险，她的某些无意识的反应、举动就是会引发对方来伤害她。

从原生家庭的角度来说，如果她从小就没有学会真正的信任，特别是没有与自己的父母家人之间建立起安全、信任的依恋关系，那么她的世界里面就没有体验过安全、信任的依恋关系。也即她不懂得什么是深刻的信任关系。就好像一个先天色盲的人，就算你拼命向她描述这个世界如何五彩缤纷，但她就是没有感觉。因此，几乎没有来访者会主动意识到自己的问题是不信任。同时，那个不信任也会妨碍你们的咨访关系。所以，你说什么她都会考虑考虑，但考虑完之后就停在那里了。

这是心理咨询中的常见情况，咨询师不能强求来访者信任他。因为始终都信任他人的人，基本上就是那种安全感很足的人，而这类人基本上不需要心理咨询，因为他们有能力在生活中处处体验到信任感与安全感。

这就是治疗与原生体验之间的悖论了。因为"来访者有不信任的心理问题"，所以他需要"请咨询师来协助我解决不信任的问题"，但最要命的问题却是，他也不信任咨询师！

为了让心理治疗有真正的效果，来访者和咨询师一定要真诚地面对这个问题，坦诚地揭露这个部分，这是解决这个悖论的关键。否则，若任由这种不信任的氛围横隔在咨访关系中，最终的结果就是浪费彼此的时间与精力。

作为执业咨询师，他必须严格要求自己成为一个值得信赖的人，因为他的来访者通常都是难以信任他人的个体，而作为咨询师，他必须始终是值得信任的。

简单来说，咨询师在潜意识深处要相信人性的善良和理性，相信人是可以改变的，相信命运总是希望自己过得更好。只有这样，咨询师才能散发出一种让人感觉安全的场域和氛围，无需太多的技巧和布置，因为咨询师本身就是一个治愈场。

问题在于，如果这个咨询师自己骨子里是一个无法信任人性的人，或者他内心深处缺乏安全感，对人性没有温度，对他人没有善意，那么来访者遇到这样的咨询师就会很麻烦。不仅会浪费时间和精力，还可能会陷入更大的幻境和误区。

在心理咨询这个门槛较低的行业里，这是一个很常见的现象，因为有大量"久病成医"的心理咨询师存在。这也被认为是心理咨询行业中的一种迷惑行为，即"最应该被信任的人，实际上却不会信任人"！

♡ 信任到哪里，成长就在哪里

通过这一系列的文章，大家可以了解到，心理治疗实际上是非常难以标准化、量化和模块化的，尽管这是心理学家一直在努力的方向。一旦过度追求量化和标准化，就可能会本末倒置。许多人认为心理治疗就是规定需要多少个疗程、做多少次咨询，就能治愈来访者的心理问题。如果治疗没有达到预期的效果，他们可能会认为咨询师无能或咨询手段无效。

许多学习心理学课程的人往往会关心一些问题，比如，上完课程后会否颁发证书？他们能否成为某某治疗师？似乎没有拿到证书，就相当于白上了这门课程。于是，市场上出现了大量提供上课发证的培训，以满足这种需求。

这真的把心理咨询变成了操作机器的模块化过程，似乎只要学会操作就可以掌握治疗技术。但是，我们始终面对的是人性。

不同的信任度等级，所做的工作内容、所能达到的效果往往会有天壤之别！

例如，对于一些已经建立长久、深度信任关系的来访者，有时候看起来非常棘手的问题，可能只需要一两句话、点破那层纸，就能立刻解决掉。

例如，有一位咨询师的朋友，因为彼此合作已经有一段时间了，有了相当深入的信任关系，而她也是这个行业的资深人士，所以可以敞开心扉谈。有一段时间，她的夫妻关系遭遇了危机，她使用了各种心理疗法，试图改善夫妻关系，但都未能奏效。后来，她向我求助，我听完她对问题的完整描述之后，送给她两句话：

一句是："你们要学会吵架，好好地吵架即可，有些冲突是无法避免的，以斗争求和平则和平存，以妥协求和平则和平亡"。

另一句是："你要表达，你太委曲求全了，你太害怕失去他了，你觉得吵架就是不好的。所以，一直畏缩不前，不敢去表达你真实的想法，你要告诉他，你的需要，你的想法，你的一切。只有这样他才会知道，原来你也需要他，原来你只是一个小女人而已，原来你没有那么坚强。所以，你要学会吵架！"

她听后，恍然大悟，于是回家去认真吵架，经过几次之后，夫妻关系逐渐改善。

另一个朋友，单身数十年了，最近遇到一个可能错过就会后悔半辈子的知己爱人。因为双方都已是人到中年，儿女也俱已成年，如今算是事业有成，生活各方面也都安稳平静，只想再拥有一段知己爱人式的感情，其他的也就无所求了。对方在相知相惜这点上让她完全满意并且珍惜，唯一美中不足的就是，对方已婚且这婚姻也经过了三十多年的经营，各种产业、关系都已经盘根错节、根深蒂固，完全不可能分开了。但他又真的很喜欢她，在她这里他找到了初恋的感觉。所以，他只想与她一起相爱、相伴，不去考虑那张纸。除此之外，他什么都可以给她！而她也真的很心动，但又决定不下来，所以她就过来问我该怎么办。

我的回复超级简单，"名不正则言不顺，虽然你真的只是想要这种知己的感觉，但是那个第三者的身份始终会压垮你。他已经年近半百了，只要他想要的，而不考虑你的名誉，这样的想法是自私而且幼稚的。若你和他在一起，你会很辛苦，而且未来也不见得会好。虽然，看起来这种知己、'懂得'的感觉让你很不舍，但这是用蜜包裹着的毒药，别碰，远离他！"

她听从我的建议放手了，放弃了一个可能这辈子再遇不到的知心爱人。虽然不舍，但她完全相信我！这样的来访者，我基本上只需要给她们几句话，就足够了！

如果问题是她们是否需要深刻的学习，答案是肯定的。因为她们能困在这里，那背后涉及更深处的东西，就是她们各自的世界观、价值观、人生观了。这个部分是可以学习、训练的，但需要近距离地学习和大量的时间。

若仅以这一个问题而言，因为彼此有足够的信任度，所以她们不需要再多问什么了。她们知道我所给的建议是为她们好的，是充分了解她们的整个人生，也是为她们真正的幸福着想的。

我知道她们信任我，相信我给出的建议，知道她们不会怀疑我的观察和动机。因此，我敢给予这些看起来很冒险，甚至非专业的建议。所以，心理咨询有时候也可以这么简单，与平常唠家常没什么区别，甚至我们在生活中也会给身边的朋友提供这样的建议。

通常，朋友之间会给出这样的建议，看来也都有道理，但实际并不一定有效。

如果我们把信任值分为几个数量级的话，大家可能就会看得更清晰一些。以我接触的来访者为例，大概可以做如下划分：

从陌生人到初次来访：0~10；

初次到来到下次再来：11~50；

下次再来到长期来访者：51~70；

初次到来到成为学生：71~80；

学生毕业到成为同行：81~90。

有些人天生很容易信任人，也愿意信任人。所以他们有可能只需要和你接触数次之后，双方的信任程度就可以进展到51~70。上面的两个来访者就是属于此类。她们天性里对人有信任度，愿意相信人都是善良的那种，打心眼里觉得咨询师是可以信任的，是为她们好的。在这个信任值内做的咨询就会是快速而且有效的！

有些人骨子里对人性无法信任，她们的信任值会在0~70剧烈地震荡。一语中的，可能信任值会急剧上升并且突破70，但若咨询关系突然遇到挑战和怀疑，信任值又可能会急剧下降到10以下，甚至为0。

面对这样的状况，咨询师所能给予的支持只能在这个范围内随机波动，因此咨询的稳定性就会差很多。这种个案经常表现出"翻脸比翻书还快"的特质。有些来访者好不容易调整好了信任度，甚至进步很大了，但是因为内心深处的那一份对人性的不信任，一旦咨询师贸然带着她往更深处去探索，甚至给她一些压力，以协助她突破目前的瓶颈时，她便会表现出明显的自我防卫意识，同时，信任值急剧降低。

对于持续而且稳定的信任关系，咨询师给予的支持也是持续和稳定的。随着时间的推移，这种治疗与改变会越来越深入，并且调整的面向也会越来越广泛。很多时候，随着时间跨度的增加，咨询师给予来访者的支持会超出心理治疗的范畴。

比如，在现在的学生中，我已经开始对部分学生进行个人修养、教养方面的训练与提升了，同时也给另外一些学生提升心智、开启思维能力方面的训练。这看起来和心理治疗无关，但实际上却是根本！**一个人的心智、思维、个人修养和教养才是决定一个人是否幸福、人际关系是否和谐的根本。这个部分**

实际上是教育的责任，而教育需要"十年树木，百年树人"的功夫。要做到这些，彼此之间就需要有足够的信任和耐心了。

同样的道理，我也在讲座或工作坊上举例说明过了。比如说，听众给我的时间可能只有 30 分钟。那么就只能给我 30 分钟的信任与耐心，我所能做的也只有这 30 分钟的工作了。虽然要做到快准狠并不是什么难事，但人的学习与改变终究是一辈子的事。如果认为 30 分钟或者 10 小时就可以解决你长年累积下来的问题，那又是急功近利了！

♡ 所谓英雄，就是战胜原生命运的人

有学生问道："有时候看到同学那么容易信任别人，对老师所讲的内容也能很快理解，而且会把它们很好地运用于实践，而自己呢，却一直无法摆脱原生家庭带来的负面影响，比如家暴、怀疑、贬低、苛求、斥责，以及各种各样的偏差错乱。老师，我成长的环境有那么多问题，我也有很多问题，在跟老师学习的这半年多时间里，我能清楚地看见自己的不信任及报复心理，甚至是自己的行为偏差。老师，有时候这真的让我很绝望，我还有救吗？我还能继续走下去吗？我还能对人有信任与善意吗？我能成为一个优秀的咨询师吗？我对自己真的没有信心！"

有一类同学在原生家庭中有过非常差的体验，这些经历对他们会产生较大的影响。所以，在成长过程中，他们确实会遇到类似上面的问题。

在心理咨询的学习中，个人成长是基础，而要实现个人成长，就必须接受咨询。然而，个人的原生家庭经历，几乎难以避免被涉及。如果不仔细去觉察，还可能隐藏着很多不忍直视的过往。虽然它们会给你带来痛苦与不堪，但这是一个必须经历的过程。对此，有些人会选择逃避，如他们常说，"让我去面对那些事情，不如让我死了算了！"或者"不是什么事情都是可以面对的"，"把事情看得那么清楚，还怎么活啊！"但是，直面不堪的过往，虽然会让人感到痛苦，但是，只有勇敢地面对自己的过去，才能获得真正的成长。

既然已经选择了这个方向，那只能一往无前了。所以，我要鼓励大家勇敢地走下去。

特别是一些同学的原生家庭比较复杂，这些经历就像安装在自己身上很

多按钮一样，稍微一碰触就会触发相应的反应，有时是报复模式，有时是自毁模式。

因此，对于这些心理问题，我们需要进行深入研究和探讨，以便更好地理解它们的本质和根源。只有通过深入的自我探索和心理治疗，才能真正地解决这些问题，实现个人成长和提升。

比如，一些人身上那种根深蒂固的不信任心理，或者是自动化的逃避、退缩模式，再或者是完全不受控制的情绪，常常导致情绪失控或者互相伤害。还有一些人则处于一种混沌无序的状态，缺乏清晰的思维和意识，无法有效地理解和处理自己的情感和经验。这些心理问题都会成为学习心理学的直接障碍，同时也会阻碍个人的成长和发展。

就像当年人们相信上大学是改变命运的唯一选择一样，现在也有一条道路可以改变你的命运，那就是学习心理学。虽然在学习过程中会遇到许多困难和挫折，但是只要你坚持自己的初心，就一定能够克服这些难关，最终获得成功。初心是改变你的原动力，也是拯救你的关键——不是哪种技术，哪个老师，或是哪个神、仙丹救了你，而是你的初心。**只要你记得这份初心，即便你没有接触心理学，就算你没有学到什么技能，你也终将在生命的某个阶段获得救赎！**

即使一个人在原生家庭中遭受了父母的冷漠和家暴，也并不意味着他无法摆脱这些心理伤害。学习心理学可以帮助他理解自己的情感和行为，找到解决问题的方法，走出心理阴影。

只要他认识到原生家庭带来的负面影响，并发誓改变自己的命运，他就可以克服心理伤害，成为自己想成为的人。实际上，我们身边有很多这样的例子，许多人通过自我努力和心理治疗等手段，克服了原生家庭的负面影响，建立了健康的人际关系和积极的生活态度。

所以，需要将初心转换为动愿力。愿力是一种强烈的善意、善念，一种强烈的，趋向于和解、宽恕的诚意，而不是学完心理学之后，只是简单地将问题归咎于原生家庭，以及小时候父母带给自己的伤害。如果只是归咎于外部原因，便无法真正解决问题。因此，我们需要将初心和愿力结合起来，不仅要理解问题的根源，还要积极寻求解决方案，克服自己的心理困境，实现自我成长和提升。

所以，你最终要去宽恕，宽恕是你唯一的出路！但千万不要进行虚假的宽恕，形式的宽恕。要清楚，宽恕不是结果（虽然它必然是结果），而是你一直以来的初心、愿力。如无此初心与愿力，你还是达不到宽恕的结果。

就好像"你终究要去信任"这句话，它不是一句空话或者是哲理，而是说信任是一种本能，是不需要去学习的，是我们在孩子时期就具备的。所以，这份信任容易在孩子的眼睛里找到。或者说，信任原本是存在的，只是随着岁月渐长，及个人经历、环境、个性、家庭教育等因素的作用，才逐渐消失了。

所以，**信任恰恰是本能，而不信任才是后天习得的！**

所以，拂去不信任的尘沙，信任本性自然会流露！

所以，你只需要走过！

我分享了那么多自己的故事、学生的生命历程，以及来访者的经历，只有一个很单纯的目的，就是告诉大家，你只需要行走起来，踏上成长的道路，那么就一切皆有可能。

正如《功夫熊猫》里的一句话，"**就算你人生故事的开始不是愉快的，但你仍然可以选择你的命运**"。

记住，**是你的选择决定了你的命运，而不是你的出身，更不是你的遭遇。其实，世间所谓的英雄，不都是战胜自己原生命运的人吗？**

♡ 模仿孩子学习未知的途径

正如之前所述，信任是人的本能，在我们作为孩子出生时就已经存在。这份信任可以在孩子的眼睛中轻易地找到。然而，随着时间的推移，个人经历、环境、个性、家庭教育等因素相互作用，信任逐渐消失。这是因为我们生活的环境和经历对我们的信任产生了影响，从而逐渐削弱了我们的信任感。因此，虽然信任是我们与生俱来的本能，但在成长过程中，它可能逐渐消失。

现在，就说说孩子吧，我们可以从孩子身上得到很多启发。

例如，我们可以观察孩子是怎么学习的。其实，他们会本能地模仿父母的一举一动。以语言学习为例，开始只是模仿简单的音节、动作，他们根本不知其意，只是单纯模仿，父母怎么做他们就怎么做。这时他们咿咿呀呀，处于鹦鹉学舌的阶段。时间久了，会逐渐掌握词语，然后词语变成句子。接下来，他们会继续观察成人是怎么应用这些语句的。在这个过程中，孩子会大量输入和应用语言，并慢慢掌握了语言的应用规则与情景。

随着他们语言能力的不断提高，他们开始与人进行交流，而且也越来越对焦了，于是便开始进入借助语言来交流和学习成长的阶段了。

很多时候，当我们观察孩子的学习过程时，会感到很神奇与惊叹：从出生开始算起，在短短的两三年时间里，他们从什么都不懂，到基本掌握母语的应用，这是多么令人惊叹的一种学习能力。可是，在现实的学习中，成年人往往不具备这种惊人的学习能力。

现在我们基本上是通过已有的知识体系，去学习新的知识或新的能力。其实，这样容易陷入学习的悖论中。

也就是说，你缺乏的恰恰是你不知道的内容，或是没有掌握的能力。既然你不知道，未曾拥有过，那你又如何学习它呢？

况且，很多人只是学自己想学的、想要的、认为安全、可以理解的内容。这样的学习，容易产生一个结果，那就是老师试图教给你的，想让你真正补上的那个部分，会被你已有的知识框架切割得支离破碎，最后只能勉强拼凑进你现有的知识架构之中。这样的学习不仅难以消化，还学到的东西没什么用处。

比如，有的学生学会了我的很多治疗手法、技巧，甚至还掌握了一些特殊技能，但他们从未领悟过"圣人之道，吾性自足，向之求理于事物者误也"的精髓。如果从来没有"事上练心"的自觉，没有知行合一的体悟，更没有致良知的价值观，那么，他们所学的技巧和方法和我所教授的内容就是两码事。

青稞教育是以优秀传统文化"心学"为基础的。其内涵和思想体系，都源于此。比如，青稞教育经常提到的立场、是非、对错等概念，它们是非常抽象的，很多人只知道它们的字面意思，不理解其深刻的含义，且缺乏相关的经历与体验，习惯用已有的知识框架去纳入它们。结果呢，所以一用就错，一学就歪。

孩子拥有非常强的学习能力，可能是因为孩子已有的知识框架（图式）比较少，所以，他们总是会改变自己的框架去适应（顺应）未知的知识、未掌握的能力（皮亚杰学习理论）。

在人小的时候，哪里懂得什么是立场，什么是分辨是非，什么是教养，什么是用心，什么是理性，什么是幸福，或者什么是同理。但是，随着我们的成长和经历，我们逐渐学会去理解和应用这些概念，并且知道它们的内涵。

这是因为，我们长期跟父母生活在一起，会本能地模仿父母的行为与态度，这么做不需要理由。这种模仿和学习成为我们身上的一部分，慢慢地，我们逐渐内化这些精神素质，并表现在自己的行为和态度中。当我们长大后，在与他人进行比较和交流时，会突然意识到自己已经掌握了许多知识和技能，而家教水平的高低也因此得以显现。

所以，**为了得到那些我们本身没有的东西，就要像孩子学习，如此才能把老师所教授的那些无形的东西，融入我们的身体与内心！**

第六章
通过内省突破局限

理性思维在心灵成长领域里往往是缺失的，甚至是被排斥的。

通过内省，我们可以破解自己被原生体验带来的局限，而不是为了达到某个境界，或获得某种美好的奖赏。

作为心理咨询师，既要看到来访者内心的困境，也要衡量来访者的现实情况；既要协助来访者直面内在的偏差错乱，也要让来访者厘清现实、看清真相。

♡ 内省是一堂人生必修课

很多人会问，作为一个心理咨询师、传统文化的爱好者及心学的追随者，平时应该怎么自修呢？

我的回答是：内省！对学习者来说，内省是最基础的每日必修功课。

作为心理咨询师，我们靠什么来协助来访者呢？最核心的无疑是自我能力的提升，这需要我们勇敢地实践，并及时总结经验教训。在这个过程中，需要体现出较强的内省能力。

平时，我们经常会碰到各种类型的来访者，他们有着各种不同的问题与困扰。其中，有些问题是我们很难解决的。所以，我们需要不断进修或深造，不断探索和尝试新的治疗方法，以提供更好的帮助和支持。

虽然选择合适的咨询方法是必要的，但根本来说，心理咨询师需要对自身进行深入的自我探索和改造（例如持续不断地反思自己的世界观、人生观和价值观）。这种自我探索和改造需要借助内省的能力，即对自己的思想、情感和行为进行深入的自我检视。只有通过自我检视和反思，心理咨询师才能更好地理解自己和来访者，提供更有效的帮助，并不断提升自己的咨询能力和专业素养。

为什么这么说呢？

大家知道，**心理治疗之所以能起作用，其核心要素是深度的信任，用心理学语言来讲就是深度的理解。没有深度理解，在咨访双方之间就无法建立连接，心理治疗也就无从展开。**

很多时候，在协助来访者面对自己的执念时，我们往往不知道他们的潜意识底下还有什么是我们不知道的。比如，原生家庭对他们都产生了哪些方面的影响，会不会在有些方面她一直没有呈现出来，等等。在实践中，这些问题随时存在。

这个时候，我们要怎么了解来访者呢？或者说，当我们缺少类似的意识与经历，该如何去理解来访者？

一个心理咨询师如果没有长期深入地探索自己的内心深处，了解自己的各种执念、情结、欲望、冲突进行，以及对各种共情、移情、反移情进行多次的体验与整理，那他一定会存在巨大的意识盲区。

比如，经常出现这样的现象：傲慢自大的人，无法理解卑微者的忐忑不安；顽固不化者，无法理解无能者的欲说还休；好大喜功的人，无法理解隐忍者的默默无言；爱慕虚荣者，无法理解内敛者的朴实无华……反之亦然！

很多人只是在一个维度中生活、表现、坚持，而心理咨询师应能感同身受到上述各种看起来彼此矛盾的心理体验。这需要仰赖内省的深度。如果我们的心思足够细，不难发现：傲慢自大可能是卑微忐忑者的伪装，顽固不化很可能是无能的表现，好大喜功很有可能是隐忍不被肯定后的反弹，而爱慕虚荣有可能是无处安放的平淡！

这些表面上矛盾的心理体验，在潜意识深处是相互关联的，这需要我们用心去体验，也更需要时间来累积和深入了解。

其实，咨询执业久了会发现，随着来访者对自我认知的深入，咨询师的意识会紧跟其后，以至于产生很深的共鸣和同理心。这种共鸣和同理心是建立在对来访者深入理解和内省的基础上的，也是心理咨询师执业时间越长，经验越丰富，能够更深入地理解来访者的关键。

在咨询过程中，咨询师要先于来访者一步到达他们的执念之前（包括各种恐惧、害怕、退缩、逃避等）。一旦咨询师先于来访者到达，他们就知道接下来该怎么引导来访者了。

其中，咨询师自己的生命体验是重中之重，但长年深入的自我内省习惯也是非常重要的。

♡ 内省 = 内观 + 省思

接下来，我们继续谈谈内省。如果对它进行一下拆解，即内省 = 内观 + 省思，或许可以更好地理解。

这本来就是两种截然不同的思维方式。虽然内省不是什么全新的概念，很多人都在用，但我们在实践中的应用思路是原创的。现在，内省已成为青稞学员的必修课，以及我们的思维习惯，甚至本能反应。

先说说内观吧。内观是指观察自己的内心状态和感受，是一个很常见的概念，也被称为"觉察""觉知""觉照""观照""内视""内听"等。**总之，内观是一种运用内在感知的过程。**

我们的感知，如视觉、听觉、嗅觉、味觉、体觉等都会下意识地投向外在的世界。而**内观，则是将这些感知收回来，转向意识的世界进行体察，甚至在意识里将这些感知觉重新呈现出来。**

唯有如此，我们才有机会慢慢地品味投影在我们意识深处的这个世界。这个"世界的投影"主宰着我们的各种情绪波动与心理反应，最终让我们的身心不得自由。

在这个过程中，持续深入地内观觉照是可以帮助我们厘清这种束缚和黏着，并在很大程度上重构我们的意识和经历。

就我们日常训练的内容来说，内观的核心要素是自我回溯的能力。什么是回溯呢？就是说把经历过的事件（或想象的、无从证明的意象，如梦境、幻觉等），有意识地（主动地）在心中（大脑里）地重新体验和经历。这种回溯就像事情正在发生一样，将自己的意识送回现场，重新体验当时的情形。

我们在进行内观觉照时，目的与做心理治疗一致，即让我们意识尽可能地深入到无意识区域里。然后沉浸式地经历那些需要被内观的场景和事件。

在如此循环往复的内观觉照之下，那些深刻影响我们现在生活的生命体验，就有机会被厘清、冲破，乃至得到重构。

当然，这个过程若是单独进行，难度是非常大的。因为越是靠近非理性的潜意识区域，越是不舒服的体觉和情绪的密集区。为什么？原因有这么两个：

一是这里有隐藏的、不被意识到的情结（情绪丛），而这些情结本来是因为心理上的自我防御，而被埋藏到潜意识深处。这意味着，它们本来就是自己有意藏起来的，压抑下去的，如果没有咨询师的帮助，之前是如何下意识隐藏的，现在就会如何下意识地逃避。

二是因为意识会下意识回避、继续隐藏这些情结，所以意识（头脑理性）就一定会无意识地寻找理由来合理化自己不去面对的行为，进而说服自己放弃内观。

所以，在内观的过程中，需要借助专业人士的帮助，以减轻独自内观的难度，从而更好地探索自己的内心世界。

在独自进行内观觉照时，如果没有具备完整的思考能力、清晰的理性思维的咨询师在一旁协助（旁观者清），一旦被不受控制的体觉和情绪吸附进去，那么残存的理性可能就不再起作用了。因此，在独自进行内观觉照时，我们需要特别小心，控制自己的情绪和感受，以免被情绪所控制，失去理性。

比如，有些同学在自己做复盘作业的时候，会想起那些痛苦的事情，从而产生怨恨等不良情绪。如果他们没有及时觉察这些情绪，就会被它们粘住，从而忘记自己为什么要做作业，做作业的目的是什么。这样一来，他们就会四处发泄，甚至很长时间都让自己陷入无力、绝望等负面情绪中难以自拔。

特别是那些本来情绪控制能力弱，或者从不控制情绪的人，不建议进行内观（无论如何，学习内观的方式和方法都要因人而异）。一个容易被情绪控制的人，极容易失去理性的思考能力，以至于做出种种让自己后悔莫及的事情。这就是常见的非理性行为了。

在生活中，我们会尽量让自己保持冷静，避免情绪失控，以减少错误与风险。这是理性的人通常的做法。然后事实是，理性思维虽可以让我们冷静地思考，但只依靠理性思维并不足以让我们从非理性的"刺激——反应"路径中挣脱出来。这是因为，这种反应是由潜意识驱动的，超越了理性的控制。所以，理性思考并不能帮助我们摆脱潜意识反应路径的束缚。

基于"头脑无法让你解脱"这个已知事实，为了摆脱"刺激——反应"的自动反应路径，内观的做法是观察这个路径的起起落落，不做任何干扰，只让注意力放在某处或者按照固定的路线运作。在进入这个路径后，不要抵抗，完全地被它吞噬，从而获得解脱（所谓的"杀死头脑你就解脱了"）。

我的经验是，这两种方法可以交互使用。当进行内观觉照时，如果反应（情绪、体觉）大到能够吞噬理性，那么我们需要进行思想工作，告诉自己"没有什么是可怕的，那只是过去的经历，过去不能把我杀死，现在也不会把我杀死，我要勇敢地审视它，穿越它。"我们可以观察情绪和体觉的真实表现，不必过度放大它们，让它们自然流淌过身体。

对于对情绪感受过于压抑的同学，可以对自己的情绪和感觉下达指令，例如"允许它更多一些""允许它出来"或者简单的指令如"再多一些""再重复"等。当情绪和感受达到一定程度时，我们会发现其中包裹着一些非理性的信念，这些信念会逐渐呈现出来并重复出现。通过内观觉察，我们可以了解自己的非理性逻辑，从而更好地管理和控制情绪。

如果只用内观觉照一种方法，是无法将自己推入情绪体验的各种涡流之中，然后完全地、全然地体验。要知道，只有经过无数次的这样循环往复之后，不受控制的力量才可能减弱。

我们使用内观的方法，是为了让情绪更流动一些，在情绪的带动下，无意识里的执念会顺势被发掘出来。也就是，让情绪带动想法，使想法更加清晰地呈现出来。

之后，我们便有机会看见隐藏在自己隐匿的情结之下的思维逻辑，以及这些逻辑是在过去什么时候被建立起来的。如此，我们就可以很清晰地认识到这些思维逻辑的局限性，从而破除它们。这个过程其实就是一个反思、省思的过程。

总的来说，通过内省，我们可以发掘非理性的底层信念基础，最终破解自己被原生体验带来的局限，而不是为了达到某个境界，或获得某种美好的奖赏。

♡ 内省：心如明镜，才能摆脱私欲的控制

因为青稞的学习都是以解决实际生活中的问题为主旨，所以我们在咨询中通常会问咨询者一句话，"有什么是我可以帮到你的"，或"你需要解决什么问题呢"。

也就是单刀直入，直接陈述来访者的问题。青稞人能协助来访者解决问题的工具，是协助来访者建立自我检视的能力，通过对事情的复盘，来反思自己的问题，然后应用心学的原理、心理学的实践，来协助来访者解决问题。

运用心学的原理，其实很好理解。我们之所以会处事失去分寸，或者进退失据，或者被事情给阻碍，其实原因不复杂，主要是因为我们的"私欲""闲思杂虑""执念"太多了，导致我们无法进行理性的思考，也就是无法客观理性地观照整个事件，也无法对自己进行清晰的觉察，即"既不知彼也不知己"。所以，自然会陷入"以己昏昏，使人昭昭"的境地。用王阳明心学的话来说，就是"心镜"蒙尘，"心镜"模糊不清，无法"明镜高悬"。

而内省，就是通过自我反省和思考来磨砺自己的内心，找出自己欲望过强、过于看重感受、非理性思维或执念偏执等问题，用内省的功夫来恢复理性。这就像磨镜一样，通过不断地反思和调整，使自己的"心镜"恢复光亮，能够清晰地反映事实和理性思考。

当自己的心能如"明镜"一样清晰，处理问题时就会以良知的立场为准则，不再被私欲所控制。这样，即使自己的社会经验不足，处事不够老道，但多实践几次，也终能学会如何圆满地处理事情。

所以，内省是工具，是在我们无法处理好事物的情况下，让自己的内心恢复清明的工具。当然，完全恢复理性可能需要圣人的境界，但我们大多数人只需要通过内省来部分恢复理性，克制自己的私欲，自然能够恢复内心的良知和客观、理性的立场，从而更好地处理事情。

曾经有一个当事人，我之所以无法帮助他，是因为他的诉求不是恢复自己的良知，不是恢复自己的清明，而是想要激发他赚钱的欲望。她应该先恢复内心的良知与理性，然后在不违背良知的前提去赚该赚的钱，赚钱的动力一定是积极的健康的，比如因为爱父母，想回馈父母，回馈社会等。

而我实在没有办法强制他恢复健康的动力。就算有这个能力，也会违背我的良知。

♡ 成长要在感性和理性之间平衡

上文重点讲了内省中的内观觉照，现在大家应该明白，它其实是一种深入潜意识中看清自己，并让自己从全自动反应模式中解脱出来的有效工具。

当然，它是基于心理学的基本原理。一个人的生命活动（各种复杂的心理、包括部分生理现象）都会受其潜意识活动的控制和影响。潜意识里面存储信息决定了这个人在面对各种和生存有关的情境时所采取的反应。

所以，上文提到的内观觉照的方法，为我们提供了深入潜意识的机会，以检视那些不为人知的信息。潜意识常被称为无意识，简单说就是，是因为潜意识中的信息很难被我们的意识、理性探索到。因此，要穿透这些信息，必须放弃理性思考的路径，依赖直觉、感觉、情绪和体觉等其他的通路。

从某种程度上说，内观觉照类似于右脑主管的领域，涉及音乐、娱乐、共情、感知、直觉，甚至反叛、率真等功能的发挥。人的大脑是分为左右脑。当我们谈论左脑的时候，往往是在谈理性思维，也即西方常说的太阳神阿波罗所代表的人格特质（Apollonian），即理性、秩序、规矩、逻辑和力量。

理性思维在心灵成长领域里往往是缺失的，甚至是被排斥的。我曾经苦恼于自己那强大无比的大脑，那个所谓的"小我""我执"从来就不肯屈服，而且我也没有真正打败过它。

后来我发现，原来我急于丢弃的"头脑""小我""我执"，其实也是我内在秩序、规矩、逻辑、理性及力量的来源。在自我成长的那些日子里，虽然我少了很多束缚和约束，但也失去了秩序与规矩，整个人呈现出轻飘飘、没有力量的状态。同时，我的现实感非常的弱，与周边的关系也开始脱离。

下面，我举一个简单的案例，方便大家更清晰地理解这个主题。

有一来访者 L，她的丈夫曾经出轨，于是向某位灵性成长导师求助。

导师告诉她，你如果还爱他，就去接纳、包容、理解他的行为，继续爱他，而不是去控制他、要求他。因为控制、要求的背后是恐惧，恐惧的心理只会导致恐惧的结果。所以你要尽情地去爱，没有恐惧地去爱。相信爱是一切的答案，爱能疗愈所有的伤痛，所以要克服你的恐惧，不要试图去控制他。

这番听起来无比悦耳的灵性教导，其实不过是一碗有毒的鸡汤而已。但是，当时来访者无法分辨真假，她相信了这番非常灵性，而且也非常高尚的灵性教导。于是，她带着满满的爱和正能量回家，并和已经出轨的丈夫分享自己的想法：你想要什么你就去追求吧，我支持你；你想要和那个女人在一起，你就去吧，去满足你内心的想法吧，没有什么是需要被谴责的，灵魂是无罪的；我会爱你，但这和你无关。

丈夫看到妻子如此"通情达理"，就更加明目张胆地和婚外情对象频频约会，完全失去了最后的顾忌和羞耻。第三者也从暗处走了出来，最后堂而皇之地进入他们的生活。

直到多年后的某一天，在我的咨询室内，这位妻子积压在内心深处的哀伤与愤怒才爆发了："做人怎么可以无耻到这种程度？""他们怎么可以这么明目张胆地欺负人呢？""我不计较，他们就可以如此恬不知耻吗？"

我毫不客气地告诉她，那是你允许的。你放弃了自己的权利，放弃了自己的力量，忽略了夫妻间的规矩和人伦秩序，甚至放弃了作为一个妻子、一个女人的尊严,是你允许对方这样羞辱于你的!这和爱一点关系都没有,这是你缺乏理性思考的后果,这才是真正的"自作孽不可活"!(在我深度陪伴后,我才敢把真相告诉她。)

在灵性的领域中,每天都有许多无脑神话在不断上演,数量多得令人难以置信。

爱确实是美好的,宽容也是我们追求的美德,但是我们不能盲目地对待一切。不问是非、不辨黑白、不守规矩、不看情况的行为并不是真正的爱和宽容。正如一位来访者所说:"我的单纯不是你作恶的理由!"

从心理治疗的视角来看,面对需要勇气和臣服,穿越需要宽恕和接纳,这是潜意识进化过程中的必然现象。但是,在现实生活中,面对具体事务时需要理性思考,人与人之间的沟通需要依靠秩序和规矩。在商业社会,奉行丛林法则,更需要智慧和力量。

这两者并不矛盾,只是如何应用的问题。因此,我重新定义了内省,即内省 = 内观 + 省思。省思是左脑的、理性的部分,涉及秩序、规矩、逻辑和力量。

♡ 用内观原理透视事实真相

在前面,我简要地谈了一下关于情绪(情感)体验与理性思维的区别。很多人存在的问题是,要么过于情绪化而缺乏必要的理性,导致出现偏差错乱;要么只有理性而缺少情感,变得冷酷机械。因此,我们需要保持平衡。

平衡是传统文化的核心之一,所谓"一阴一阳谓之道也"!

现在,让我们进一步探讨秩序、规矩、逻辑与力量在心理咨询中(包括婚姻咨询)中的应用。在心理咨询中,前来求助的多为女性。当我们在来访者身上看到明显的非理性行为,或者看到她即将做出错误的决定而无法达成目标时,我们就会她们进入自己的潜意识深处,去检视她的非理性到底是什么。我们会运用内观的原理,协助她们捕捉潜藏在无意识中的情结和情绪,并尝试直接面对它们。

例如 H,大家可以清楚地看到她现今婚姻的种种困境,这几乎就是在原生家庭中曾经遭遇的潜意识投射。

我们必须通过深入地检视，才能让潜藏于来访者内心深处的偏差被揭示出来，不再影响她。但是，如果仅靠感性的疗愈，就可以让自己从此过上幸福的生活，那就有点不现实了。

比如，上文中的来访者 L 的丈夫已经摆明了"谁都不选，但谁又都想要"的态度，公公婆婆也都劝 L 接受这样的现状，因为两个孩子都小，还需要妈妈的照顾，而他们根本拿儿子没有办法。而一夫两妻显然只是她前夫想要的结果，来访者 L 只能被迫接受这个结果！

在这种情况下，让来访者去穿越自己的恐惧，要求她别去控制他，要去接纳、去宽容、去理解、去爱他，那就是罔顾现实的鸵鸟政策了！

这样做的结果是使她的前夫变本加厉，而她只会感到压抑和委屈，"宽容""接纳""理解""爱"最终只是美丽的遮羞布而已！

如果让两个孩子在存在偏差和错乱的家庭中继续成长，可能会对他们的价值观、人生观和世界观产生负面影响。

在没离婚之前，来访者 H 的前夫就和别的女人生了小孩。在她婚后的十几年时间里，他一直在重复着猫捉老鼠的游戏，婚外情更是从来就没有断过。作为咨询师，我们不能一味地让来访者疗愈自己的内在，一味地告诉她，你改变了对方也会改变，或者只是告诉来访者，只要你好了，跟谁在一起都一样，或者将问题归咎于她前世的业力，并建议她当作偿还业报。这都是些"毁"人不倦的教导！

有些人可能直接告诉她："你还和他牵扯什么？直接离婚啊，这样的男人你还要他干吗？难道你以为他会改变，会因为你的善良而改变？要改早就改了，醒醒吧你！"

他们的建议直截了当，直指问题的核心。因为他们持有普通人的价值观、世界观与人生观，可能认为这是最直接、最有效的解决方案。

但是，作为心理咨询师，我们既要看到来访者内心的困境，同时也要衡量来访者的现实情况；既要协助来访者直面内在的偏差错乱，让她不再重蹈覆辙，也要协助来访者厘清现实、看清真相，早日从现实的泥潭中脱身。

当然，在心理咨询中，咨询师必须考虑一个现实——长期处于这些偏差错乱关系中的来访者，确实没有能力看清这些现实。正如 H 在原生家庭中从来就没有体验到什么叫家庭伦理道德，什么叫夫妻相处之道，什么叫相濡以沫，什么叫相敬如宾。她再怎么接受治疗，也很难进入一段良好的两性关系，或许治疗到最后，只能"跟自己相处"得不错，但还是很难建立起良好的夫妻关系。

因为她要重建新的体验，最少需要在榜样身上看到不一样的婚姻关系，而且那样的婚姻关系是值得她追求的。

总体来说，她们都不知道如何理性地面对这些事情，不清楚什么是夫妻间该有的界限。当夫妻间出现问题时，她们不知道有什么方式可以让彼此都跨过这道坎，让关系更加深入和长久。

这些是理性思考所必须具备的基础素质，也是幸福的重要元素。

如果她不习得这些素质，那么她在婚姻中将会感到无助、恐惧、不知所措，无法获得幸福。这已经和疗愈没有多大的关系。

青稞的督导小组目前起到的作用，就是在小组内部提供了大量的正反两个方面的家庭案例，使我们有机会从中吸取教训，并看到希望。

♡ 去除执念，接受新的思考方式和观点

人为何知道却做不到。原因出在我们每个人心中的那块"大磁铁"，也即潜意识中不受控的、非理性的执念。这块磁铁会让我们不受控地吸引各种"铁质"扎向我们的身体。

所以，关键在于那些不受控制、非理性的执念，它们会紧紧抓住我们的注意力，使我们无法分辨真正的真相。事实上，人们往往只相信自己已经相信的，很难打破自己信念的壁垒，这就导致了"睁眼瞎"的现象，也是现在流行的热词"信息茧房"。

大多数人终其一生都无法逃脱自己意识的牢笼。所以，他们的人生如梦一般，经常会陷入不断循环的执念之中。只有破除自己意识中的各种执念，从种种执念的牢笼中挣脱出来，才能接受新的思考方式和观点，才能逐渐认识到自己的意识的真相。

就像我曾带儿子去看《流浪地球》一样，对于我来说，这次观影没有了第一次时的那种震撼。但是，看着这部场景、布局、架构、设定都如此硬核的国产大作，我仍然为之感到自豪和激动。这也预示着中国电影开始在国际市场

上以自己的话语和文化来表达和传递信息，让全世界了解中国人的世界观、价值观、人生观，而不再像之前一味地追随西方电影的叙事方式和文化价值观。即，不再追求充满好莱坞式的个人英雄主义，救世主也不再只是西方人，东方人也可以是正面形象，不再是破落、矮矬、愚昧、自私的反面形象。因此，第一次观看《流浪地球》的时候，我真的心潮澎湃，激动之余，不停在朋友圈分享一堆关于《流浪地球》的推荐文章。

但第二次去看这部电影时，我开始尝试平静地审视着整个剧情，注意到剧中各种不合理的情绪变化、导演剪辑掉的部分，以及逻辑上掉链子的部分，这些在第一次观看时并未引起我的注意。电影仍然是同一部电影，但我的感受已经完全不同了。这个感觉在我们身上无时无刻不在出现，我们仍然坐在"电影院"里观影，只是这个"电影院"叫做"人生经历"。我们常常无法从这种体验中走出来，因为它影响着我们的思想和情感。

比如，在股灾期间，股市一片惨淡，开盘即跌停，不到10点就因熔断而休市，看着自己的股票大幅下跌，感到极度沮丧，甚至有放弃生命的念头。然而，离开电脑，走出家门，却发现世界依然阳光明媚，车水马龙。尽管外界环境没有改变，但我们的心境却完全不同。

放眼看过去，这个世界的现象，不过都是物质世界在我们心中的投影罢了，就如群山环绕之下的湖面倒映着群山，湖面就是人心，心若不宁静，就如湖面起了波澜，而山还是那些山，你的心却不一样了。

如果我们不去面对这颗变化无常的心，任由自己的心去创造出各种"境界"，那么我们只能在这个由心构建的迷梦中无法自拔，并一直迷失下去。

我一直在教大家如何去除"铁钉""铁丝""铁线"，但这些并不是根本之道。唯一的方法是教大家消除自己内心那个"大磁铁"，虽然这个"磁铁"最终也会被发现是不真实的，但这个过程是必不可少的。

大家首先要做的是，明白并警觉自己的心是如何解释和看待这个世界上的一切的。

只有先进入内心世界，或者说是从内心世界的迷梦中醒来，我们才有机会进行致良知。如果意识被各种非理性、情绪、欲望、执念所障碍，而人无法恢复客观理性，那么就无法客观理性地观察事物，更无法进行具体问题具体分析，实事求是的态度也无从谈起。

内省就是让我们进入这道门，通过自我反思和审视，逐渐去除内心的障碍和执念，恢复客观理性。

♡ "格物致知"，需从内省开始

本节我将带领大家探讨如何破解这个非理性和执念，以及如何去除我们身上的"磁铁效应"。

破解的前提是，你必须时时警觉，关注自己的心（你的心念）是如何影响你的生活的。当然，这里的心念在多数情况下，是指你不可以控制，不可以驾驭的部分。也就是说，我们要破除的是那些无意识的（平常觉察不到的）、不受控的、非理性的部分。正是这些部分导致我们的生活过得不如意，以至于生活中的某段关系逐渐失衡。

必须时时观察自己的意识活动（心理活动）与生活中事件的关系，了解自己的认知是如何作用于事件的，即认知活动如何推动、导致、障碍某件事情的发展。但这并不容易！

为了达到这个目标，人们必须先学会放慢心思，有意识地觉察和发掘自己的想法和念头，以便觉察到平时意识不到的心理活动（有时仅需要进行半到一年时间的训练，但一旦训练到位并深刻起来，有些人在行为层面的推动就会非常快）。

只有当人们真正放慢自己的思绪，平静下来，才能有机会觉察到那个极其微妙的心灵世界是如何运作的，是如何在生活的各个方面起作用的。只有这样，我们才能从粗糙的、一闪而过的、难以察觉的生活中深入到微观、细腻的潜意识心灵世界。

很多当事人在初次咨询时，我经常会询问他们的感受和想法。例如，当你这么说的时候，你内心的感觉是什么？当我这样不断挖掘对方的内心感受时，很多人往往会回答说没有感觉、没有想法，或者不知道自己为何会这样。

为了深入了解对方的内心世界，我会采用发问的方式，不断挖掘他们的感受和动机。例如，你做这件事的目的是什么？是什么驱使你这样做？你愤怒的原因是什么？除了这个，你为什么会有这么多的情绪？我会一直用这种方式来撬动对方的内心世界。

当我不停挖掘对方的内心感受时，很多人往往会回答没有感觉，没有想法，或者我不知道为何会这样。甚至有些人会感到沮丧和恼火，因为他们觉得这样做没有必要，为什么要想得那么复杂呢？

但是，我这样做是为了帮助他们深入了解自己的内心世界。有时候，这种挖掘伴随着一些不舒服的感觉，人们会习惯性地逃避这些不舒服的感觉。这也是为什么在来到我面前之前，我通常会建议当事人了解青稞的文化和理念。这样，我们就可以进行高效地咨询，避免浪费你的时间和金钱。事实上，许多有智慧的父母在掌握了我们的方法后，能够直接调整好孩子的问题。

从一开始，对方提供的线索都是轻微的，甚至可能没有明显的线索。然而，我需要通过这些线索来归纳对方行为的不合理之处，或者自我矛盾之处。只有通过这样的线索，我才能探索到隐藏在对方更深层次的潜意识中的内容。

换句话说，我作为咨询师，只是用我的经历和经验，以及青稞整个价值系统，来引导你去面对自己，探索内心深处，发现信念的不合理之处或者行为的不受控之处。

我的引导可以帮助你意识到自己的思绪和情绪，并与你不合理、非理性、习以为常乃至根本没有警觉的"非理性"执念对抗。在前期，有些人会受益于我的这种引导，发现自己的许多盲区，甚至因为我的引导而穿越一些障碍。因此，很多疗愈也会因此而发生。

但是，依靠他人的引导所能达到的深度和广度终究是非常有限的，并且对咨询师的依赖并不是长远之计。人应该依靠自己的反省能力来穿透自己的问题，解决人生中的种种困惑与局限。

所以，当你能够依靠内省的力量，去穿透生活中的种种幻象时，你就初步具备了解决问题的能力。因为你不再被一些强大的执念所阻碍，以至于无法看清客观事实。当你的内心能够像"明镜"一样清澈，而不是波涛汹涌的湖面，你就能清晰地认识到自己与孩子、家人的关系到底是什么样的事实。

这就是阳明心学的入门功夫，也是外界一直觉得青稞很神奇的地方。经过一两年的学习后，很多同学都能够发生改变，这种改变不仅仅是外表的变化，更重要的是内心世界的升华。（学会内省和实践后，随着心境慢慢改变，她们经常觉得爱人或孩子换了一个人似的，但其实孩子还是那个孩子，爱人还是那个爱人。）

通过这条线索，我们慢慢找到良知的声音（"人人心中皆有良知"，只是人的良知会被遮蔽，会被欲望阻挡，以至于失去作用，所以需要时刻进行内省的功夫——磨"心镜"的功夫），并遵循良知的指引。

如果一个人能够深刻体验到这些，那么外部世界就会变得格外清晰和简单，他在不同情景下的判断就会变得清晰明了。这就是许多人孜孜以求的内在力量，同时也是心学的魅力所在。这个内在的力量一旦被真正唤醒，人性的独立自主就有可能实现。

所以，我一直强调，问题不在于你做错或做对了什么，而在于你完全没有觉知，你完全不受控。即你以为自己所做的一切都是合理的，都是你内心深处想要的，但你根本不知道你内心深处（潜意识底下）的执念是如何左右你的！

作为咨询师，我也只能一次又一次地，利用你正在经历的事情，来促使你去回看你自己，促使你把注意力放在自己身上，放在自己的内心，从此时此刻开始，把力量用在自己身上，从自己的感受和情绪入手，从你想改变的现象入手，从你做不到的地方入手！

内省通常是从自我觉察开始的，或者更简单地说，觉察必须从感知复苏开始。什么是觉察？觉察的内容包括感知自己情绪的起伏波动，以及内心闪过的想法和念头。在此基础上，我们可以训练自己的觉察能力，使其更加敏感和精细。

只有这样，我们才有可能发现那些被我们一掠而过的事情背后，实际上有很多心思在瞬间闪过。所以，要学会往内用力，用在心上，也就是心上用力。

通过这种方式，我们才有机会突破被执念束缚的认知，特别是对客观世界扭曲的认知，只有破除了这些执念，我们的心才会恢复理性，才能心如明镜，才能看见客观真相。

这就是阳明先生说的"磨心镜"的功夫了。正如他所说："心犹镜也。圣人心如明镜，常人心如昏镜。近世格物之说，如以镜照物，照上用功，不知镜尚昏在，何能照？先生之格物，如磨镜而使之明，磨上用功，明了后亦未尝废照。"（《传习录》）

♡ 要有直面问题的坦诚与勇气

虽然，我已经用了一堆的文字，乃至理论告诉大家要内省，你只要向内走，找到自己的执念并破解它，让自己的意识恢复清明，使理性得以恢复，可以客观观察、判断、决策，同时也让良知恢复作用。如此我们就具备了解决问题的基础条件，有机会从非理性中跳出来了。

内省就像去一个地方时，首先要校对地图的准确性。如果地图本身就是错误的，那么你的目标就永远无法达成。致良知就像启动导航（启动适合生存的集体潜意识力量或系统力量），事上练（整个实践过程，比如在现实的关系中练习手感）就是再远的路，你也必须一步一步走下去才能到达目标。

这不是唯心主义，因为大家来找我，无论是孩子的问题，还是夫妻的问题，或是个人的问题，本质上都是关系的问题，就是人与人之间的问题。

若论对于内心力量的研究与应用，显然中国传统文化太擅长了，而心学更是其中的璀璨明珠。然而，由于中国文化习惯大而化之，在细节上经常不具备可操作性，所以在操作方面需要借鉴现代心理学的研究成果。但是，一定要用中国优秀的传统文化打底，这是我们中国人解决自己心理问题的最根本出路。

我运用心学原理协助大家解决问题，甚至教导大家如何协助自己的孩子磨砺内心力量，并且应用心灵的力量处理复杂的外部世界。

但是，很多人难以接受这样的理论和方法，因为这会涉及人们身上的一些习性。也就是说，有些人从始至终从来没有真正想过，孩子的问题是否真的是自己的问题。他们需要审视并解决自己的问题，而孩子需要父母重新引导他们。

他们虽然学了一堆课程，咨询了很多老师，但骨子里并不认为自己需要改变，或者认为眼前的问题和自己无关，自己不需要承担责任，不需要审视自己。当然，他们的解决方式通常是，花钱上课，寻找老师，然后期待问题会自动消失。这就是他们解决问题的态度。

曾有一位学生天真地认为，只要她交了学费并待在我这里，两年后她的孩子就会变得更好。我告诉她，死了这条心吧！如果你不去思考、不去发现你家的问题，不去改变，不去直面你的痛点、你的困难，即使待在我这里一百年，你和你的孩子也不会改变，不会变得更好。我告诉她，如果你自己是一个无法下定决心改变自己、修正自己、突破自己盲区的妈妈（或爸爸），那么你的孩子怎么可能有意愿改变自己？有意愿突破自己？这是不可能的！如果我明确指出了你的问题，而你却始终不愿意承认问题所在，不愿意去改变，不愿意去思考，坚持认为问题出在孩子身上，那么我只能建议你另请高明。

"孩子没有动力，我却有动力；孩子趴窝，我没有趴窝；孩子休学了，我却未休学；孩子需要学习，我自己却不需要学习；孩子厌世，我自己却没有厌世。"

一旦一个人的话语中充斥着这样的语言结构，那么任何人都无法帮助她。如果将其转化为潜意识的语言，那就是："你们不要总是看着我，我很好，不用管我""你们只需要关注我的孩子就行了""我已经为了我的孩子来学习，我是一个充满爱心的妈妈（爸爸），我是多么优秀的人啊，我已经开始学习了，难道我还不够好吗？""不要批评我，不要看着我，我很好。"

说到底，她在害怕什么呢？她在逃避什么呢？当一个人下意识地非要表现得很好的时候，当一个人非常恐慌自己不够好的时候，她怎么可能把注意力放在自己身上呢？（因为她所有的注意力都花在要让自己看起来很好上。）她又怎么有勇气去审视自己，感受自己内心的不自在、恐惧、内疚、自责、羞愧和畏惧呢？这不正证明了她觉得自己不好吗？所以，**如果一个人觉得自己有问题或不够好，他就很难真正面对和解决自己的内心问题。**更别提什么改变和应用心灵的力量了，这几乎是不可能的。所以，许多家长来到我这里，期待我能把孩子教好。只要我愿意接收孩子，他们就会想方设法把孩子送到我这里来。有多少人听说我不接待孩子后，连了解的意愿也没有了，直接不考虑了！

有时，有没有直面自己的问题的坦诚，有没有直面自己的问题的勇气不是最重要的，最重要的是，孩子愿意复学并能够变好。只要达到这个目标，父母愿意做牛做马，付出一切都是值得的。然而，你可能不知道，你性格上的弱点会在孩子身上加倍显现。你的回避、逃避和不敢面对的态度都会影响孩子的成长。

在这个世界上，其他事情可以由专业人士来解决，可以通过花钱来解决。但是，父母这个角色，可以由别人来扮演吗？你的孩子能叫别人爸爸妈妈吗？你需要为你的孩子花钱请别的父母吗？

♡ 磨亮心镜：去私欲，存天理

如果一个人过于在意自己的感受，过分关注自己的需求、情绪和感受，而忽略了事实和真相，以及他人的诉求和感受，那么他们就很难进入自己的内心世界，更别提改变和应用心灵的力量了。

如果换一种说法，大家可能更容易懂。即，一个人如果太多在意自己的感受、需求、情绪等，以至于忽视真相，忽视他人的需求和感受，即便他们是为了孩子而前来学习，他们的感受、需求和情绪也是无法被挑战或克制的，这无助于他们面对和解决内心的问题。

在实践青稞的理论时，如果一个人过于沉溺于自己的感受、需求和情绪，就会感到很难受，甚至无法有效地改变。

青稞的学习包括三个部分：内省、致良知和事上练。内省是指对自己的偏差和错乱进行反思和喊停；致良知是指以良知的立场处理事情；事上练是指结合理论进行实事求是的实践。这三个部分可以同步进行，并且循环往复。

这三个部分对一些人来说确实很难做到。首先，内省需要面对自己的偏差和错乱，也就是克服私欲，这需要克制过度的欲望。

其实，这也符合儒家"走中道"的思想：合适的需求应该得到满足，因为那是规律和本能的诉求，也就是天理；而不合理的欲望应该被节制，不能无度放纵自己。

朱熹曾说："饮食，天理也；山珍海味，人欲也。夫妻，天理也；三妻四妾，人欲也。"

过度在意自己的感受、将个人需求和情绪置于首位，这些都是心学中所说的"人欲"，需要加以克制。如果这部分人欲没有得到控制，那么天理就无法在人身上显现，致良知也就无从谈起。

良知是指在合适的范围（人伦秩序的范围）内做出本能的反应。所以才有"见父自然知孝，见兄自然知悌，见孺子入井自然知恻隐，此便是良知"。（《传习录》）

这也是为什么那些非理性障碍较轻的人，只要能够意识到自己的非理性行为，良知就会发挥作用，并且青稞所教授的内容能够进入他们内心的原因。

所以，有些人在掌握了正确的学习方法后，在处理事情和处理各种冲突时，能够想起老师是怎么说的，札记上是怎么写的，然后按照老师的指导在生活中不断进步。

也就是说，我们协助她挪开心中的非理性，她们自然就会懂得怎么应用青稞所教的内容了。

有些同学不明白为什么这些同学能够做到这一点。从多个角度分析，这类同学通常善于倾听，比较理性，容易信任他人，责任心强，或者在社会中经历了较多的磨炼，她们会在关键时刻挺身而出。

用心理学的语言来说，她们能够在那一刻控制自己的私欲，恢复良知的清明，因此社会道德、人伦秩序、公共秩序等社会意识自然会在她们身上起作用。而青稞反复教授的那些具体做法，本来就是基于良知的立场和社会的秩序来采取相应的行动。

因为私欲退去后，天理自然就会彰显出来。而天理就是家庭的伦理和教育规律。因此，这些家长在面对事情时，自然会想起老师所教授的内容。

而对于那些无法克制自己情绪、感受和需求的家长，他们在面对事情时只会感到恐慌，因为他们自己已经想逃避了。在这种情况下，他们如何能够克制自己的情绪、感受和需求，根据事情的变化、孩子的诉求和家人的痛苦来改变自己并采取相应的行动呢？

的确，他们面对事情时永远都是慌乱不已，大脑一片空白，自然就想不起老师所教授的内容。而在心平气和的时候，他们可能会背诵老师讲的内容，但问题在于他们从来没有克制过自己的情绪，没去有意识地磨炼自己的情感体验，导致情绪承受能力极弱。因此，一旦面对实际情况，他们就会慌乱无措，脑袋一片空白，即使背得再熟也无济于事。

人终归需要与自己的私欲做斗争，如果永远不愿意克制自己的情绪、欲望和需求，不训练自己在被情绪、欲望、需求控制的情况下，努力去做符合伦理要求的事情，怎么才能做好该做的事呢？

王阳明先生一直强调，我们需要磨亮自己的心镜，用一个能够清晰反映世界的镜子来观照世间。

内省的功夫就是磨炼心境，只有磨亮心镜，理性才会回来，我们才会知道如何以良知的立场做出反应。

♡ 青稞心理学的指导思想：内省和致良知

这一系列的内容是特意为休学中的家庭（孩子已经休学、辍学、失业的家庭）而写的。因为有些家长认为，之前那些内容虽然也是写家庭教育，但不是专门写给休学家庭的，所以他们不看。只有老师专门讲述他们家的问题时才会看。

同样的道理，现在我专门针对休学家庭进行阐述，但有些人认为他们家庭没有出现休学情况（只是存在厌学、网络成瘾、学习动力不足、没有明确目标等问题），因此与休学家庭相关的文章对他们来说并不适用。

现在，我写休学家庭了，又有人认为，我们家没有休学啊（只是厌学、网瘾、学习没有动力、没有目标），所以和休学家庭有关的文章，我也不要看了。

目前，这一系列内容确实是写给父母看的，它们的思想与理念始终是一脉相承的，只是如今应用在家庭教育领域而已！

"内省"与"致良知"始终是青稞心理学的核心思想，这是督导小组一以贯之的教学理念，也是我自己奉行的理念与追求的理想。

首先，它在我自己身上验证过，是行之有效的；其次，在我这十多年的个案咨询与教学中验证过，也是行之有效的。如今，在家庭教育这个领域，这个理念再次得到验证，它依然是行之有效的。

所以，无论你们因为什么问题，出于什么样的目来到"青稞"，大家要都要记住：在解决问题或完成目标的过程中，千万不能脱离内省与致良知。

我的咨询策略是灵活多变的，教育孩子的具体指导方案也是根据每个家庭的具体情况而制定的。这些方案大部分情况下都只适用于当事人家庭。因此，如果只是简单地遵循方案，而不去深入研究和理解方案背后的指导思想、规律和理论，那么即使我暂时帮助你解决了眼前的某个问题，但你并没有真正理解问题的本质，也无法自己解决问题，这就是所谓的"治标不治本"。

关系永远是相对的，也是互相演化的（对立统一、辩证发展的），你改变，孩子就会作出相应的改变，而孩子的改变又会影响到你。此外，家庭中的夫妻关系，你和父母的关系也是如此。如果不持续努力或改变，就有可能回到旧有的模式。

只有当你熟练掌握并理解了解决问题的方法和思路，才能在教育孩子的过程中时刻关注自己，进行反思和总结，并根据实际情况进行调整和推进。只有这样，家庭情况才会变得越来越好。

这也是鱼和渔的关系。

之前，我谈的多是关于人的自主意愿、主动意识，以及对于学业、事业的渴求。为什么到这里我又要提到"内省"与"致良知"呢？

如果没有内省，你的焦虑的、恐惧的、愤怒的、贪婪的、偏差错乱的、自以为是的内心无法平静下来。内心无法平静下来，你对待孩子的问题就会全部扭曲，严重偏离客观事实，甚至根本听不懂孩子在说什么，看不懂孩子在做什么。同时，内心无法平静下来也会使你的反应和处理方式变得混乱，以至于事情变得越来越糟糕。

所谓的良知，就是社会的道德规范和伦理秩序，它们沉淀在我们的潜意识深处，形成了我们内心判断是非的标准。简单来说，"致良知"就是让我们的内心保持平静和清明，然后根据我们内心的声音（基于公正和真正的母爱）来对孩子做出反应。如此，自然会把孩子越带越好。

父母总是希望将最好的品质传给孩子，但有些孩子身上就是缺乏这些品质。例如，热情、开朗、自信、勇敢、坚毅、仁慈、忠义、规矩、智慧、守诺等，这些都是父母们最希望给予孩子的品质。

实际上，孩子之所以出现厌学、休学、辍学、失学、失业、啃老等问题，根本原因不就是因为他们缺乏这些核心品格或核心价值观吗？

身为父母，没能把孩子教育好，让孩子出现了各种问题，确实是因为大家都处在各种盲区里，处在各自的非理性里。用王阳明先生的话，也叫"私欲"蒙蔽了良知，也可以说"心镜"昏昏。

你之所以处在各种盲区和非理性中，是因为你没有掌握真正有效的内省能力。更关键的是，你的人生缺乏以自己的良知为权衡的尺度，因此你才会随波逐流，导致在各种关系中进退失据，总是出错，无法检视自己，调整自己，从而让自己的人生回到正轨上。

"内省"和"致良知"是我最希望你们拥有的核心能力，因为通过"内省"，我们的心境才有机会被重新打磨，变得明亮，也就是在头脑清晰的情况下观察到家庭的实际情况。**而"致良知"就是要做符合规律的事情，不要违背教育规律、成长规律和婚姻规律，这样自然就能过上幸福、健康的生活。**

所以，我也只能以身作则，甚至在课程中经常以自己为样本，与大家分享我内省、致良知的经验和体会。

督导小组会用一些切实可行的方法来训练大家这些能力。在学习的过程中，我们将以你们目前遇到的困扰和问题（或者说是你们最初的动机）为出发点和归宿。

虽然有些学生眼前的困扰和问题已经得到了解决，但他们对于内省和致良知这两个概念并没有清晰地认识。在一对一咨询中，由于时间限制，我们主要关注解决眼前的问题，而没有进行内省和致良知的训练。尽管我的咨询方法和指导思想正是基于内省和致良知的理念。

所以，具体到每个个体时，我只能说："你需要自己寻求并渴望内省和致良知。唯有如此，它们才会成为你生活的习惯和思维的模式"。

内省和致良知的训练，并不是一开始就教人如何做对的事情，而是让大家从过去的痛苦、困扰或错误、难以面对的事件入手，将目前的问题和困扰进行聚焦、放大、深入，然后最终得以解决。在解决问题的过程中，始终把力量用在自己身上，并最终解决生活中的问题。

要知道，既然这些问题已经构成生活的困扰，甚至困扰了十几、二十年或更久，那对一个人而言，肯定是不知道问题的症结在哪里，或者说无法客观理性地审视这些问题，并且采取相应有效的措施。

所以，回顾潜意识（无意识）是一个相当有效的方法。（关于这个部分大家可以参阅之前的内容）

"致良知"的另一个途径往往是从面对非良知行为开始，特别是从种种隐瞒行为入手，这样的学习需要勇气。

但只有具备向自我挑战的勇气，我们才能最终改变自己的命运，这也是青稞心理学一再被证明的事实！

如果你还不知道该怎么办，那说明你到现在还不知道自己真正想要的是什么。

而你每次都只想要一个答案，却不问问题的本质是什么。

或者说，你只关心自己的问题，但从来没有真正检查过到底是哪里出了问题，为什么会出问题。或者只是不停地做，却从来没有关注过这样做是否有效，只是理所当然地认为别人这么做都是有效的，那自己也应该这样做。

包括学习也是这样，那就是始终都在本末倒置！而这很可能就是个人、家庭和孩子问题的所在！

第七章
人的不现实感

真正缺爱的人，是不知道自己缺爱的。

过度依赖个人形象和光环，人们就会因此失去对客观现实进行具体分析和判断的能力。

家庭教育对我们大多数人来说只有一次实践的机会，一旦犯了错误就回不了头。

♡ 从"公主病"的案例开始谈起

对我做家庭教育而言，曾有一个来访者，她让我从心理治疗当中跳脱出来，给了非常大的启发。她认识我的时候，我刚刚入行，她就是求助者，那个时候她求助的问题就是她有社恐。

她经常在群里面发言，一发言就是一堆一堆的。反正内容经常就是，她不敢出门，恐惧见人，总是觉得有人在背后说她闲话。

她一出门就好困难，在家里，她都得把窗帘都放下，因为邻居会从隔壁窥探进来。

我问她，"那邻居为什么窥探你呢？"

她回答，"他们就是看我一个人在家啊，我没有工作，又很闲，就觉得我是不是被包养了啊！他们这样想，就会这样说，那我很难堪啊。"

我说，"那这个和你把窗帘放下来有什么关系？"

她说，"我把窗帘放下来，他们就看不到我了，就不知道，我白天在家啊，就不知道我很闲的，这样她们就不会说我了。这些人也真是的，我不上班关你们什么事，我老公不在家关你们什么事！"

这些内容对于初入门的我来说，确实是经典的社交恐惧症患者的表现。社交恐惧症患者最在意的就是被他人评价，因为他人评价对他们来说就是一种压力，他们经常在这种压力之下，就先入为主地认为别人不喜欢他们，甚至想束缚他们的行为，使他们还没有开始就放弃了人际关系。

那时候我雄心勃勃地想给这个人做咨询。于是，我说，我可以帮到她，但她得过来工作室这里才可以。但她告诉我，她不能出门啊，她没有办法出门，能不能我去她们家里去给她做咨询。

心理咨询师的第一课就是咨询伦理。咨询师只能在自己的工作室里接待来访者，这是基本守则。

于是，这个来访者就好像走入死循环一样，因为有社交恐惧症，所以她出不了门，社交恐惧症需要心理咨询，而咨询师只能在自己的工作室里面接待来访者。

我坚守咨询伦理，不提供上门咨询的服务。但不见得其他人不提供啊，但显然她的问题并没有解决。而两三年后，她终于鼓起勇气来到了我的工作室。

一开始我也是认真地给她咨询，我认真地去倾听她生活中的各种苦恼。

她说："我感觉老公不爱我，也不理解我，他都不肯花时间陪我，下班回来就看电视。我们之间没仪式感，甚至他都不陪我出去吃个饭。而我每天做家务做饭，整个人肉眼可见地在变老。"

她说她也很讨厌老公总是要回家吃饭，这话听得我一愣，但是她又马上说起了一件自己非常在意的事。

"前几日，是我们的结婚纪念日，我在一个月前就提醒他，我想出去吃个烛光晚餐，再看个电影，也希望收到小礼物，而且，我也不是只要求他做，我自己也给他买了手表领带。结果呢，他居然忘记了，天天回家吃饭，就那天要陪客户。老师，你能想象吗？你能理解吗？"

她连珠炮似地提问，我还没来得及回答，就听到她继续说，为此他们大吵了一架。并得出结论，丈夫根本不在意她。

想到这，她就更委屈了，"我们是夫妻啊，我要陪他过一辈子，他应该疼我呀。现在算什么，我像个做家务的保姆，还生了两个孩子，连他的工资卡都没见到，每个月就拿点可怜的生活而已。"

说到这里，她语气更激动了，似乎越说越生气。然后，她就开始历数身边人的生活。

"别人那都是在家有保姆，出门有司机，家里几套房子在收租，每天根本不用做家务，就约人喝喝茶，聊聊天，逍遥快活。再看看我，什么都没有，还当牛做马，根本就不公平！"

而她不仅觉得照顾丈夫很委屈，甚至觉得养育孩子也不值当。她说她现在花了这么多时间，将来娶媳妇的娶媳妇，嫁人的嫁人，最终都会离她而去。对于孩子的长大成人，成家立业，她都认为是自己亏了……

因为别人年轻时都是出去喝茶、约会、旅游，可是她把全部时间精力都花在老公孩子身上，最后却竹篮打水一场空。

那个时候我才刚刚入行，我听了她这么多烦恼，虽然我想不通，为什么她会这么苦恼于这些事情，但我还是按部就班地给她做咨询。认真地倾听她，共情她。

但我搜肠刮肚也不知道该用什么技术来治疗她。在她那里我尝试过催眠，但效果不佳；寻找她的心理创伤，但是找了半天都没有找到什么，后来才知道，因为就是没有。她所有的困难就是现在的生活。

直到我开始做家庭教育了，看着那一个个父母把孩子宠溺成什么样子，我才突然间明白过来。

原来她的问题，不是心理问题，实际上是教育出了问题，实际上是在她的原生家庭里面，她的父母太过于宠爱她的缘故。

因为父母从小宠爱她，都是围着她转的，所以在她从小的体验里面，她就是家里的"公主"。自然而然，家里本来就是有什么好的都会优先留给她，那她自然对这块就有要求了，所以她对老公就有着各种各样的要求。

"他没有时间陪我"是老公不对，"一回家就看电视，也不陪我出去吃个饭。"是老公不对。

她真的整天做饭和做家务吗？实际上，因为没有工作，这部分家务算是她的职责，每天只做了家务，才显得一天的时间都被家务填满。

事实是，她几乎都没有给两个孩子做过早餐，因为要睡到 11 点才起来，而为什么要起这么晚呢，是因为她说自己睡眠很轻，很容易醒，总睡不好。所以，她需要睡到那么晚，而两个孩子的早饭都是老公带着去外面吃的，顺便还要给她打包一份回来。

而她在意的那件事，没有庆祝的周年日。从她生气的逻辑里面就可以知道，在原生家庭里，有关她的纪念日必须都是最重要的，而老公在外面打工干活再辛苦，再累是他的事，是他作为男人义不容辞的事情。而老公居然把客户放得比她的纪念日还重要，那就说明老公心里没有她，不爱她。所以，她的疑问自然是——"老师，您说他是不是太不在意我了"。

而她后面这段无意识的话，更是凸显了她的思维逻辑——因为夫妻要过一辈子，丈夫就应该疼爱妻子。这话乍一听没什么问题，那我们再换个方式表述一下。因为妻子的身份，她就理所当然得到丈夫的各种宠爱，而不是因为付出了什么，更不是对这个家有什么贡献，更不可以是因为她悉心照顾丈夫，同样深爱着她。这样的思维逻辑就是，妻子不需要理由，也不需要做任何事情就应该获得丈夫的爱。

一开始我以为她是港台爱情剧看多了，后来发现，在家里被父母宠上天的人，自然就是这样的思维逻辑。因为父母爱他们就是没有理由的，就只是因为是你，你是他们的孩子，所以就无条件地爱你，然后，他们习惯了这种爱，就自然而然地以为，其他人也应该这么爱她。

委婉地说，这一类人获得了很多爱，真的非常有底气，不必认为自己需要做点什么而获得别人的爱，只是因为我是我，所以对方就是得好好爱自己。这听起来很唯美，但放在生活中，如果是自己的伴侣，是不是就感受到了其中的无语，甚至是强盗逻辑。

因为完全无视他人的付出，无视生活的现实。只是一直沉迷于自己的世界里，然后要求别人为他披荆斩棘，别人为她负重前行，她却天然地认为自己只需要自在快活，也应该什么都不去操心。

但现实生活却不能达到她想要的水准，于是她就一直生活在怨气当中，无法自拔。甚至，养育子女对她来说都是一种劳累，因为她从小就没有被家务训练过，这就是根本原因。

♡ 击溃"创伤认知"，从"悲惨"中走出来

还有一种容易让人沉迷的感觉，是很多专业咨询师都很难识别出来的，那就是所谓的"心理创伤"或者"悲惨经历"。

即使遭遇真实的心理创伤，治疗到最终也需要打破那个最初由心理伤害形成的"创伤认知"。这个创伤认知不打破，来访者最终还是走不出阴影。

当然，生命中的心理创伤无疑会在我们的心理或者身体上留下可见的甚至是不可逆的痕迹。比如，有人曾因小儿麻痹症而落下斜眼歪嘴、走路不稳的后遗症，这是客观存在的事实；自己至亲爱人的遽然离世，也是每天都可以感受到的客观事实；女孩子在小时候被侵犯，或曾经被暴力对待，或从小被遗弃，长期被歧视，这些也是客观事实。这些事件给当时的来访者所形成的伤害、伤痕，也是客观事实。

但随着时间的流逝，这些伤害被固化了下来，并从此改变了我们对世界的观感与认知，同时也改变了我们对自己的认知。

例如，小儿麻痹症患者患病期间会经历许多创伤性事件，包括长期接受各种药物或手术治疗累积下来的痛苦情绪和伤痛，以及惊恐或其他不可预知的心理伤害。疾病过后，他们可能会留下许多心理后遗症，又如对自己得病的自卑，因为重症疾病而形成无法改变命运的无力感，对自己的怀疑以及各种恐惧，还有其他种种偏差错乱的创伤性体验。甚至对于曾经帮助过他们的人，也会形成各种执念。

这些事实都是客观存在的。不是一句"是你想多了""想开点就好了""不去想就什么事都没有""过去的事就让它过去吧""你就是太在意了""不在意就好了"就可以忽略不计的。

现在的心理学已经证明，**这些创伤性事件会无疑会对一个人的心理、心智产生影响。但是，具体要怎么协助当事人，需要谨慎处理。西方心理学的疗愈方法可能会加深来访者的创伤，即"必须被治疗，才能健康生活"。**

所以咨询师需要保持足够的警惕，而不是简单地运用经典的心理咨询技术进行干预治疗。

特别是当事人可能存在一些非常隐蔽的认知和信念，例如"我很可怜，你们都得帮我""我得了这个病，我没有能力""我没有正常的生活了""我只能在别人可怜的目光中生活了""我有问题，我有病，我得治病""病好了，我才能……""我得一直治病，我没有能力改变我自己"。更麻烦的是，这种无意识的信念和自我认知会让当事人一直陷入悲惨的泥潭中无法自拔！

特别是父母因为孩子小时候得病而留下后遗症的内疚自责，这也会加强来访者的无意识信念。

因为父母总觉得亏欠他，所以总会给予孩子特别多的照顾，不敢大声斥责或让他们真正承担家庭责任。另外，父母嫌弃孩子或为了刺激他们而进行冷落、冷言冷语甚至暴力对待，虽然表面上看是不同的行为，但结果却类似。

因为这些都在向当事人传达这样的信息："你是有病的，所以我得照顾你""你是有问题的，所以我这么对你""你是没有能力的，所以你什么都不用做，得赶快学点一技之长""你是不行的、没用的，就是因为得了这个病。"

而当事人的心中也会形成这样的认知，"我是没有能力承担什么的，我也承担不了什么""是你们没有照顾好我，所以我才这样""是你们的错，是你们造成了我的痛苦""我受伤了，都是因为你们"等，**这样的认知会让他产生很**

强的被照顾情结或者无力承担的幻觉。

周围的环境，特别是亲戚朋友的无意识反应，也会更加强化当事人的这种印象。比如，我们见过很多早年丧母或丧父的个案，或从小就得病的个案，没有母亲是一件非常值得被同情的事情，被病痛折磨需要被同理和疗愈，这是大家都知道的共识。但大家不知道的一面是，因为这个孩子从小可怜，大家都难免同情他，或对他扼腕叹息，总是想帮助他些什么，"这个孩子真可怜""这么小就得了这么个病""真是可惜啊""小小年纪就落下这么个疾病，那以后可怎么办呀？"这些话会进一步强化当事人"你是没有能力的""你是有问题的""你是需要被帮助的""你是需要被同情的""你真的很惨""你很可怜"的印象！

所以在当事人的潜意识中，他会得出这样一套非理性的生存逻辑："悲惨是能被同情的""可怜是能获得帮助的""我只需要让自己悲惨，我就能获得我想要的"。在以后的生活中，一旦遇到解决不了的问题，他就会无意识地呈现出这种可怜巴巴、惨兮兮的模样，以博得同情、支持、资助甚至爱！

所以在当事人以后的人生中，他有一种特别的能力，即他总是放着好好的生活不过，而要想尽办法将自己置于凄惨的境地，或者本来有优越的条件，却总是过得凄惨不堪，甚至有些来访者坐拥房子、车子、票子，依然过得可怜巴巴。听起来很不可理喻，但事实就是如此。

在处理生活中的小事时，他也会这样做，最后事情做得怎么样不知道（可能做好了，也可能没做好），但他肯定会表现出惨兮兮的、辛苦万分的样子，好像他总是在用生命来完成那么那些原本并不难的事情。总的来说，他就是想让别人最终认可他很惨、很可怜、很辛苦、非常不容易。

这就是当事人在潜意识中已经被固化了的"创伤认知"，在这种认知中，他是可怜的、是很惨的，是有病的，是需要同情的，是没有能力的。

如果你看腻了他这种惨兮兮的样子，试图冷落他、骂他、刺破他的幻象，那么你的这些举动只会更加符合他曾经的记忆，也就是小时候被人（小伙伴、邻居）欺负的记忆，或者被家人暴力对待的记忆。这也契合了他无意识中的一些观念，比如，"你们就是因为我有问题，所以才嫌弃我的""就是因为我有病，所以总遭你们欺负""我不想靠近你们，你们都不同情我""你们都欺负我，你们都不是好人"。

这也进一步证实了他的心理幻象："我是有问题的""我是可怜的""我是有病的""我是悲惨的""我是不幸的""我是没有能力的"等。于是，他可以理所当然地退缩至他那个"创伤认知"中，继续可怜着。

这样的来访者确实会让人抓狂，这也是我以前常说的"心灵泥潭"。

而咨询师任何抓狂的反应，都符合他的心理预期，例如，"你看，你帮不到我了吧""我就知道，谁都帮不了我的""我就是无药可救了"。

这类来访者并不少见，需要引起我们的警觉。所以，**我们不能仅仅停留在同理和共情层面（但这个是基础），还要学会识别来访者这样的认知模式。当他们在无意识的模式下切换的时候，我们要非常灵活地改变相应的对策，绝对不可以落入他们的心理陷阱之中。**

若他是处于可怜、讨爱、无力的"创伤认知"之中，我们要做的就是观察他，不需要回应他的索取，也不需要认同他的悲惨状态。既不要去骂他，也不要去安慰他（因为那都会掉入他的心理陷阱），就是这样观察就好了。如果出声求助，就给予相应的帮助，如果讨好或自哀自怜，就不要理会。

若他试图攻击你，或者让你有一种无力感，甚至置你于职业道德的两难境地之中，你就需要适当地反击，甚至终止你的咨询，随时准备取消整个咨访合作。只有让他的所有心理伎俩都失效，在他愿意真诚地面对自己之后，你才能实施你的干预方案。否则，就只需观察好了。

只有当来访者自己无法忍受自己时，当他们真正想要改变时，我们才能给予适当的帮助。如果他们停下来，我们也需要及时停下来，继续静静地看着他们，等待他们。这样就可以了。经过足够长时间的心理博弈后，他们最终会慢慢承认自己的"创伤认知"，并看到内心中的偏差和错乱信念。

随后我们要做的就是让他的那些"创伤认知"一个接一个地被击溃！这一切的前提都是：陪伴他，直到他受够了自己的迷梦，愿意走出来。只有当他愿意从这些迷梦里面走出来，治疗才能有良机。此时提供专业的心理干预，才能解决问题。

作为咨询师，如果不能准确地识别出此类型来访者的"心理伎俩"并采取恰当的应对措施，只是一味用所谓的大爱、包容、同理来对待来访者，那么就会助长他们继续待在"创伤认知"中的消极态度。

♡ 透过"反常"心理现象找到问题的根源

在后来的实践中，随着接待的来访者越来越多，我发现了一个反常的现象，即有一些来访者看起来非常柔弱、充满哀怨，但同时心中还有很多怨天尤人、愤恨不平的情绪。他们特别需要被温暖、被关怀。

一开始我也按照传统的心理学思路进行咨询，但是随着经验的增多，我逐渐发现，越是表现出柔弱、哀怨、怨天尤人、愤愤不平情绪的来访者，反而说明他们在生活中并不缺乏温暖、关怀和满足。相反，**他们可能是在原生家庭中得到了太多的温暖、关怀和满足，因此在进行咨询时，他们表现出了对正常环境中的温暖、关怀和满足感到不足。**

这些来访者并没有能力去建立良好的关系，建立彼此温暖、相互支持和满足的关系。因此，他们感到别人亏欠了他们，对不起他们，对此他们抱怨世道、愤恨不平，感叹人心不古。

现在，当我听到有人感叹世道炎凉、人心不古之类的话时，我会打个巨大的问号。因为那些能够建立良好关系、夫妻关系和睦、把孩子教育好的人，不会轻易感叹这个世界不好，或抱怨别人的心坏了。

的确，**那些小时候缺乏爱、温暖、陪伴的人，以及事实上被忽略的人，他们口中并不会经常听到他们抱怨或愤怒自己小时候的遭遇。**因为如果他们真的缺乏这些，他们只会拼尽全力努力活着，生存已经用尽他们全部的力量了。对于他们来说，那些所谓的"缺失"经历并不能引起他们的共鸣，他们只是习惯了没有被爱、没有被温暖、没有被陪伴，对于他们来说，这是很正常的事情。

真正缺爱的人，他们是不知道自己缺的，而那些整天大声嚷嚷着缺这个、缺那个的人，他们一定是见过、品尝过什么是爱，所以她才会知道现在缺了。而一直缺的那个人，他不知道自己缺，只是习惯了缺的状态，所以对这种匮乏无感。

所以，这样的来访者很容易被咨询师忽略。因为她们连自己缺爱、缺关怀、缺温暖都不知道，更不知道如何博取老师、同学、身边的人的关注。因为被忽略对她们来说是一件再正常不过的事情。有一句话叫"会哭的孩子有奶喝"，也就是说那些知道如何表达自己的需求的人更容易得到关注和满足。

曾经有一位来访者 X，她来学习了一年多了，但我并不知道她的痛苦的真相是什么？

她刚来的时候，听她讲了自己近一段时间的遭遇，我当时有个疑问，她怎么会把生活过成这样？在生活中，她不仅非常勤劳和本分，而且承担了家里所有的开支，甚至前夫出去创业的资金也都是她给的。但她的前夫却不珍惜，还要出去找小三。最后，还是她的家婆都看不下去了，提醒她要注意老公的行为，她这才知道了真相。

即使这样，她还是轻易原谅了前夫，并给他机会和好，而前夫却坚决要离婚。在听她描述整个过程时，我们发现她并没有过多的抱怨和愤怒，这让我们感到奇怪。她反而只是觉得自己不好，甚至留不住前夫。她担心自己的性格会给孩子带来不良影响，因此连孩子的抚养权都不敢要。

作为咨询师，我们需要认真倾听来访者 X 的倾诉，理解她的感受和困境，并为她提供心理上的支持和建议。我们也需要帮助她思考和探讨她的未来和人生规划，帮助她重新找回自己的人生方向和信心。

我们一直想搞清楚：为什么她会有这样的反应？为什么她会觉得自己不够好，而且没有情绪？甚至在这里学习期间，她很快忘了为什么学习的目的，只是每天和大家待在一起。后来我们才发现，原来只要有人愿意和她一起玩，她就很满足了。她和前夫在一起，只是因为前夫愿意和她结婚，她因此感到满足，她没有任何要求，甚至连聘礼、送彩礼、项链、戒指、珠宝等没有要。只要有人愿意娶她，她就很满足了。

但很长一段时间里，我们根本不知道 X 的这种心理需求。我们尽力让她讲述自己的原生家庭，她总是觉得是父母太难、太不容易了，甚至觉得自己都没有帮到父母，说了半天，也没有谈及和父母之间的互动经历，只是觉得父母很不容易。至于心理伤害什么的，一概问不出来。直观的感受就是，她是一个好人，没什么情绪与痛点。我们用了好久时间，也无法找出关于她原生家庭的有价值的资料，也找不出什么太具体的非理性。这是因为我们没有接待过这一类型的来访者，所以一时间建构不起来她的心理模型。

最后，我们只能使用一种方法来尝试理解来访者 X 的心理状态，那就是从她的梦境入手。她的梦境非常有趣和直观，里面从来没有出现过人物，要么是一个空旷的房子，要么是坟墓，而且没有颜色，都是灰灰的。有一个经典的梦境是家里空荡荡的，树立着一些光溜溜的木头，连个疙瘩都没有。这些年我们见过了各种梦境，但这种梦境却是第一次见。她自己能够解读出这个梦境代表她家的情况，每个人之间都不交流，就像一根根光溜溜的木头一样树立在家里。我们代入这个梦境，感受到的是一个非常孤单的灵魂。但是，X 自己却从来没有感到孤单，那些嘴巴上嚷嚷着孤单的人，做梦还能看见自己是一个人，而 X 的梦境经常是连自己都没有，就是一个灰灰的画面，而且很多年都是做这样的梦。

通过了解 X 的梦境，我们能够更深入地理解她的心理状态。我们发现，她的心灵底色是灰色的，缺乏情感和热情。她自己并不在意是否被骗或被伤害，只要有人陪伴她玩就可以了。她的回答让我们意识到，陪伴和人际关系对她来说是最重要的事情。

于是，我们就能串联起来了。她曾经不经意讲过一个经历：有一次，她在水塘边拔草，一不小心掉到水塘里面，差点淹死。她拼命地扑腾，抓住岸边的草，才挣扎着爬了上来。她说当时只是有点害怕，没有哭，她甚至没有和父母或任何人提过这件事情。

在那一刻，我们深刻地感受到 X 曾经遭受的忽视和孤独。她的身边经常没有人陪伴，她的正常需求也很少得到回应。因此，她在人际关系中表现得非常茫然和不知所措，甚至不知道如何与他人进行正常的交流。她竭尽全力对别人好，却不知道如何与人建立良好的沟通。她说话时经常不看人，只是自顾自地把话说完。有几次，我故意在她对我说话的时候转头去看别人，或者故意玩手机，而 X 居然完全没有感觉，自顾自地把话说完，完全没有注意我是否在听。

所以 X 只会默默地为对方做一切事情，忙于工作，但始终不知道如何做才能让别人喜欢和她待在一起。由于从小缺乏与父母的情感交流，她在情感上无法回应别人，最终导致别人选择离开她。这让她感到挫败，陷入自我否定的困境中。然而，她做事能力强，勤勤恳恳、老实可靠，从不偷工减料。在她离开上一个公司之前，老板曾多次挽留她。

按传统的创伤理论来分析，她应该是有心理创伤的，但实际上真没有什么心理伤害。由于家人过于忙碌，她没有得到足够的关注和回应。这导致了她在人际关系中表现得茫然和不知所措，不知道如何与他人进行正常的交流。同时，她也不会表达自己的情感需求，这会让她很难获得别人的理解和支持。因此，我们需要帮助她改变这种原生体验，让她能够更好地与他人建立良好的关系，并表达自己的情感需求。如果我们能够帮助她做到这些，她的人生将会变得更加充实和有意义。

再次提醒大家，对于那些曾经受过伤害、遭遇过巨大不幸的人，我们需要有巨大的耐心来陪伴他们走过伤痛。但是要注意区分，那些真正需要我们陪伴和同理的人，往往是那些被忽略、没有被爱过、被心疼和关怀过的人，他们可能不知道自己需要被同理和关怀。而对于那些大声嚷嚷着缺爱、缺关怀、需要被同理的人，我们则需要保持警惕，因为他们可能在寻求关注和同情，而不是真正需要帮助。

因此，我们需要协助那些真正需要帮助的人，让他们拥有建立良性关系的能力，而不仅仅用温暖和关怀来解决他们的问题。相反，我们应该引导他们主动去建立关系、走进关系、少带情绪、不要过度演化、不要添加戏码，这样才是正确的方向。

♡ 给予的爱太多，也是一种罪过

通过上节的讲述，大家应该明白一个现象：人们很多时候只是适应了原生家庭所给予的环境，不管这个环境是悲惨世界，还是缺失关爱，在其中待久了，都会形成自己的习惯。然而这种习惯可能会成为心理障碍，使得人们难以认识到自己的心灵底板是什么样的。

对于那些在原生家庭中遭受过伤害的人来说，意识到自己的心灵底板是非常重要的一步。

所以我经常说，真正的问题是我们根本不知道问题在哪里。那些整天嚷嚷着缺爱的人大部分是不缺爱的，**恰恰是原生家庭里给予的爱太多，以至于他们根本受不了无法给那么多爱的其他关系。**

下面，我来描述一下这类人的共同特质。

在现实生活中，他们总是觉得兄弟姐妹（父母家人）、伴侣都对她很冷漠，甚至他们生病了，住院了，孤单了，都没有人来照顾他们，甚至问都不问一句。所以他们的内心经常是孤独的、绝望的，甚至认为"自己怎么这么可怜"，如果有老公，会觉得自己嫁错了，在自己生病的时候，生活遇到困难的时候，非但不来帮自己，还给自己添堵。

他们说得言之凿凿，让人不得不认同其中的道理。

比如，L的父亲生病了，然后老公就只把她送到了父母身边，然后头也不回地走了，也不说进病房看看岳父。L顿感自己的心拔凉拔凉的，恨老公恨得咬牙切齿，发誓一定要报复回去。

无论整个事情的经过是什么，她都不会考虑老公为什么要这样，只会关注自己的感受，认为自己的父母生病了，丈夫就应该全力以赴地照顾他们。实际情况却是，丈夫早已对她心灰意冷，两人也两地分居好几年了，见面时说不上几句话。丈夫想离婚，但她不肯，所以夫妻关系早就僵了。

这种状况下，丈夫能够送她父母到医院已是做到了自己的责任。但她不会考虑这些，她只认为自己的父亲生病了，作为女婿的丈夫应该全力照顾，如果不这样做就是绝情的人，她会恨他一辈子。

再如，W恨她的丈夫太小气，儿子都已经过来道歉了，但丈夫就是板着脸，不原谅孩子。在众人面前，有好几次父子俩差点打了起来。W认为丈夫太小气，自己好不容易把儿子哄好了，儿子也同意过来见爸爸了，但爸爸就是不接受道歉，还让孩子回去，不要来看他。W搞不懂这个男人怎么就这么小气，如果不是自己搞不定儿子，她早就和丈夫离婚了。

但她从来不知道，自己如此地"爱孩子"，孩子却不想靠近她。与此同时，老公对孩子那么心狠，孩子却很服气爸爸。她将老公定义为小气、不给她面子、让她难堪、让这个家不像个家，所以她经常与老公吵闹。老公实在受不了了，就一个人搬出去住，远离W。而她更愤怒了，也更恨上丈夫了。她一直不理解丈夫为什么这么固执，平时他也很疼爱孩子的。实际上，W的丈夫要求孩子真正认识到自己的错误，否则他不会理孩子或原谅孩子。然而，W认为孩子没有犯多大的错，只是骂了父亲几句脏话，作势要打他，但没有真正打他。她不理解为什么丈夫要这么小气、这么神经。

在这些人身上，有一个共同点：**他们习惯于所有人都让着她，迁就她，只要他们发脾气，别人就应该知好歹，做到他们心尖上。如果别人做不到，他们就会生更大的气。这些人离婚或冷战的原因，都是因为他们无法容忍别人不符合他们的期望，无法满足他们的需求。**

♡ 谨慎过度依赖个人形象和光环

还有一种类型的父母，也是我常遇到的，他们很会学习，属于那种很会读书的"学霸"类型、因为会读书，考上了名校，进修了硕士博士，然后在高校里担任老师、教授、学者等，进而成为专家学者，获得一堆荣誉，成为某个领域举足轻重的专家。

不可否认的是，这些人在学术领域里面有很大的造就，也值得被人尊重。

但是，这类在高校里获得了成就的父母，他往往会把自己的学术成就，特别是因学术成就带来的光环效应，误以为是自己的个人魅力。

因为长期在高校这样的平台，有学术背景作为背书，并手握着一些重要项目，以及国家拨的各种资金，这会让他们觉得，所有这些都是读书和做学问获得的。特别是到了一定年纪后，容易产生一股傲气，一股"没有什么事情是我搞不定"的傲气。所以，他们常常挂在嘴边的话是，"像我们这样的家庭""我的孩子怎么可以不会读书呢""我的孩子怎么可以休学呢""他的路我都给铺好了，他只要顺着走就可了"。

由于在学术上的成功，他们太清楚这条怎么走（这里谈的是家庭教育，所以，我只提家庭教育这个领域）。他们辅导过非常多的硕士生、博士生，因此他们相信可以为孩子提供一个光明的未来。

在孩子青春期之前，在家庭教育方面，这样的父母确实拥有优势。他们可以迅速获得各种顶级的资源，可以轻而易举地和世界上知名的教授、专家进行讨论。有些家庭甚至请来了国家队退役的冠军选手来指导孩子的训练。

所以，他们的孩子也容易少年成名，年轻时会获得各种国家奖项。如果一切顺利，那基本上就是名校的苗子。

然而，到了青春期，孩子的自我意识开始觉醒，开始反抗、对抗、想要发出自己的声音时，家长的学术身份就很难再起作用了。因为这个时候，在孩子心目中你只是一个家长而已，甚至是一个蛮不讲理的家长、利欲熏心的家长。

这个时候，这些学霸父母们曾在自己的原生家庭中拥有什么样的关系体验，就会如实地"复演"到和孩子的现实关系中。也就是说，他们处理和子女的关系的模式，仍然是自己在原生家庭中体验到的方式。

在成长过程中，Z 的原生家庭环境给他留下了深刻的印象。回忆起那段时光，Z 心中充满了痛苦和羞耻感。他努力读书的初衷，很大程度上是为了摆脱那些不堪回首的记忆。他渴望离开那个村庄，远离那个城镇，通过不懈地努力，终于实现了自己的目标。

然而，原生家庭的生活并不如他所愿。父母之间缺乏尊重和理解，相互间的嘲笑和鄙夷让 Z 无法直视。即使是在心理学的讨论场合，他也难以启齿谈论这段往事。为了保护自己，Z 选择用"耻辱"这两个字来形容那段过去。

有些人很不幸，出生在文化教育匮乏、父母行为粗鲁的家庭中。父母双方在彼此的生活中只会互相嘲讽和羞辱，这种行为在农村社会中甚至可能引发各种丢脸的事件。此外，这些家庭对子女只会进行索取，而不知道如何爱护和关心他们。

无论这些孩子的未来成就如何，他们在成家立业后，可能在家庭教育中无法体验到对伴侣的尊重、对子女的尊重，以及如何关爱和呵护子女。他们可能无法理解和实践这些重要的价值观和行为，从而对他们的家庭关系和子女的成长产生负面影响。

虽然他可能拥有丰富的知识和才华，但他在原生体验和家庭环境中的缺失，仍可能对他在家庭教育中的表现产生影响，并与青春期的子女发生冲突。

所以，某大学教育学院的院长，有一次在采访中自嘲道："我让女儿逆天改命，我女儿却劝我要认命！"

由于这些成功人士在现实中的成功程度堪称凤毛麟角，他们往往因此失去了自省的能力。他们坚信自己不会犯错，如果他们犯了错，那么他们的成功就不合理。如果他们没有犯错，那么孩子就必须听从他们的意见，因为他们是正确的。

由于过度依赖个人形象和光环，人们会因此失去对客观现实进行具体分析和判断的能力，以及王阳明先生所说的本能之爱，即从内心深处的善良本性出发去爱他人。这种爱是自然而然、不由自主的，不受理性控制，也不会被私欲蒙蔽，是人的本能之一。

对于这些学霸型的父母来说，这确实是一个挑战。他们在原生家庭中可能没有体验到天然之爱，而后来又因为自己的成功而想要把这份成功传递给自己的子女。这种行为是出于私欲，而不是真正的爱。在缺乏天然之爱而又被私欲所驱使的情况下，子女很难不出现问题。

一直以来，青稞所倡导的是通过致良知的方式去引领和爱护子女。虽然父母最初始的爱可能是自私的，但随着孩子的成长，父母的爱应该逐渐转向无私。这是因为我们爱子女，所以希望他们能够拥有自己的幸福和人生，不必重复我们走过的老路。父母只能做好榜样，做好示范，成为孩子的后盾，让他们敢于去尝试自己决定人生道路。

很多学霸型的父母只记得自己是如何成功的，而忽略了如何引导孩子自己去探索成功之路。他们希望孩子沿着他们成功的道路走，却不知道如何引领孩子成为一个健康、积极、有朝气、三观端正的人。

♡ 过度的欣赏对孩子是一种禁锢

现在，有人可能会想：我真的要好好地爱我的孩子，让她在家庭中感受到满满的爱。这样，孩子以后就不会有什么问题了吧？

家庭教育的本质是什么？其实是一种实践活动，不能唯心，也不能机械的唯物论，更不能经验主义。我们要用马克思主义的辩证法来理解实践活动，即通过不断实践、总结经验、学习理论、再实践、再总结经验，我们可以逐渐掌握在这个领域的实践能力。

这也是家庭教育的基本方法，需要父母在实践中不断探索、总结经验，并结合相关的理论，不断提高自己的家庭教育水平。

那天我稍微算了一下，从 2014 年青稞成立至今，我亲自辅导过的学员超过 500 人，其中对 300 人进行了深入辅导，积累了至少 3000 小时的咨询时数，以及 100 场以上的带课经验。而从 2015 年 2 月开始带督导小组，每个月 10 天，每天 7 小时，全年无休，我已经积累了超过 7000 小时的带督导小组的实战经验。这只是粗略估计来的数据，但可以反映出我在家庭教育领域的专业素养和实践经验。

这也是我为什么懂家庭教育，并且能够给予家长们专业指导的原因。在教育孩子的过程中，很多家长都容易犯错误。这是因为家庭教育对我们大多数人来说只有一次实践的机会，一旦犯了错误就回不了头。

因此，大家出错是很正常的，只是有些人不知道自己是在哪里出错了。

然而，**通过不断地实践和总结经验，我们可以逐渐提高自己的家庭教育水平，从而更好地指导孩子的成长和发展。**

我现在就和大家分享一种家庭，就是那种很有爱的，父母很爱子女的，子女也深深地感受到被父母爱着的家庭。按理说，在这样的家庭中长大的孩子，以后他们在教育子女时应该不会出问题了吧？

在回答这个问题之前，大家要回顾一下我之前说的那段话，即关于用马克思主义的辩证法来理解实践活动的观点。

相信，这时你心里已经有了答案。那就是这类家庭可能会出现一种错误，即父母溺爱孩子，甚至过分欣赏孩子，导致孩子在父母眼中变得过于完美。不论孩子做什么，在父母眼中都是最好的，都是对的。

这类被宠爱的孩子，他们很清楚父母对自己的期待，因此他们会刻意迎合父母的需求，做到让父母满意和夸赞。问题就在这里。请问，这样的孩子成年后，他们有勇气做那些不被人欣赏，很长时间都出不了成果的工作吗？很可能是做不了的。因为他们早已经习惯于被爱、被欣赏了，长时间无人欣赏、无人关注、无人疼爱、没有掌声的生活，是她们无法想象的。

因为被爱，他们显得格外温暖。在生活中，他们善于对他人嘘寒问暖，其实这关心只是表面的。以某 X 为例，她的父亲年事已高，生病住院了。在这个过程中，她的哥哥一直在忙碌着，从父亲发病到送往医院，再到寻找治疗方法，全程都是哥哥和嫂子在照顾。而 X 直到父亲住院并安顿下来后，才"有空"去看望父亲。

在那段时间里，她总是陪伴在父亲的床前，与他分享自己近期取得的成绩和喜悦。每当看到这位年迈的父亲露出满意的笑容，她心中的幸福感也随之油然而生。有一次，她注意到父亲在使用吸氧管时显得有些不适，因为管子太硬了。父亲经常皱起眉头，这让她敏锐地察觉到了父亲的情绪变化。于是，她关切地询问父亲是否感到不舒服。得知原因是吸氧管太硬后，她立刻联系了护士，想办法为父亲换上一根更柔软的吸氧管。当父亲脸上露出满意的表情时，她心领神会地微笑着。

在父亲心目中，他认为女儿最懂他。在女儿心目中，她觉得只有自己最会照顾父亲。

但问题是，父亲住院前后那么多天，这个乖巧的女儿也就来过一次。她怎么就变成了最乖巧，最懂事的女儿了呢？那个一直默默无闻，奔前忙后的哥哥居然被他们给忽略了。

而这就是 X 生活中的写照，其实从小到大，她并不缺乏聪明才智，从小学习成绩也都还不错。然而，她却倾向于回避那些短时间内无法见到成绩或短期内得不到夸奖的事情。

因为从小就被父亲欣赏和疼爱，所以在她自己的心目中，她认为自己是完美的，是最被爱的那个，也是最懂父亲、最心疼父亲的人。而她的父亲也这么认为，所以只要她过来陪父亲说说话、聊聊天，父亲就感到心满意足了。至于其他劳心劳力的活，她让儿子去干。

有时候，人生看起来就是这么不公平，有些人似乎不用付出太多努力，就能轻易地获得别人的宠爱和关注，有些人只需要变得美美的，或是乖巧一点，就能获取一堆的宠爱，而有些人拼尽全力却从未被人看到。

曾经有一位学员，她自述在自己小的时候，哥哥姐姐们全部都会随着父母下地干活。她因为是老小，所以就什么都不需要去做，只负责玩。即使是这样，她仍然感到不被重视和关注。有一次，父亲带着一家老小从田里出来，浑身泥巴，她在玩的时候拔了一朵小花给了父亲，父亲一身的劳累瞬间一扫而光，还夸她摘的花最漂亮。

有时候我们可能会感慨人心的不公平，但换个角度来看，这种不公平也有其存在的理由。**那些被父母过度欣赏和关注的孩子，可能会永远被锁定在这些低层次的期望中，他们会一直为了"被欣赏"，为了成为父母心目中"美好""完美"的孩子而活着。**

而实际上，生活需要我们具备负重前行的能力，这又需要我们斗智斗勇、费尽心思、扎根大地、深耕细作。显然，这些人欠缺这些能力。

当然，他们沉迷于这种美好的感觉并没有问题，每个人只要自己开心就好。问题在于，他们迷恋这种美好感觉的同时，缺乏解决现实问题的能力。

因此，在家庭教育中，他们可能会因为迷恋孩子的完美而接受不了孩子的普通和平凡。这种心态会导致孩子在面对普通人和普通生活时出现问题，因为孩子会过度迷恋"美好"，而忽略了真实的生活和普通人的状态。要知道，人生不如意十之八九。

过度迷恋"美好"实际上是人的"私欲"表现，而私欲过强会导致人心无法保持清明和致良知。这样，父母无法客观地看待孩子的真实情况，也无法教会孩子如何应对普通人的生活和遇到的困难。

在困难面前，普通人应该学会如何应对和解决问题，而不是只关注自己的形象和完美。因此，父母应该保持现实和客观的态度，帮助孩子面对真实的生活和困难，并教会他们如何解决问题，这才是真正的家庭教育。

♡ 学以致用，以解决问题为导向

来到青稞的父母，确实都是为了孩子而来，非常想解决孩子的问题。但由于他们过往的学习经历或生命经历，导致部分同学来到青稞后，一直不会学习或者说学习与生活脱节。他们似乎总是无法将所学应用于实际生活中。

其实，说到底还是学以致用的问题。

这么说吧，"学以致用"这四个字实际上是没有先后之分的。不是先学习再应用，而是学用一体，没有先后之分或者将其割裂开来。这样的学习才是最高效的。

学习的目的是应用，也就是在学习的过程中为了有效地解决问题才学习。学习不是盲目地、无目的地学习，不是简单地记忆一堆知识和道理。学习始终要与自己的生活、家庭联系起来，特别是与自己的孩子联系起来，这样的学习才是有效和高效的。

在学习过程中，要时刻关注自己家庭的问题，结合课堂内容进行自我分析。这样在应用所学内容时，自然就能将所学内容用出来。而不是把学习当作一种娱乐，只是为了开心或者混个高分得到老师赞赏和同学的羡慕。如果完全忘记了自己是为了孩子而来的，那么即使学得再好，也无法真正应用到实际生活中。

这样的学习虽然能成为学霸，但依然是学渣，因为无法将所学内容真正应用到实际生活中。

甚至有些人可能心存疑虑，怀疑青稞教的这些方法是否有用？认为老师分析家庭的方向可能不对？认为青稞这套理论可能只在老师这里适用，生活中不是这样的。

如果你心中有这么多的小声音，建议你一定要审视这些声音。否则，你肯定是无法学会的。

因为青稞的学习是现场案例教学，每一位学生都是带着痛苦和问题来到现场的。他们都在寻求帮助，都在用各种方式来审视自己，改善自己。这些真实的案例，你需要去观察、思考和总结。

如果你既不观察，也不思考，更不总结，那你就很难学会。

本来，休学父母是为了解决问题而来的，他们应该更加迫切和高效地学习。但是，对于一些同学来说，他们虽然认同我讲的内容和指导，但这些对他们家却是无效的。或者他们总说他们家的情况非常特殊，与大家不同。

然而，我已经为他们提供了一对一的咨询和家庭问题梳理，并根据他们家的具体情况给出了个性化的指导。但是，他们离开工作室后，几乎不会与我保持联系，即使我偶尔问候他们，也只会得到简短的回答。因此，除了上课时间外，咨询师很难与学员保持联系，更难提供更进一步的答疑或指导。

过了数月之后，当她们回到课堂上时，才会向我汇报，她们的家庭似乎并没有什么进展。因为这期间，我们之间的交流实际上是断开的。

这就是学习上的问题，同时也是她们家庭中常见的问题。

所以，她们在青稞的学习只是遵循上课听讲、下课回家做作业的原则，只差到考试前准备一下。

但是，青稞心理学不能这样学。青稞的学习是以解决问题为导向的。更直接地说，你们来学习是为了解决自己家庭的问题，而不是为了考试。当然，青稞这里也没有考试。

我想了各种办法让她停下来，安静下来，客观地观察孩子和自身。然而，她始终无法做到。

她还不断地给自己打气。

"只要我足够努力，就没有解决不了的问题！"

"只要我再多努力一点，事情就不一样！"

她在自己的焦虑中不断加速奔跑，错误地认为只要自己跑得足够快，问题就能迎刃而解。

然而，她的孩子已经20多岁了。

有时候，需要的不是父母有形的努力，而是放手、信任、被动、无为，是母亲对孩子的尊重。

实际上，这位母亲之所以停不下来，更深层次的原因是，"如果我停下来，我的孩子就彻底无法摆脱困境，我这么多年来在他身上的付出就会彻底失败。我怎么能失败呢？我怎么可以是失败的"。

她的儿子曾经说过，无论他怎么努力，都赢不过母亲。实际上，男孩子都想超越母亲！

而这个母亲死活不肯承认自己失败，非得把儿子送出去才行。我告诉她要放弃自己的无效努力，要停止"无效的努力"！但她听不懂！

我说要学会让自己休息，学会关注自己；要暂时放下一切，让自己快乐起来，重要的是让自己感到有价值。但她还是听不懂！

我说，实在不行，你干脆给自己来一场说走就走的旅行，你不是这么多年一直想着退休后出去放松放松一下，那就去实现啊，你的儿子也希望你出去玩，不要去管他！但她做不到，也不想去做！

这位母亲时刻关注着孩子，她永远围着孩子转，她从来没有和儿子有过放松的时刻，从来没有静下来听清楚孩子说什么。就在想象当中认定儿子已经失败了——儿子考不了大学，就是无用的，一生就完蛋了。

我让她尝试断开与孩子的 WiFi 连接，至少体验一次不把注意力放在孩子身上的感觉。这样可以让她的思维有更多的空间来恢复理性，慢慢思考孩子到底出了什么问题，而不是一直停不下来。

然而，无论我强调了多少次，她都没有听进去。我建议她出去放松、旅游，但她只听见了"老师说她是懒汉"，于是开始对我心生怨恨。但我说的是："你是行动上的勤奋者，思想上的懒汉，你没有用大脑去思考你家孩子的问题"。

从那以后，她觉得老师否定了她的所有努力。

我只是想尽办法让她停下来，停下来观察，她的孩子没有那么糟糕，她的孩子也在努力自救，但她永远不会承认孩子的努力。她认为孩子的想法都是天真和不现实的，不具备可行性。她坚信只有补习和上学才是正道，其他都是错误的。

我的天啊！

几个月过去了，她没有学到任何新的东西，也没有吸收到任何青稞教的理念。于是开始着急，抱怨青稞教的东西太慢了。等到下一次来上课的时候，她告诉我，她做了什么……但我明白，那些行动并不是我或青稞的指导，而是在某个机构学到的、把孩子赶出去的技巧。结果孩子真的不回家了，她又着急地问我下一步应该怎么办。我只能提醒她去询问指导她的人，因为我已经无法提供更多的帮助了。

方法包括以下三个步骤：

第一步，喊停非理性行为，找出让自己失去控制的真正原因，至少要暂时控制住这种情况，以恢复部分理性。

第二步，在恢复部分理性的情况下，观察和理解孩子的具体情况，了解孩子休学的原因、障碍和需要，深入了解事实。

第三步，根据在内心清明的情况下获得的关于孩子的信息，站在真正为孩子好、尊重孩子的立场上，做出适当的反应和协助。

这才是学以致用。不仅要这样学，也要这样用！

所以，这位母亲实际上从未听过我的指导，连一次的冷静都没有体验过。

后来，我将她的例子写成文字，希望她能够冷静地思考，从而看清自己家里的问题。孩子并没有那么坏，他一直在自救，一直想用自己的方式证明自己不比同龄人差。只要她能真正控制自己的非理性行为，不随意反应即可。很多时候，只需要做到这些，她的孩子就会向好的方向发展，但可惜的是，她从来不听。

第八章
再说面对

　　我们之所以会失去分寸，或者进退失据，主要是因为"私欲""闲思杂虑""执念"太多。

　　当自己的心能如"明镜"一样清晰，处理问题时就会以良知的立场为准则，不再被私欲所控制。

　　人的问题往往出在主观印象上，因为主观印象有可能是扭曲的、错误的、片面的，是不符合客观实际和客观规律的（认识）。

♡ 面对之前，先确定好世界观

青稞心学的本质和"青稞家庭教育"的指导思想都是以辩证唯物主义为基础，即只有通过实践才能更好地理解和解决问题。所以青稞一直强调，"不解决问题的心理学就是耍流氓"，这句话可能会得罪很多人，我们也可以换一种相对温和的表达方式，比如"不指导实践的心理学难免落入唯心主义的陷阱之中"。

对于来访者而言，解决他们的实际问题，是他们来访的目的。不解决这个问题，谈太多心理学反而让人感到奇怪。

这里插入一个小知识点，唯心和唯物的区别是什么？从根本上来说，这是关于谁决定谁的问题，就是第一性的问题。唯心主义认为意识决定物质，唯物主义认为物质决定意识。在辩证唯物主义中，物质的概念被抽象化为客观实在性，即不以人的意志为转移的物质，这也是一种物质的概念，被称为物质性。

所以，唯心主义容易忽视客观现实，因其世界观的根源是意识决定物质。在心理咨询、家庭教育领域中，唯心主义不太关心这个人身上到底发生了什么具体的事件，不只是一味地从"心"出发进行分析和治愈，而没有充分考虑客观实际。这种不辨析客观情况的分析心理、追踪情绪和治愈原生家庭的做法，实际上是掉入了唯心主义的陷阱中。

所以，青稞的心学是在马克思辩证唯物主义及其"实践观"指导之下的心学，它必须先了解客观实际，即来访者的家庭到底发生了什么，她所困扰的事件是什么。在此基础上，青稞心学的第一步是详细了解来访者的家庭到底发生了什么？让她困扰的事件是什么？包括起因、经过、结果，并将这些事实进行复盘和分析。

也就是说，在了解客观事实之前，不能轻易地陷入情绪、抱怨或伤害中。只有在客观事实清晰的基础上，才能更好地处理情绪、抱怨或伤害等情感问题。

如果没有"客观实际"的锚，就轻易进入意识的世界，很容易掉入"唯心"的陷阱中。也就是说，"我得先疗愈我自己，然后我才能做好事情""我得先释放情绪，然后才能分辨清楚事情，才有能力处理问题，才能去爱，去教育孩子""我得先有爱，然后才能去爱"，或者"我就是想要这样""事情不按我的来，我就不爽""不在意我的感受，我就是很生气""我就是不想事情是这样子的""我不想要有遗憾，有遗憾就是不行""不完美就是不行，我必须完美"……

如果这么想，说明已经掉入了"唯心"的陷阱中。

辩证唯物主义的一个重要特征是客观实在性，它是不以人的意志为转移的客观规律，也即物质的本质属性。人如果非要以"意志"来改变客观规律、客观事实、客观实际，那么就是唯心主义的表现。

辩证唯物主义就说得很清楚了：意识是可以反作用于物质的，意识可以指导实践，意识是人脑对客观存在的主观印象。

说到这里，关于如何应用心学就很清楚了。

意识不能脱离人脑，也不能脱离客观存在。在青稞心学的应用中，第一步非常重要，就是要把"客观问题"和"客观实在"紧密联系起来，尽可能多地呈现事实层面的问题，即收集大量的一手资料。

然后，再去呈现与事件相关的意识活动，即呈现心理活动（所思、所想、目的、动机、意图、冲动），如此才不会掉入唯心主义的陷阱，也不会掉入机械唯物主义的桎梏之中。

也就是说，主观印象和客观存在在人脑这个中介里统一起来，即"事"与"心"、"事上练"与"心上功夫"统一起来。

不能让"心上功夫"脱离具体事件，脱离客观实际，脱离我们的具体生活与问题。"事上练"也不能不顾"心上功夫"，不能不问动机、目的、意图、所思所想，甚至是冲动。因为人不是机器，也不是程序，不能按照预设的程序走。

通过将"客观存在"与"主观印象"相联系，建立这个桥梁，可以更好地探索"主观印象"，避免掉入"唯心主义"的陷阱中。同时，如果不小心陷入了"唯心主义"的陷阱，也可以通过"客观存在"的锚校对回来，保持客观和全面的视角。总之，通过将"客观存在"与"主观印象"相联系，可以更好地理解和处理问题，避免陷入唯心主义或机械唯物主义的陷阱中。

"意识是人脑对客观存在的主观印象"，人的问题往往出在主观印象上，因为主观印象有可能是扭曲的、错误的、片面的，是不符合客观实际和客观规律的（认识）。也就是说，主观印象有可能是谬误的。如果以谬误来指导实践，那结果自然是失败的。

比如，人小时候的意识是非常主观和片面的，本来应该在生活社会大系统中不断接受校对和调整，但是如果在特定的原生体验中受到长期客观条件的影响，如父母过分保护孩子，让孩子只关注自己小家庭内部的事情，就会导致孩子的意识出现偏差。

当我们成年后，由于受到原生家庭的影响，我们可能会持有一些偏差的认知，这些认知在我们作为父母时会影响我们的家庭教育方式。如果我们没有意识到这些认知的偏差，或者没有进行自我反思和纠正，就很难自动被校对和识别出来，这样就会导致我们在教育孩子时出现一些问题。

只有当我们意识到这些偏差的存在，并及早进行纠正和调整，才能避免将这些问题传递给孩子，为孩子的成长提供更好的支持和帮助。然而，很多时候我们可能会忽略这个机会，没有及时进行自我反思和纠正，从而导致问题的进一步恶化。

这就是王阳明在《传习录》中所讲，"心犹镜也。圣人心如明镜，常人心如昏镜。近世格物之说，如以镜照物，照上用功，不知镜尚昏在，何能照？先生之格物，如磨镜而使之明，磨上用功，明了后亦未尝废照"。

所以，在致良知之前，要做两件事：一是要"磨镜而使之明"，一是"明了后亦未尝废照"。

也就是说，把扭曲的、错误的、片段的、不符合客观实际的主观印象——谬误的认识，通过"磨镜"（内省）的功夫，把它们校正过来，使之与客观实际相符合，即"主观印象"要正确反映"客观存在"，也就是我们要正确认识客观规律，并利用客观规律去指导实践。

这就是"心如明镜"的状态，也即"圣人之心如明镜，只是一个明，则随感而应，无物不照。"（《传习录·陆澄录》）。用现代语言表述就是，让自己的心恢复清明，也是让意识恢复清明，这样可以让我们客观理性地感知、认识世界。

要做到清明，离不开"磨镜"的功夫。青稞采用的是"内省"的方法。"内省"的目的是让人恢复理性，恢复清明。在清明理性的情况下，良知就会起作用。当然，这个是后话了。

💛 事情没有结束，心就不能忘记

当我们把"客观现实"的锚钉牢了之后，要对自己的意识下功夫，进行深入的琢磨与探索（包括潜意识，其实对意识琢磨得深的话，自然会进入到潜意识的琢磨之中）。**而这个琢磨的线索，即从客观现实进入意识的微观世界中的线索，其实就是感受或情绪。**用王阳明心学的话就是"有善有恶意之动"，也就是要捕捉"意之动"——意识的起伏、变动，即感受或情绪的变化。这个"意之动"之所以很难被捕捉，一个重要原因是**很多人在日常生活中往往被自己的感受和情绪所左右，没有意识到自己其实是感受或情绪的奴隶，而从来不曾做过感受或情绪的主人。**

内省的意义就在于此。它让我们要做感受或情绪的主人，而不是它的奴隶。在训练的初期，需要大量呈现自己的心理活动，以真实、如实、不扭曲、不修饰、不合理化、不转移、不投射的方式如实呈现出来。

这个过程比较难，因为其中涉及自己"不善的意图""邪恶的想法""习性的顽劣""躺平的思想""认知上的虚幻"、当然还有各种"私欲""闲思杂虑""非理性的执念"等。

这些都是让良知恢复清明路上的障碍，也是"心镜"不明的缘由。只有逐一打磨这些地方，我们才能够真正恢复内心的清明和良知的指引，从而更好地应对各种挑战和问题。

所以，内省需要一个主动呈现意识活动的过程，这个过程就是复盘。**复盘的时候肯定让人不舒服，如会感到羞愧、痛苦、不安、想随时逃离等。这是因为人们普遍下意识地害怕这些负面感受与情绪的。**

当我们在区分负面与正面情绪的时候，其实是良知在分善恶。王阳明心学的四句教之"有善有恶意之动"，告诉我们负面感受和情绪是良知所发出来的信号，它们反映了我们内心深处的一些想法和行为，而这些想法和行为可能是不善的、恶的。

虽然内省过程可能会让人感到难受或想逃离，但我还是鼓励大家要不断顺着这些感受往下琢磨，琢磨得越多，良知的声音就恢复得越快。

而这个琢磨，就很有意思了，它不需要你拉开架子与自己的意识战斗到底，更不需要你用尽全力。如果那样的话，反而会关闭自己探索潜意识的通道。当我们试图通过有形的努力，比如强制改变自己的意识或与自己的意识战斗到底，来探索自己的潜意识时，反而会无法参透潜意识里的奥秘。

因为潜意识无法被强制改变或控制，只能被理解，所以要对自己的心做功，首要条件就是让自己的潜意识放松防御，并打开潜意识的防卫机制。如此，潜意识深处的黑匣子才有机会被我们打开。

所以，在面对自己内心的时候，保持放松的心态至关重要。这也是咨询师在初期要让个案感受到安全的原因。在咨询过程中，咨询师要一些宽容、耐心和同理共情，这些是必要条件，但不是最终目的。

当然，这里的"放松"不是让人睡觉，更不是放松地躺平，啥事都不做，而是在放松的状态下反复琢磨，其实就是"参"，参透的参。换句话说，就是将心专注于某一个对象，以反复自问自答的方式寻找问题的答案。

这个"参"的方式对于担事的人很容易理解。当某件事情与自己有关时，人们会将其挂在心上，反复琢磨、思考。虽然在实际行动上可能做得很少，但是对这件事情的琢磨却是很多，并且是反复琢磨、昼夜不休的。这样就会很容易将这件事情进入潜意识之中，从而更好地理解和处理这件事情。因此，这个"参"的方式，其实也是一种自我探索和自我成长的过程。

举个例子。

苯在 1825 年就被发现，此后几十年间，人们一直不知道它的结构。所有的证据都表明苯分子非常对称，大家实在难以想象 6 个碳原子和 6 个氢原子怎么能够完全对称地排列，并形成稳定的分子。

1864 年冬季的一天，德国化学家凯库勒坐在壁炉前打了个瞌睡。原子和分子们开始在他的幻觉中跳舞，一条碳原子链像蛇一样咬住自己的尾巴，在他眼前旋转。他猛然惊醒后，想到了苯分子是一个环——就是现在有机化学教科书的那个六角形的圈圈。

凯库勒之所以能做关于苯的梦，是因为他反复思考、琢磨苯的结构问题。其实，他潜意识里的思考、琢磨、分析，已经让他已经逼近问题的答案了。所以，在他打瞌睡的时候，答案最终以梦的形式呈现出来。凯库勒抓住梦境中的意象，进而明白苯分子的结构是一个环。

这就是琢磨的力量。

对于那些从来不承担责任的人，对于什么事情都要依赖别人来解决问题的人，要让他们进行思考和琢磨是非常困难的。他们可能一天到晚坐在电脑前，敲击键盘，甚至把老师的话倒背如流，但他们仍然不知道要琢磨什么。他们只会记住老师的话，却不知道自己要琢磨什么、怎么琢磨！

再打个比方，"参"、琢磨的感觉类似于做家务的同时，还要做其他一些事情，如扫地的同时，可以把饭煮上，把水烧上，把衣服放进洗衣机里……这些事情可以同时做，心是可以同时记挂这几件事情。特别是烧水，不需要一直坐在水壶边上等，只要心里记挂这件事就行，等水开的时候，记得把水灌进水壶即可。

这种同时把几件事情**都挂在心上，事情没有结束，心就不能忘记，不能完全置之不理的感觉，就是挂心。**挂心意味着对事情的关注和牵挂，对事情的进展和结果有一种期待和责任感。

内省也是这个道理。当我们注意到自己某个感受或情绪不对劲的时候，就心生警觉，虽然未必需要立刻坐下来写复盘，未必立刻明白感受与情绪下面自己真正在意的是什么，但要记住它，将其挂在心上，经常拿出来琢磨、思考。这样，才算是有效的内省。

比如，我最近写书的任务很重，有好几本书都在构思当中，但我平时要给学生上课，其他时间也要忙着复习，准备考研，那写书的事情怎么办？只能挂在心上。

在平时忙碌的教学和复习中，我利用零散的时间去思考和构思。当有了相关的灵感和想法时，及时记录下来，等到正式写作时，就可以更加轻松地完成。这种感觉就像是在大脑中积累了很多素材和观点，等到需要时可以随时取用。这样的写作，效率会更高，文章的质量也会更优秀。

这些都叫挂心或琢磨。可见，内省并不需要一天到晚坐在电脑前面，而是需要用挂心和琢磨的态度来对待每一件事情，包括自己的感受和情绪。否则，枯坐一天，脑袋里还是空空如也。

♡ 为什么宁愿痛苦，不愿面对

来青稞学习咨询能见到效果的，几乎都是因为在生活中遇到了极大的困难和挑战，到了无法忍受这样的自己，才会过来求助的。只有在这样的情况下，来访者才会有真正面对的意愿，愿意直面自己的问题，接受咨询师的帮助，从而实现自我成长和发展。

当然，想要促使来访者最终采取行动去改变自己，去面对自己（即心学意义上的面对），还是需要一些条件的。

1.如果痛苦，却把受苦的原因归咎于他人（或环境），寄希望于别人（环境）改变，那么这样的受苦就无药可救了！

比如，把自己在婚姻中受苦的原因归结于伴侣的愚蠢、出轨、低俗、攀比、虚荣、不上进、不体贴、不温柔、不浪漫、不勤快。

这几乎是不幸婚姻的一种常态和必然，但来访者却会乐此不疲。最典型的一个例子就是，有一次一对夫妻来找我，虽然他们嘴上说"我肯定是有问题的"，心里却希望咨询师去改变对方。或者就算自己有问题，也只占10%~30%。这种想法背后的逻辑是：只要对方改变了，我们很快就会幸福的。

这种现象在亲子关系中比较常见，很少有第一次前来询问的父母能意识到是自己的问题才让孩子变成今天的样子，总觉得孩子脆弱、敏感、脾气坏。如果要找原因，那也一定是父母、伴侣、周围环境的影响造成的，肯定不是自己的原因。同时，父母往往认为孩子的问题最重要，最紧急，因此希望老师能够先改变孩子。

这个时候，如果一个人受苦能量指向外界，那么他容易心生抱怨，战斗力十足，甚至同祥林嫂一样，四处絮絮叨叨，这一点也不足为奇！

如果一个人的受苦能量指向自己，那么它就可以成为自省的动能，使人自我反省。所以，此时我只能说他们受的苦还不够多，也只能希望他们幡然醒悟得不要太晚。

2.如果痛苦，但在这个受苦的关系或者环境中，自己是隐形的既得利益者，那么这样的痛苦，改变的动力也不大。

比如说在两性关系中，虽然自己很痛苦，甚至婚姻关系一塌糊涂，完全没有幸福感可言。但这样的婚姻，可以让周围的人，尤其是自己的父母家人、亲戚朋友，都来同情自己，"这么好的人，怎么就娶了一个这样的妻子（或嫁了一个这样的老公），真是不幸、真是可怜啊"。甚至周围的人都会对他的婚姻心生同情转而支持他，因为怎么看他都很无辜，怎么看他都能把周边的关系处理得那么好，那么周到，特别是外围的亲戚朋友，更是把他当作模范丈夫

（模范妻子）。这个时候，这些"光环"对他而言非常重要，他也是既得利益者，或许"好人"就是他潜意识里面孜孜以求的东西。

虽然听起来很荒谬，但事实就是这样，而且我们身边完全不缺乏这种类型的"模范丈夫"或"模范妻子"，即所谓的"好人"。

因为这能满足他潜意识中对自我身份的一种认同——我是如何的完美，如何的忍辱负重，如何的委曲求全……我都近乎是完美的化身了！而伴侣的过错，或者伴侣的愚蠢更彰显他这一"光环"的魅力了。如此，他感到更加自信和有成就感。

3. 如果痛苦，但能在道德的制高点上占据高位，这并不会改变他的痛苦经历或影响他的情感状态。

比如，在亲密关系中，如果有一方出轨了，或者有家暴行为，来访者作为事实上的受害者，或无辜者，甚至在法律意义上是无过错方，即便他感到痛苦与失望，也不会改变自己的态度与行为。这种不改变的态度可能是由于来访者对婚姻关系的期望值过高，或者他们有其他需要和动机，例如对孩子的保护、对家庭的责任等。

虽然很多时候，这样的婚姻已经不可挽回了，但挽不挽回婚姻，和他痛苦不痛苦，其实是两码事。

如果婚姻已经无可挽回，那么就当断得断。例如，如果对方在外面有了其他子女并且不再希望继续婚姻，即使作为咨询师我也不建议维持婚姻，但仍然要尊重当事人的选择。只有当当事人做出婚姻方向的选择后，我们才能继续前进。

虽然婚姻的失败可能是由于对方的行为所导致的，但每个当事人都对自己的婚姻负有一定的责任。从个人成长的角度来看，婚姻的失败可能与我们内在潜意识中的故事模板有关，它可能是我们过去经历的重复和重演。因此，我们需要深挖到潜意识深处，寻找自己内在的必然性，从而更好地理解和处理问题，避免类似的错误再次发生。

这些话虽然很难听，也不容易理解，但在心理学中，这些真确实不是什么新观念。

例如，为什么这个人和你生活后会变成现在这个样子？你可以列举出很多例子来证明他在结婚之前就是这样的，或者他本身就存在很多问题。但是，当时你为什么选择和他在一起呢？为什么你没有看到这些缺点呢？我相信在婚前，你不会认为他有这么差。因此，我们需要思考和探讨这些问题，从而更好地理解和处理我们遇到的问题。

即使你在婚前身不由己地选择了对方，但现在你是否还处于同样的境地？你是否能够不再用另一段关系来逃避之前的困境？你现在是否比结婚前更加成熟？你的眼光是否更加成熟？你的待人接物的心态是否有所改变？如果没有改变，你凭什么认为换一个人会让你的婚姻变得更好？因此，我们需要认真思考和反思自己，从而找到真正的问题所在，并采取有效的措施去解决它们。

轮回并不是说前世今生，从心理学的角度来看，轮回的根本在你的潜意识深处。如果潜意识的故事脚本没有被改写，那么生活中每天都会上演同样的戏码。

一个人一旦认为他在婚姻中没有错，那他就失去了在这场婚姻中成长的机会。因为自古以来，胜利者都是高高在上的，哪有胜利者会深刻检讨自己？

4. 如果痛苦，但让大家都痛苦，都无望，这样的痛苦也不会改变。

这是一种强烈的自毁模式，甚至是一种同归于尽的状态。这样的关系也不少见。在这样的家庭中，当问题出现时，家庭成员往往是一起承担、共渡难关，一起去解决问题，而是互相指责、谩骂、推卸责任，把所有的问题归因于某人，然后袖手旁观，美其名曰"自己的事情自己负责"，或者说"我是在帮助你锻炼能力""我是为你好"。

这种类型的人在潜意识深处无法感到快乐。每次遇到痛苦的事件，他们就像鲨鱼闻到血腥味一样，莫名地兴奋起来。这种兴奋会促使他们去撕开更大的伤口，直到见到血为止。

这样的人会习惯性地把身边的人拖入痛苦的深渊。不发生事情时看起来风平浪静，但只要一发生事情，结果只会越来越糟糕。这是由于他们潜意识里的报复心理在作祟，驱使他们让自己和他人都处于受苦的境地中，以满足其潜意识的需求。

这种心理状态往往表现为"我不开心，你也别想开心""让我不好受，你也别想好受"等消极心态。因此，当发生问题时，这些人会不自觉地让事情变得更加糟糕，以实现其潜意识中的报复心理。

具有这样类型心理的人，通常都有一个没有被善待过的原生经历，或者他们认为自己没有被善待过。这些经历导致他们的潜意识里缺乏温度和善意。然而，对于这些经历是否真的没有被善待过，这个问题也可以是存疑的。因为有些人选择用仇恨来记住过去，这种仇恨会让他们感到痛快。

对于这样的人来说，受苦是一种常态，一种熟悉的感觉。尽管这种熟悉的感觉会一直带给他们痛苦，但由于它熟悉，他们会受到潜意识的欺骗，认为这是正常的，甚至因此产生一种安全的幻觉。

很多人习惯了痛苦，反而觉得幸福、温暖和善意不真实，甚至不安全。因此，在人际关系中，他们总是努力寻找对方欺骗和欺负他们的证据。总之，他们总能找到证据。

"我就说嘛，他这么对我，肯定有目的，他不会安好心。"对于善意和温情，这类人通常无动于衷，这是真正可怕的地方。

5. 如果痛苦，但又能时时自我麻痹，这也不会改变。

比如说，很多人在受苦的时候，不肯过问痛苦的真正原因是什么，也不试着去改变现状，只自我安慰说：

"痛苦都是假的，受苦的不是我，是小我在受苦。"

"受苦不是真正的我，真正的我不会受苦。"

"我是快乐、喜悦、幸福的。"

"我一点都不在意，我根本不在乎。"

"我很快乐，我很开心，我很喜悦。"

……

他们不想，甚至不敢正视问题，也没想着去解决问题，总是用各种理由来麻痹自己。

6. 如果痛苦，但看不到希望，看不到改变的可能，找不到出路，这也不会改变。

我最同情这类人。由于早期的生活经历，导致他们不知道该如何改变现状，改变命运，所以只能选择自我麻木，放弃自己的希望，潜藏自己的良知，并苟活着。

虽然他们的物质条件相当丰富，但这并不能改变其早年经历的无望。也就是说，小时候的经历让他们看不到希望，也找不到改变的可能，因此他们内心深处不相信自己能改变，不知道这些出路是否适合他，更不知道自己有能力改变未来。

没有希望，是一个人最大的悲哀！

7. 如果痛苦，但可以通过干活、喝酒、玩乐等转移注意力，这也不会改！

通过干活去转移痛苦，听起来就很励志。的确，在生活中也不乏这样的故事。

至少这种转移注意力的方式有一种向上的力量与创造性的能量。如果实在无法改变自己的内在体验，至少可以尝试以这种方式来转移自己的痛苦。然而，精神世界的奇妙之处在于，虽然很多人都在谈论内在体验和潜意识，但真正能够触及潜意识的人很少，愿意倾听潜意识声音的人更是少之又少。

我的不少来访者，她们常年都在做同一个系列的梦，甚至如电视连续剧一样不停上演，而且剧情连贯。这些梦境可能会不停重播。这一点不难解读，但来访者往往不相信、不倾听、不接受、不执行。这意味着她们可能对自己的潜意识有所抵触，不愿意面对自己的问题，这导致她们难以改变自己的内在体验。

如此，我还能做什么呢？很多时候，潜意识好像与我们的外在世界是平行的和不相关的世界。所以，梦境看起来才会那么光怪陆离与无法解读。其实，哪有那么难？

例如，潜意识明确地告诉你，你是爱他的，在他的内心深处你一直存在。但是头脑会对此产生怀疑，认为这不可能，他不会爱我的。我和他是不可能的，我也不在乎他。

潜意识清楚地告诉来访者，她那里是有问题的，那段经历她还没有走出来，需要赶紧面对。尽管我费尽心思，试图让来访者重新经历某段伤害，但是她会告诉我，她已经放下了，为什么还要带她去回忆这段经历？

但是，她的梦境却实实在在地暴露了一切！

潜意识看起来很难解读，很难被感知，但是，通过梦境的分析与理解，我们可以更好地理解和处理自己的问题。而一些表面上的缓解，比如，用吃喝玩乐来转移痛苦，往往只是暂时的缓解，无法真正解决问题，甚至可能会加重内心的困扰。

8. 如果痛苦，但可以自我陶醉，可以用其他的梦空间来美化这个痛苦，也不会改变！

这一种类型，以拯救型人格居多，这里就不做过多阐述了。

典型的心理有这种几种：

"我是为众生受苦，为拯救世人而受苦！我现在不得解脱，之所以受苦受累，还不都是因为你们这些人！"

"我今生的使命就是来唤醒众生的！"

我只能说，当一个人以圣人、神人、开悟者、觉醒者自居的时候，这个人还需要改变吗？还需要提升吗？肯定不需要了，他已经是终极标准了，自然也就不会改变了。

好了，先谈这么多"受苦但是不会面对"的类型，也即面对意愿不足的情况。这些类型的人就算来到咨询师面前，也往往动力不足，真正改变起来的难度很大。当然，可能出现的问题远不止这些。

简单来说，无论有意识还是无意识，不面对问题总有千万个理由，而面对其实只需要一个理由，那就是"我要改变"，如此足矣！

♡ 应用逻辑：去私欲，存天理

关于"面对"，我已经说过很多次了。现在，是真正面对自我意识的时候了。通过这种面对，可以更好地理解自己的意识与潜意识的世界。

说到意识与潜意识，就不能不提弗洛伊德及其著作《梦的解析》，在西方，人们经常将《梦的解析》与达尔文的《进化论》、哥白尼的《天体运行论》相提并论。他们三人也被誉为改变人类思想的三大巨人。

站在西方人的视角看，这样的研究无可厚非，这对于他们来说确实是跨时代的发现。但是，如果从世界历史的时间线来看，对意识进行研究，特别是以自身的体验为第一样本对人的意识进行研究，东方文化在这方面更早更成熟，也更深入。

我们的文化自成体系，从西方科学的角度去观察东方文化，可能看起来与西方科学有所不同。我们不应该仅仅从西方科学的角度去评价东方文化，而应该从不同的文化视角来理解和欣赏东方文化。

如果我们抛开西方心理学的概念，特别是话语权的界定，会发现东方人一直在对人的自我意识做功。限于古人对世界的认识有限，这种做功被称为

"唯心"或"不科学"。其实，西方心理学的整个发展史也一直是"唯心"的，并一直努力往"科学"领域靠拢。所以，我们不应该轻易否定对意识的研究、做功。

王阳明心学的"格物致知""圣人之心如明镜""知行合一""致良知"等，都是对意识的具体应用。更不用说更早之前的各种理学家，如孔、孟、老庄、诸子百家等。当时，西方还处于黑暗蒙昧的中世纪。

此外，还有各种儒释道经典，如《传习录》《心经》《道德经》等，作为千百年流传下来的经典，一定有其可取之处。

我们可以对其进行批判式的继承，取其精华作为研究意识、应用意识的基础。因此我有一个观点，就是把传统文化中的一系列圣人视为研究、应用意识的科学家，只是他们不用仪器、量表来测量人的意识活动，不是用严格的实验流程对意识进行系统化的研究，并写成论文而已。

显然，**东方历史上的这些圣人，其实都是以自己为第一样本，即以修身为己任，然后应用其修身、齐家、治国、平天下的经验来验证其理论。**他们将这些修身、齐家、治国、平天下的感悟内容记载下来。这些内容之所以被后世称之为经典，是因为在同样的世界观、方法论的指导下，后来者同样也会体验到经典中所记载的境界与水平。

经过千百年的发展，及无数门人、门徒的持续迭代更新，儒释道经典中的一些内容已经得到了重复验证。就科学性而言，我觉得是值得研究并加以应用的。**因为人文社科的应用方式与理工科不同，它需要人们自己去实践，将理论应用于实践活动，这是人文社科该有的样子。**相比之下，理工科更多地采用仪器验证、用计算机计算或者建构模型来推演的方法，人文社科则需要回到社会中，回到人群中去应用，如此才是正确的路径。

心理学是一门非常复杂的学科，它有很多的分支，如普通心理学、发展心理学、社会心理学、认知心理学、教育心理学、变态心理学、实验心理学、统计心理学、工程心理学……

从科学的发展来看，这样分类也是必要的。对于非科班出身的人而言，实在没有必要了解这么多，但这并不意味着普通民众无法解决自己的心理问题。专家学者的发现是通过长期研究和实践得来的，他们致力于将专业的研究成果以易于理解的方式向普通民众传播，这被称为科普。通过科普，普通民众可以更好地了解和解决自己的心理问题。

或许我们可以回到民众中间，看看没有心理学基础的普通民众可以听懂什么？

比如，就用一个字概括人的问题——苦，那人为什么会"受苦"？因为"执着"，那为什么会"执着"？因为"着相"（"相"指某一事物在我们脑中形成的认识，或称概念。它可分为有形的和无形的二种，无形的相也就是意识）。若能破得了"相"就不会执着，就不会受苦。

但凡受过中华文化熏陶的中国人，其实都能听得懂。其实王阳明也是这样对自己的意识进行做功的，他心学的四句教是："无善无恶心之体，有善有恶意之动。知善知恶是良知，为善去恶是格物。"其中，"为善去恶是格物"这一句强调了通过行善并去除恶行，来理解和改变世界。

所谓"格物致知"的功夫，不就是把恶的执念去掉吗？"存天理，去私欲"，也是把私欲克掉。

这样一来，事情就简单了，找到恶的执念，找到私欲，能去掉就去掉，不能去掉克制住就好了。如此人自然就能恢复清明了，"心镜"自然就明了，而良知也能起作用了。

所以，内省不必那么复杂，也不必非得由专业人士，即接受过数年科班心理学训练的人来进行。他们只需要知道什么是执念、恶念、私欲等就可以了。

接下来，考验的是"磨镜而使之明"的功夫。王阳明先生所用的方法实际仍然是"破相"方法，只是他只破除私欲，而要保存天理。《朱子语类》卷十三第二十二条中写道："问：饮食之间，孰为天理，孰为人欲？答曰：饮食者，天理也；要求美味，人欲也。"

也就是说，合理的需求都是天理。王阳明心学所要克制的是过度的欲望和不合理的需求，正常的需求当然是要满足的。

王阳明心学认为，私欲是一种遮蔽住良知的相，需要破除。通过对相的破除，人们可以恢复良知的本来面目，达到精神的自由和超越。

要"破相"，就要明白"相"是什么了。用现代心理学的语言来说，对私欲的认知或概念是怎么形成的，只要能破除这个，那么"相"自然就不在了。如此，天理自然也就可以恢复了。

这也符合王阳明心学中的观点，例如，王阳明主张"心即理"和"心外无理"。他认为，理是存在于心中的，只有通过内心的反省和体悟才能达到真正的理解。同时，王阳明倡导"知行合一"，指出"一念发动处即便是行"。可见，王阳明一直在强调心的作用。

♡ 追溯焦虑的根源，更好地掌控情绪

以下是学生 P 关于她家孩子问题的一些自述：

在学校，老师还是把他（P 的儿子）当作一个特殊孩子对待，不让他参加考试。他的学习成绩也没有跟上去，还经常骚扰同学。这些情况还有，此外，他咬手的习惯已经持续了相当长的时间。老师建议我带他去检查一下是否患有多动症。我对此感到焦虑和害怕，不知道这些动作和习惯是心理方面的还是身体方面的？是否需要关注他的问题？最近我几乎没有怎么理他，包括老师的来电，我想过一段时间再回复。

最近我没有怎么反省自己，因为前段时间刚刚解决了我儿子的问题，所以我不想继续反省。而且一旦反省就会感到痛苦。

我最近的焦虑有些加剧了，我感到有些担心，甚至感觉自己做梦都在担心。好像我就是不能很自信地相信我儿子没有问题，这些东西总是隐隐地困扰着我……

最近我有意不去关注他的学业，所以当老师给我打电话询问孩子学习成绩时，我认为这些问题并不是什么大问题。然而，心里仍然会有些怀疑和害怕，感觉自己有责任但没有尽到。这也是我来咨询的原因之一，既然我对孩子的学习无能为力，是否可以考虑放弃他的学习呢？最近我在读一本书，书中说一个人不需要在各方面都优秀，只要有一技之长就足够了。然后我就想他的学习这么难搞上去……

我一想起孩子的学习，就会感到焦虑，并忍不住逼迫他学习。这种焦虑一旦出现，我会用一种强迫的方式督促他。然而，如果我强迫不行，我就会想干脆放弃他的学习。

但是，如果你要求我盯着他的学习，又不能用我以前的方式督促他。我想放下，但你却不让我放下，不能完全不管他的学习。我真的太难了！

以下是我对这位妈妈的回复：

你不能让孩子放弃的学业，这是你的问题，不是孩子的问题，孩子他是有能力学习的！实际上。是你对学习的恐慌和焦虑导致他不爱学习，造成他在学习上的落后，没有孩子是不愿学习的。对于一个孩子而言，大家都在学的东西，他一定是愿意学的。但他这个学习的动力，以及在学习上的乐趣都被你给扼杀了。

你的孩子毕竟才9岁，还来得及，但我要求你在这段时间里不要关注他的学习。听清楚了，这里说的"不要关注"不是让你完全不去管，是不允许你在焦虑情绪的驱使下去逼迫他学习。也即你在焦虑的时候，你的头脑是不清醒的，你会忘记学习是孩子的事，父母可以引导，可以陪伴，可以强调纪律，可以培养孩子好的学习习惯，但不能逼着孩子学，不能盯着孩子背书。当你头脑只有焦虑的时候，你要对自己喊停。

但毕竟对孩子的学习兴趣和爱好已经被你破坏，你也纵容了他的各种不遵守纪律和不尊重规则。所以，这里需要你特别留心。也就是说，你需要明确自己孩子的问题到底出现在哪里。经过一段时间的学习，老师已经为你分析了问题，并且你也认同了。接下来，你需要把精力集中在管教纪律、督促他完成作业，培养他的学习习惯上。这需要花费大量的时间和精力。

但你刚才所说的"不关注"，实际上是在逃避和放弃。即使老师已经提醒了你，你也选择假装没有看到。这是一种逃避问题的行为。

孩子的学习成绩当然需要关注，因为这是孩子学习现状和问题解决的最直观指标。我们不唯成绩论，但从成绩中可以察觉到自己在家庭教育上的不足。

也就是说，在你的疯狂焦虑之下，只会不断逼迫和鞭策孩子的模式必须停止或者保持警觉。最少要意识到自己疯狂和焦虑时不要干扰孩子。等到自己恢复部分清醒和理性后，再思考如何教育孩子。

在你的思维中，经常存在极端的左倾或右倾，这种左右摇摆往往是被焦虑所左右的。如果你无法察觉到这种焦虑，不学会控制和引导焦虑，那么在行为层面你可能会做出无谓的反应。然而，在自我反思的时候，你需要有意识地深入探索、感受、解构并最终解决这些焦虑。

否则，你将永远无法恢复理性，你的头脑将永远处于混乱之中，你又怎能在教育孩子的过程中做出理性的决策，根据教育的规律去教育他们呢？

你问题的核心就是逃避焦虑。从你孩子四五岁开始，你就用一种很压迫的方式逼迫孩子去学习，整个过程你儿子很痛苦，你老公也很痛苦，你自己也很痛苦。然而，当逼迫无效时，你又选择完全放手不管，试图用某个理论支持自己放弃孩子的学习，这是行不通的。这种极左极右的行为都体现了幼稚的思维。

所以，问题始终在于你关注孩子的学习时会感到焦虑。那么，为什么你会焦虑呢？原因是你过去并不擅长学习，你在初中的学习经历非常糟糕。甚至可以说，初中三年是一段痛苦的经历。因此，你非常渴望尽早逃离学校，来到大城市打工。而在工作中学习技能反而给你带来了正面的回馈。

所以，你对体制内的学习更加排斥，并且不接受学校提供的知识性学习。这是因为这些经历给你带来了痛苦和无助的感受。所以你在孩子四五岁时就开始寻找更加自由自在、快乐和不受要求的教育方式，如爱与自由的教育、快乐教育等。但你的生命经历也导致你往往以自己的感受来代替孩子在学校的学习体验。一想到孩子学不会还要坐在教室里，你就会联想到孩子会是多么的痛苦。

每次老师投诉完后，你会在学校向老师诚恳道歉，但一离开学校，你就会带孩子去吃大餐，犒劳他们。这是因为你想象中孩子面对学习困难时会感到很痛苦，比如被同学嘲笑和被老师惩罚。你想让孩子从这种"巨大伤害"中解脱出来，所以想通过犒劳来缓解他们的压力。

由于你经常把内省用在自己身上，不去思考自己的负面学习体验、痛苦经历，而无法摆脱这种非理性的行为模式。这导致你的孩子在学校越来越没有规矩，行为越来越过分。因此，如果你不持续反思并改变自己的思维方式，你将无法帮助孩子走出困境。

作为家长，总不能每次都把事情搞糟糕了之后，再来找老师要一个答案吧？如果我们不去面对自己的焦虑，那就会被焦虑所驱使，如此，要么变得盲目，要么极左，要么极右。

所以，**青稞有一个很重要的理论基础，即要避免被负面情绪阻碍，也就是平时内省时要学会认真感受那些负面情绪。**

我称为"沉浸在苦里"，这是我从长期的咨询实践中悟出来的。世人都在逃离苦，以为逃开了苦就可以到一个叫作"极乐"的地方。其实哪里存在这样一个地方？

世间的每一种感受都是以对立统一的矛盾形式出现的，没有苦也就没有乐，正如《道德经》所说："有无相生，难易相成，长短相形，高下相倾，音声相和，前后相随。"

以 P 为例，如果要领悟体制学习的快乐和学校学习的正当性，她不能避开对体制内学习的负面经历。只有勇敢面对这个"苦"，她才能真正重视学习，克服学习困难，最终学会学习，并且不再排斥学习（喜欢学习，还需要更长的路要走）。但是，只要她不排斥体制内的教育，就有机会通过在青稞的学习，了解如何引导孩子回归正常的学习状态。

在《苦的实相》中，讲的是苦难。今天我们可以将其理解为焦虑。也就是说，我经常让你们面对自己的焦虑，意味着不要被焦虑所牵引，不要成为焦虑的奴隶，而是要成为焦虑的主人。那么，如何才能成为焦虑的主人呢？**就是要借助每次激发出来的焦虑感受，然后不断地、仔细地去品味这个焦虑，顺着这个感受追溯上去，寻找焦虑的根源，了解这个焦虑是如何形成的。**

只有通过不断被激发的焦虑，我们才能一次又一次地回溯过去生命经历中的那些焦虑事件和感受，那些深藏在我们的潜意识中、被我们遗忘的生命体验。因此，每次你回忆起过去的负面体验，都应该去重新体验它，一遍又一遍地回顾，直到这些记忆中的负面体验被化解为止。

我仍然清楚地记得你初中时那段困难的学习经历。你需要不断地去感受和复苏那个负面的体验。

只有将心理焦点从被焦虑所驱使，转变为顺着焦虑的源头寻找其形成的根源，我们才能借此解构过去的负面体验。

如此才能真正实现"破镜重圆"和"覆水可收"（见课程摘要《苦的实相》中的两个隐喻，破镜不能重圆，泼出去的水无法回收，这正是这个意思）。

直面焦虑的能力是非常重要的。通过不被焦虑驱使，而是直接面对焦虑，甚至追溯焦虑的根源，这个过程本身是非常有意义的，因为它会训练我们强大的、不被情绪控制的能力。这种能力可以帮助我们更好地应对负面情绪和挑战，从而更好地掌控自己的情绪和生活。

当你一次又一次有意识地训练自己，成为情绪的主人时，你会逐渐掌控自己的情绪。

你曾被焦虑所阻碍，以为孩子难以教育，甚至想要放弃他的学业，这其实对孩子很不公平。

当你逐渐练习成为自己情绪的主人时，你才能真正运用我教给你的正确指导思想，并获得你想要的结果。

实际上，当 P 不再逃避焦虑时，她能够看到更多的真相。几年后，当 P 再次与我见面时，她向我介绍了她发现的家庭真相：从小时候起，她的妈妈就非常懒，懒得管她的学习，只要她"在学习"就可以了，不管她是否真正学进去。P 的妈妈也不关心她的学习情况。

P 的妈妈经常向她抱怨说她的爸爸没有能力，家里很穷等，这让 P 也真的认为家里很穷，吃不起菜。同时，当 P 遇到任何事情时，她总是感到慌张和无助，因为她的妈妈比她更加慌张和无助，而不会想办法帮助她。这导致了 P 在处理事情时经常手忙脚乱。

在有些情况下，P 的逃避反而让她找到了出路，比如辍学打工。这也让她有了"她已经很努力了，但仍然学不会，那就不是她的错了"这样的借口。这种心态使得 P 成了一个"情商很高，很努力，但从来没有结果的人"。

另外，P 身上也可能有她母亲的任性。否则，当 P 刚来青稞时，她怎么会当着丈夫的面抱怨、指责、谩骂，甚至差点失控。此外，早年她对儿子采取强制逼迫的方式时，也没有表现出心疼和悔恨懊恼的心理。当然，这些行为也是让人觉得是一致的。

我们之前没有太注意到这个问题，主要是因为 P 的焦虑和无理性太明显了。实际上，我们是在她学习结束后，在脑海里做总结时才惊醒这个点。P 经常对自己的情绪和行为想怎样就怎样，但我们不确定这是因为她无意识地学习了母亲，还是因为母亲过于任性，从来不想管教她所致。只能等待 P 持续自省后自己明白，并在几年后告诉我们答案。

在青稞学习时，经常会出现这样的情况：许多同学在学会内省和自我检视后（当然前提是他们一直认同青稞的理论和所教的内容），即使离开青稞，也会继续成长。实际上，很多家庭改变或孩子真正改变的案例都发生在青稞学习结束后。这个原理并不复杂，因为父母的变化需要一定时间的积累才能引发孩子实质性的改变。所以，在青稞学习不能急于求成，太过功利。

第九章
婚姻与幸福

绝对不是随随便便、轻而易举就可以获得婚姻的幸福!

婚姻充满矛盾,它是不以人的意志为转移的客观存在。不管你当初抱持怎样的心态进入婚姻,矛盾都是无处不在、无时不有的。

大部分中国人最终会为了家庭奉献自己的一生,并通过自己的能力影响到家族、种族、谱系,一直到整个国家。

♡ 没有矛盾，就没有幸福的婚姻

从现在开始，我们开始聊婚姻话题。千百年来大家都在谈这个话题，但似乎怎么也说不清、谈不透。

幸福的婚姻是每一个人都渴求的。

托尔斯泰在《安娜·卡列尼娜》的开篇说："幸福的家庭都是相似的，不幸的家庭各有各的不幸。"通过这句话，我们可以领悟到一些东西，那就是：**幸福的家庭之所以呈现出相似性，是因为按一定的规律做事；不幸的家庭常因为违背这些规律，当然违背的方式各有不同，所以导致了他们各自的不幸。**

婚姻具有一定的偶然性，因为我们遇到伴侣的机会存在偶然性。但从统计学角度来看，进入一段婚姻后，拥有正确的爱情婚姻观，或接受一套正确的"三观"，可以极大地提升婚姻的幸福程度。

刚进入婚姻的两位新人，把婚姻经营好的动机和决心是最强烈的。如果从一开始就知道幸福婚姻的规律是什么，能明白未来的婚姻会遇到大致什么问题，我想这两位新人的幸福概率会大幅提升。

一段务实、幸福的婚姻，需要的元素并不多。简单来说，只需要锻炼两种能力：**一是持续解决婚姻中冲突的能力，二是持续实现婚姻中期望的能力。**

这两种能力看似简单，却不是每一个都具备的。用辩证唯物主义中的矛盾观来看，幸福婚姻包含了矛盾的同一性和斗争性。所以，要想婚姻长久、稳定、幸福，就必须持续地解决冲突，持续地满足期待。这也是为什么婚姻需要双方经营，而不是仅仅依靠年轻时的理想主义就可以成就的重要原因。比如，"当年你答应要爱我一辈子的啊！""当年你答应要对我好一辈子的啊！"用这样的理想主义来要求爱人，是一种幼稚的表现。

一个残酷的现实是，很多人不愿意承认婚姻的本质就是矛盾，两个从完全不同的原生家庭走出来的人，性别不同、成长经历不同、家庭教养方式不同、文化程度不同、认知方式不同，可以说是各个方面都是不同的，如此不同的两个人走在一起、组建家庭，怎么可能没有矛盾呢？**不管你当初抱持怎样的**

心态进入婚姻，矛盾都是无处不在、无时不有的。

矛盾的基本属性是统一性和斗争性。如果用婚姻的语言描述就是：婚姻必然具有冲突和期待两个基本属性，期待就是两个人都希望把婚姻经营好，让生活变幸福，目标是一致的；冲突就是，要实现这样的目标，需要两个人不断斗争，即不断地解决冲突。

只是婚姻中的冲突是一种斗而不破的关系，若斗破了，婚姻也就破裂了。也可以说，婚姻中的冲突产生的一个主要原因，是彼此有期待，若没有期待，也就不会有冲突了。当然，没有期待婚姻也就失去了存在的基础。所以，彼此的期待以及期待的被满足是婚姻存在的基础。

简而言之，彼此之所以会有期待，就是因为双方来自完全不同的家庭，在各个方面都存在差异，甚至是对立。如果从小就很熟悉，反倒不容易产生期待与向往，而更可能成为朋友，而不是步入婚姻。

正是因为这些不同，造成了冲突，有冲突就必然要有斗争。很多人不想要有冲突，只想和和睦睦，那怎么可能？除非婚姻停滞下来，不发展了。

甚至可以说，婚姻中的冲突是必然的、永恒的，它贯穿着整个婚姻的始终，只是婚姻中可见的冲突的烈度会逐渐降低，甚至变为外人不容易看见的、内隐性的斗争关系。当婚姻中的冲突处于双方可以控制的范围时，婚姻会呈现出彼此的期待得到满足后的那种幸福的样子。所以，绝对没有不斗争（不努力）就可以得到的幸福婚姻（满足期待）。

经营婚姻最难的地方就是在这里。婚姻要实现持续发展，就需要一边不停地解决冲突，一边不停地满足期待，当旧的期待被满足后，又会产生新的期待，新的期待必然又会打破现有的平衡关系。于是，婚姻关系便进入了新的冲突当中，而解决新的冲突的过程，其实就是新的期待被满足的过程。

辩证唯物主义中的矛盾论认为：同一性和斗争性在事物发展中的作用是通过二者的结合实现的；矛盾的同一性和斗争性相结合，推动了事物的变化和发展。婚姻就是在冲突与期待的反复交织中前进的。如此，婚姻才能不断发展，并渐入佳境，然后其让人快乐幸福的功能就开始变得无比强大，很多原生家庭的遗憾都可以在婚姻中得到弥补。

夫妻要经营和持续推动双方进入这种关系，需要两三年，或三五年的时间。这不同于那种由荷尔蒙引发的如胶似漆，**一段幸福的婚姻不但可以满足生**

理需求，而且对人到中年的事业发展，孩子青春期的成长都有助益。

♡ 破除婚姻中的幻象

我们都希望自己的婚姻能一直幸福下去，夫妻双方从不吵架，甚至不需要拥有"化解两人冲突"和"成就对方期待"的能力。

事实上，那些幸福、美满的婚姻，当事人都具备高超的冲突化解能力与持续地成就彼此期待的能力。

在童话故事中，主人公只要步入婚姻，结尾往往是"从此，王子和公主过上了幸福的生活"。婚姻不是童话故事，它会让我们面临许多考验。不论男女，在即将步入婚姻时，如果还抱持着"只要我如何如何，就幸福了、美满了"之类的信念，那基本上可以断定：其心智还不成熟，在某些层面还停留在儿时的幻象中。

例如，"只要我有钱了、漂亮了、自信了、有爱了、有力量了、有能量了、有能力了、觉醒了、开悟了、提升了"，或者"他有钱了、漂亮了、自信了……"，那么"我就幸福、美满了"。对于这种现象，我们习以为常。

虽然漂亮、有钱、有爱、善良、天真、可爱、聪明、有才华、有学历、有文凭、有知识、有地位，甚至有车有房等都很重要，但并不是关键要素。

婚姻是两个人的事，各自都要负责任。即"我和你是有关系的，而且是夫妻关系"，或者说，"我婚姻幸不幸福，一定和你强相关，你的婚姻幸不幸福，也一定跟我强相关"。因此，任何回避对方重要性的观念、理论，都无助于解决婚姻的实际问题。

不可否认，在婚姻之外还有很多美好、有价值的事物值得我们去追求，甚至为之奉献一生。当然，在追求自己认为重要的其他东西的时候，婚姻的幸福也就被"稀释"了。

所以我们应该意识到，配偶之间是有关系的，而且是非常重要的关系。我们的幸福必须仰赖于彼此的深度合作，或者说"幸福是两个人的事情"，不能因为个人的信念、信仰，而随随便便而忽略了这种关系。很多时候，我们都明白、认可这些道理，但就是做不到。

我发现，前来咨询婚姻问题的人，绝大多数在潜意识里根本没有进入婚姻关系中。这里的"婚姻关系",指的不是法律意义上的婚姻关系,而是指潜意识中的一些基本婚姻观念。

如果这些观念没能深入你的潜意识,那你如何去克服婚姻中的种种问题呢?你如何在婚姻中巧妙地妥协,且又不让自己委屈呢?你如何在不压抑自己的同时,又能关注并满足对方的期待呢?

如果你解决不了上述问题,那你又怎么会获得幸福呢?

如果婚姻关系对你来说不是第一位的,而是排在很多事情之后,那么谁又能让你获得一段幸福的婚姻?

很多人的婚姻关系只停留在法律层面,即只有结婚证能证明他们步入了婚姻,但在潜意识层面,自己的另一半对他们来说是陌生的——最熟悉的陌生人!这在实际咨询当中很常见!

♡ 把焦点放在关系上

上文谈到,要把对幸福婚姻的追求,深入到自己的信念当中,甚至与信仰融合。唯有如此,我们才能收获幸福。很难想象,一个心中没有希望的人,或者说一个对婚姻不抱希望的人,最终能在婚姻中感知幸福、收获希望。

这是一个很简单的道理,但很多人都忽略了。他们把自己幸福寄托在一些虚无缥缈的东西上,而无视现实,甚至刻意逃避现实,如不关注眼前的伴侣,不正视存在的问题,不思考该怎么走出当下的困境。

当你选择了一段婚姻,就得在意识上、在心灵深处聚焦它,树立起"凭我的双手,要让我的婚姻幸福起来"的信念。这个信念是婚姻关系的锚,须臾不可以离开。这并不是说,我们不会遇到不合适的人,或者说结婚了就不能离婚。

这里的"锚"非常重要。在实际生活中,一个人的婚姻不幸福,往往是因为他偏离了焦点。怎么偏离的呢?不再关注对方的合理需求,无视自己应有的职责。那焦点跑到哪里去了?要么跑到对方过度的需求上,要么跑到自己非理性的感受上。

比如,有些人因为婚姻不幸,跑去咨询心理医生。咨询后发现,问题出在原生家庭,于是花很多时间去做有关原生家庭方面的功课。等到功课做得差不多了,回头发现他们的伴侣变了,不再是过去的样子。

还有些人不堪忍受婚姻带来的痛苦，于是去寺庙烧香拜佛求慰藉。其实，这并不能从根本上解决问题，只是一时的自我安慰，婚姻中的矛盾因此而消失，夫妻也不会因此变得恩爱，你该面对的还得面对，该忍的还得忍。

所以，我经常说："如果你现在没有解决问题的能力，就不要寄希望通过暂时的逃避来让所有问题都消失，这绝不可能。婚姻不幸是关系出了问题！把关系解决好，幸福感自然就有了"。

幸福是一种感觉，也是一种意识。马克思主义哲学告诉我们，物质决定意识，意识反作用于物质。物质是第一性的，意识是第二性的。终究来说这个世界是物质的。这里的物质，不仅仅指我们通常意义上的、有形的物质，也可以理解为客观规律性。

在婚姻里，夫妻俩不要整天把焦点放在你侬我侬的虚无缥缈的感觉上，而要多放在改善有形的物质上，比如，如何互相扶持创造财富等。有了这些，所谓的情情爱爱、山盟海誓才有经济基础。否则，感觉这东西很容易被一阵风吹散。这也是幸福家庭应遵循的一条做事规律，做对了，做到了，幸福自然来临。没做到，幸福就会远离。

物质决定意识，也在一定程度上决定了婚姻关系。所以在婚姻生活中，夫妻双方只要把两人在关系上的问题解决了，那幸福就是自然而然的。

生而为人，对亲密关系的向往是我们的本能需求。本能需求具有客观实在性（物质性），它不以人的意志为转移，但它可能会受到来自信仰、世界观、认知的影响（主观感受、认知）。要改变这些影响，其实并不容易，因为涉及世界观、信仰的问题。

♡ 幸福是一种可以学会的能力

只要遵循幸福婚姻的规律，谁都配得上幸福。从这个意义上说，幸福不是玄学，它是一种社会实践。但凡是社会实践，都会表现为可学、可用、可研究、可掌握的能力。这个观点很重要，是调整婚姻关系的前提。

在人类的历史长河中，随着文明的推进，人类的婚姻关系一直在进步，加之人口数量足够庞大，有足够多的人去参与实践，所以各种关于婚姻进化的规律、道德等也就被潜移默化地"装"进了人类的潜意识。

对大部分人来说，一辈子只有一次婚姻，并在其中学习、历练，而不可能在多次婚姻中不断试错，以更新迭代婚姻经验。况且，经历多次婚姻也未必会让一个人有长进。离婚需要付出的代价很大，承受的痛苦很深。不是万不得已，一般都不会轻易放弃一段婚姻。

两个人婚内的生活本身就是一种实践，如果不注重这种实践，即便谈再多的恋爱，上再多的课程，看再多的书，都无法获得那种亲身的体验。这一点类似于学医，如果没有大量的临床实践，一个人即使读到博士，也无法成为一个能治病救人、医术高明的医生。

对于初婚者来说，他的婚姻经验主要来自原生家庭。心理统计学表明，一个在相对幸福的家庭长大的孩子，其未来在婚姻中获得幸福的概率相对要高。

当然，从整体看是这样，具体到每个人情况会有所不同。有些人原生家庭很差，但是他们的婚姻很幸福，有些人原生家庭确实也不错，但是婚姻总是出问题，比如家暴、出轨等。

不少人在 20 多岁时就进入了婚姻这座城堡。显然，这是一个荷尔蒙近乎"满格"的年龄，这时，他们选择伴侣往往是出于本能，所谓"情人眼里出西施"，一旦看上对方了，便会觉得对方什么都好。

如果遇到合适的人，两个人的婚姻会有一个好的开始，发展也比较平顺。否则，即便开始卿卿我我，很快就会因为琐碎的生活而变得磕磕绊绊，甚至产生严重的性格、心理、情感冲突。这时，如果不会处理冲突，双方的感情大概率会变得越来越差。

我见过不少非常优秀的男士，年轻的时候，在荷尔蒙的驱使下，他们娶了自己喜欢的女孩子，她们"漂亮""身材好"，但是，后来的婚姻生活让他们苦不堪言，甚至自己的大好前程因此葬送。同样的事情也会发生在女士身上，因为遇人不淑，她们不但浪费了自己的大好青春，也让自己活得狼狈不堪。

那有找回幸福的办法吗？当然有。因为幸福的婚姻是一门课程，可学、可练、可掌握。

任何一门课程，即便是比较深奥的一些的学科，也可以通过不断学习来掌握的，比如数学，小时候我们学习简单的加减乘除，等到了大学，要学习导数、微积分等。如果没有多少数学基础，一上来就学习高等数学，显然是有难度的。所以，通过循序渐进地学习，可以逐渐消化先前一些看起来深奥的东西。

学习婚姻幸福课也是如此，只要坚持学习，从书本上学，从实践中学，具体问题具体分析，就会不断地提升经营婚姻、感知幸福的能力。

♡ 幸福婚姻的要诀：致良知

我在前面说过，婚姻有矛盾也有期待，而且矛盾与期待是交织在一起，不断发展变化的。如果你能根据婚姻中的客观现实，保持合理的期待，并能巧妙地化解矛盾，便能极大地提升婚姻的幸福程度。

现在，如果你问："幸福婚姻的要诀是什么？"我可以毫不犹豫地回答："致良知。"

要做到致良知，必须对自己有清醒的认知。在婚姻生活中，我们最难做到的一点恰恰是对包括自己、对方在内的客观现实缺少正确、清晰的认知。所以，很多人在婚姻中无法做到致良知，正因如此，婚姻总是被一层迷雾所笼罩，拨又拨不开，看又看不清。

王阳明说："心犹镜也。圣人心如明镜。常人心如昏镜。近世格物之说，如以镜照物，照上用功。不知镜尚昏在，何能照？先生之格物，如磨镜而使之明。磨上用功。明了后亦未尝废照。"

心就像镜子一样，在我们成长过程中，它会像镜子一样蒙尘。心的蒙尘有很多种。比如，在原生家庭养成的过度的要求和欲望，往往在婚姻生活中没机会被校正。再如，有的女士觉得"老婆就是用来疼的""女士负责岁月静好、貌美如花"。如果伴侣没有提供"在家有保姆，出门有司机"的优渥生活，便会心生怨恨。其实，不是男人不够优秀，是她的心蒙了尘，照不见真实的自己，看不透婚姻生活的真相，因此也就做不到同甘共苦，荣辱与共。

说得直接一点，她做的一些事违背了幸福婚姻的客观规律，因此会受到规律的惩罚。

所以，要时常擦亮心中的镜子，不要让"心镜"蒙尘，这样才能清楚照见世间万物（照见客观事实和客观现实），才能做出婚姻中该有的本能反应、本真反应。倘若我们能在婚姻中时时保持觉知，当私欲膨胀（处于非理性状态）时及时为自己喊停，让心智恢复清明后再做反应，那我们的婚姻自然会幸福很多。

当然，如果能对自己的潜意识做更多的功课（勤擦拭心灵之镜），让"心镜"更明亮，那做出的正确的本能反应也就越来越多。正如王阳明所说："见父自然知孝，见兄自然知弟，见孺子入井自然知恻隐，此便是良知不假外求。若良知之发，更无私意障碍，即所谓'充其恻隐之心，而仁不可胜用矣'。"

♡ 恰当地满足婚姻的底层需求

既然这一系列谈论的是婚姻，那回归到婚姻的底层逻辑，其实就是在讨论动物的本能。

精神分析热衷于探讨这些最初的本能，以及它们带来的各种动力，所以后来也称为动力学派。相反，我们也可以说，**不论动力心理学对人分析得有多么透彻，最终还是要回归到满足人的基本需求上来。**

无论你后天生活在什么样的环境、接受什么样的教育，你总有这些需求。**无论这些需求如何被定义，但这些合适的需求都必须得到满足。**例如基本的物质需求（衣食住行），对传宗接代的需求，安全的需求，对亲密关系的需求，以及对实现自我价值的需求等，这些都必须在你的夫妻关系、事业或社会活动中得到满足。

根据马斯洛的需求层次理论，我们可以知道，**生理需求是最底层的需求，而亲密关系也是属于生存需求。**也就是说，这些需求的动力是最强大的，人应该最优先满足。当然，这些需求的层次性并不是固定不变的。在特殊情况下，人确实可以用高级需求来替代低级需求。

但作为普通大众，我们需要满足恰当的底层需求。所以，你需要认真面对这样一个问题：性与亲密关系是否让你满足？

如果只是：

——还好，还行，还可以吧！

——我们不需要！

——除了这个其他都还好啊！

——我们就是不亲密，天生的，没有办法！

——我这人天生不敏感，对这个需求不大！

——我的伴侣也不需要！

——没有办法，在他身上找不到感觉！

——我不是他喜欢的类型！

——都老夫老妻了，怎么可能一直有感觉？

——这个很重要吗？真的不重要！即使没有也行啊！

……

不论你给出什么理由，听看上去都没错，都说得通。

但是你要知道，人首先是动物，而后才是人。但凡动物，都有交配繁殖、繁衍后代的本能需求，而这一需求在人身上也表现得很强烈。

在马斯洛的需求层次中，这是最底层的需求，也是最强大的需求。在弗洛伊德看来，人几乎所有的心理问题，归根到底都生理需求有关。当然，弗氏的这种"泛性论"理论在哲学与心理学领域都有争议，但我们不能因此否认性动力的重要性。

所以，**如果这第一生存动力没有得到充分的满足，那我很难相信夫妻关系会很亲密**。很多时候，这样的婚姻只是搭伙过日子，或是找个伴来彼此取暖而已，甚至是在勉强维持。

这么看来，人们每天忙忙碌碌，为了这个家而努力，为了夫妻间的幸福而努力，是真的吗？是有效的吗？对焦了吗？

如果用一句话来概括这节的主题，那就是"婚姻的底层逻辑就是动物性逻辑"，虽然并不绝对，但相对比较普遍的现象是：男人是通过（物质保障）取悦女人（得到性）来满足自己的性需求，而女人是通过（性）被男性取悦（得到物质保障）来满足自己的。如果夫妻之间无法彼此取悦，那很难说他们有多深的爱。

很多人在此陷入困境，却完全不自知，他们的生活和他们的生存动力、生存需求严重脱节。这是在最底层需求里违背了自己的良知，所以很难相信他们会在更高需求层次上遵循良知了。

就算是朱熹老爷子，他也认为人的基本需求是符合天理的，应该得到满足。而过度的需求是人欲，需要被克制。

如果一个人连这些基本需求都得不到满足，那他们的生活会变得拧巴、不顺畅，进而不会相信自己的良知感觉。

也就是说，底层需求与高级需求有一个共同点，即满足感，也就是那种能深入内心的满足感。

这种满足感可以是物质层面的，也可以是精神层面的。无论是追求物质财富、社会地位，还是追求精神层面的满足，如爱情、友谊、自我实现等，人们都希望得到内心的满足感。这种满足感可以来自完成一个任务、实现一个目标、获得他人的认可和支持，以及自我肯定等不同的方面。

而很多人的这些需求就相当被动了，要么被驱使、被改变、被扭曲、被压抑，如此人的内心就会产生极大的分裂感，知行会不合一了。最终会让人对生活产生一种极大的无力感。

那些真正能主动去创造并且有能力满足自己的人，他们的需求反而更加简单、清晰，因为他们能够自我满足，能够更快地由底层次需求跨越至高级需求，进而进入精神需求的领域。

而被压抑、被扭曲、被要求、被驱动、被放纵的欲望会变成一个欲壑难填的黑洞。因为这些欲望不是来自内心真正的需求，而是受到外部因素的控制和影响。

♡ "完美"也就意味着没有人间烟火气

"完美世界"是我信手拈来的一个名词，以前我用的词是"童话世界"，很多时候它们描述的是同一个现象。即人在自己心理空间创造出的虚拟世界或者意象，以此来平衡、协调或适应外在的客观真实世界。

完美世界创造的内在虚拟（意象）世界过于强大、美好并且顽固、真实，会导致潜意识心灵与现实世界之间出现矛盾与冲突。

大部分有"完美世界"情结的人，其婚姻家庭生活都会出现问题，根本原因在于：太过于完美的潜意识心灵，会让家人触摸不到他那个真实的、活生生的、会犯错的人性。

如果妻子是无法被征服的高峰，最终会让丈夫无力攀登，转而另觅他处风光。如果孩子妈妈是那种不真实的圣母，最终会让孩子因为失去边界感而声嘶力竭。如果丈夫是那种不可触摸的神明，那么自卑的妻子可能会在敬仰的同时更加自卑。如果孩子的父亲是若有若无的幻影，看得见摸不着，最终会让孩子缺失真实的父爱。

曾经有一位女性当事人 Y，在她身上展现出了一种完美世界的情结。这种情结具体体现在她的教养上，她永远表现得恰当周到、安静和气。在她的世界里，不争吵、有修养、有话好好说是最重要的。她给人的印象永远是干净整洁、安静贤淑，说起话来也是慢条斯理、很有分寸。

她来到我这里，是因为她的婚姻已经维持不下去了，想要离婚。当然她也想知道到底自己哪里做得不对，以致婚姻变成现在的样子。这可以说是相当理性的诉求了。

随着她对婚姻的回顾，那些曾经的细节也都一一地展开。

这么多年来，她一直和丈夫在一起，她几乎做到了极尽隐忍。一开始，面对丈夫的各种挑剔与不满，她试着体谅丈夫的不容易；再到后来，在家婆与她之间的冲突中，她也试着理解家婆的传统观念和局限。虽然她从小生活在"自由自在、宽容宁静"的环境中，但她不得不学着适应夫家极其繁多的规矩。夫家是一个传统的大家族，非常注重各种规矩。她的丈夫从小在这样的环境下长大，由于原生家庭的一些缺陷，他的性格特别谨小慎微，对这些规矩甚至都到了唯唯诺诺、草木皆兵的程度。

即使如此，Y 在长达 20 多年的婚姻生活中，还是尽量做到让丈夫满意，让整个家族的人满意，尽量成为他们心目中的贤妻良母。

然而，即使如此，她仍然无法得到心中渴望的宁静生活。世事艰辛她可以忍受，家长作风、古板规矩她也可以忍受，唯独她丈夫性格的缺陷总是让她无法忍受。

她的父母这辈子从未有过争吵，她的父亲总是保持冷静、有条不紊、细致耐心。从她小时候，父亲就尊重她的选择，只提供客观理性的参考意见，从不试图左右她的决定。她父亲经常挂在嘴边的一句话是"人生就是一场选择，选了就不要后悔"，这早已成为她的人生信条。

她从来没有想过，实际上在她人生中每一个最重要的时刻，父亲只是在远处旁观。虽然他给了她客观的分析，但从来没有直接告诉她"女儿，你应该这么做""听爸爸的话，别瞎折腾""你不可以这么做，如果这么做我就不认你这个孩子""你必须这么做"。

这种看起来对女儿处处尊重的态度，实际上并没有让她在人生最重要的关头做出最优的选择。在每个关键时刻，她都没有真正参考父亲的意见。无论是上大学、选择丈夫还是其他人生重要关头，她都选择了错误的选项，至少不是最优的选择。每次到了最关键的时候，她都是独自前行，父母并没有在她最需要帮助的时候给予支持。

但是，尽管父亲说了"人生就是一场选择，选了就不要后悔"，她从来没有想要后悔。她不知道这些事情是可以后悔的，甚至从来没有怀疑过父母这样的态度是有缺失的。父母从来没有后悔过，他们永远都接受命运的选择，无怨无悔。

如果不是这段婚姻一再冲击着她内心的宁静，让她无法保持不愠不火、有条不紊的态度，她可能从来没有机会审视自己的行为。她很疑惑地看着我说，人不都应该有良好的教养吗？家庭难道不应该是安安静静、和和气气的吗？做人不就应该选了就不要后悔吗？

我只能告诉她，确实，这种人生状态是值得我们追求的。要说起来，你已经做得非常好了，有着极大的耐心和教养，甚至守护着患有抑郁症的丈夫这么多年，这真的是你的美德。

可是，这是真实的她吗？每次在人生最关键的时候，她需要的不仅仅是父母客观理性的参考意见，还有他们的情感支持和理解。人做出决定需要客观理性的思考，但也需要考虑情感因素。父女之情不应该仅仅平静如水，父亲也应该为自己孩子的人生负责，并在他们犯错的时候强力拉他们回头。在婚姻中遇到挫折、纷争或不快时，她不能总是用客观理性的态度处理，因为夫妻间的生活不可能总是平静如水。

的确，因为她从未怀疑过这些，而且父亲从小给她的形象过于完美和理想化，这导致她在自己的世界中从未对原生家庭的模式产生过一丝一毫的怀疑，或者觉得这个世界不真实。

所以某种程度上，这么多年她也在无意识地演绎着这种不真实——也即完美父母的模板了。

刚好她的丈夫被家族规矩禁锢得死死的，生活中只有一堆规则。作为他多年的亲密伴侣，她在潜意识深处并没有得到他的认可，他只看到了一堆完美世界的形象。在这样的情况下，一个本来就自卑的男人遇到一个有着完美情结的圣母，真的是一场灾难。所以，他不抑郁那才叫奇怪了呢。

虽然她的丈夫生性有些胆小怕事，但他如果能在妻子身上看到真实、活泼的人性，也许能征服她。事实上，即使是再懦弱的男人，内心也存在着征服的欲望。只是在成长的过程中，这种欲望被扭曲为各种苛责、攻击行为，甚至是强迫症或其他病症。这样的人通常缺乏理性自觉的内省精神，而缺乏自我深度的内省，这种扭曲的欲望就会让人难以接受。

在夫妻关系中，这样的丈夫可能会表现出吹毛求疵、苛责过度的行为，对外则可能显得唯唯诺诺、胆小怕事。但实际上，他内心依然渴望被女性的温柔所托举，渴望在亲密关系中占据主导地位。只有这样，他才能获得深层次的力量，不再质疑自己，并找到心灵的归属。

Y 的完美世界是如此顽固，而先生那种并不高明的征服欲望，遇到 Y 这座坚不可摧的完美城堡，不得不一次又一次地败下阵来。

在先生心中，再也没有什么能够让他感到成就感了。那个征服欲望最终开始转向内部，攻击他的潜意识心灵，成为更深层次的自我谴责力量。这种自我攻击甚至进入了他的梦境，他只能在梦中不断攻击那些看不见的东西，释放自己的征服本能。

所以，Y 的先生这么多年来一直患有梦中惊厥的病症，这并不是偶然的。

事实上，先生的抑郁症和性格缺陷是可以通过干预来改善的。他已经受够了痛苦，所以有强烈的改变动力。然而，对于太太来说，因为这个完美世界是她终生的追求，如此坚定不移，她宁愿离婚也无法再继续忍受婚姻中的诸多苛责和挑剔。当然，事实上，她无法忍受那个完美世界一再被破坏所带来的痛苦。

我真的很希望他们夫妻俩能够继续走下去，不仅仅是因为他们需要彼此，更因为他们需要从原生家庭的束缚中走出来，在潜意识心灵中真正成长。他们在一起 20 多年了，即使再失望，但他们的潜意识心灵已经紧密相连。只要双方一起努力向前，他们的潜意识心灵就会很快进化，单独前行或者换一个人事实上会更难。

这或许就是"生死契阔，与子成说。执子之手，与子偕老"的心理学意义吧。

♡ 中国家庭的文化归属，中西有别

我们一直在讨论的婚姻，其中有一点是大部分心理学家或者心灵成长导师都容易忽视的，那就是我们在探讨"中国人的婚姻"，即在"中国人"这个概念下的婚姻。

这里的"中国人"，指的是文化概念意义上的中国人。而婚姻，说白了就是家文化。所以中国人的归属必然是家庭，这是由中国的文化基因所决定的。

一直以来，心理学圈子有一种风气，总是喜欢攻击中国人的家庭文化，指责家长制和父母权威是控制欲的转移等。他们把中国人贬低得一无是处，认为中国人的心智不成熟，共生现象严重，动辄就拿"口欲期"说事，甚至将中国的饮食文化贬低为婴儿的特征。这种做法显然是片面、偏颇和不公正的。

虽然中国传统文化中确实存在许多与现代社会不符的元素甚至与现代文明相冲突的现象，但是我们不能因此全盘否定中华文明的根源，包括孝文化和家庭文化。这些心理学家应该更加深入地了解我们家文化的起源，以更全面、客观地理解中国文化和婚姻关系。

随着欧洲文明的发展，欧洲的心理学也在不断发展和演变。所有的理论都处于不断推翻、修正和融合的过程中。即使是弗洛伊德的精神分析，在欧洲也经历了多次的认可和否定。

到底是什么让中华民族如此长久地繁荣昌盛？事实上，就是中国文化中深入人心的家庭观念。

家文化强调个人为家族的付出和贡献，可能会忽略个人的需求，但从人性修正的角度来看是合理的。个人需求是人的本能，即使不强调，正常情况下也会自然发展出来。但是，为了家族和他人付出，需要长期熏陶集体意识。虽然有时可能会抹杀个人意志，但对于整个族群来说，这无疑是保持整个族群长盛不衰的基本保障。正是因为中国人的家庭意识，才让我们在民族生死存亡的关头一次又一次地站起来，代代相传至今。

所以，当我们谈论家庭幸福的时候，千万别偏离了这个文化基因（或者说文化潜意识吧）！

当然，传统文化应该得到继承，但必须以批判的态度来继承，而不是盲目地背诵、跟读或照做。这等于是将人重新束缚在僵化的封建思想中，不符合时代精神的要求。

我只是从潜意识和家庭幸福的角度来说，作为一个深受家文化影响的中国人，他必须回归家庭（具体细节在这里就不展开了）。这也是俗话说的"叶落归根"。在中国文化中，"根"是人们心中的归处，也是潜意识心灵上的归属。自古以来，中国人从不愿意流落他乡，更不愿意客死他乡。

那这意味着什么呢？

大部分中国人最终会为了家庭奉献自己的一生，并通过自己的能力影响到家族、种族、谱系，一直到整个国家。当然，中国人也经常因为家庭文化而禁锢住自己的心灵。

我是在阅读欧文·亚隆的治疗案例集时，才有了这样一个领悟。亚隆医生在长达半个多世纪的职业生涯中，接触了大量的来访者。然而，他所接触的当事人与我所接触的当事人存在巨大的差异。

虽然说人性都是一样的，但中国人更容易受到父母和家族关系的影响。即使是风烛残年的老年人，一旦深入探讨这些关系，谈起父母时也会老泪纵横。此外，不管中国人是因为什么问题而进入家族关系，如果要回归幸福和正轨，他们都必须先修正与家人和族群的关系，尤其是与父母和子女的关系。

这个部分，对于东西方的人都是一样的。

西方人的家族观念与中国人不同，在西方人的价值观中，婚姻是两个人之间的事情。而中国人的婚姻不仅仅是两个人之间的事情，更是两个家族的联姻。虽然现在的年轻人羡慕西方人的小家庭模式并努力效仿，但在实际操作中仍然存在一些问题。

未来的婚姻问题往往涉及如何处理好两个家庭之间的关系。比较典型的有婆媳问题、孝顺问题，以及家族中大大小小的事务，这些随时都可能对小家庭产生影响。在中国文化中，试图只关注自己的小家庭而忽视家族的做法是行不通的。

对此，我们不需要去苛责什么。虽然很多心理学家喜欢抨击中国的家长，但我们应该理解这种文化背景下的行为和观点。

在中国人的婚姻和家庭文化中，个人的声音和需求确实容易被忽略。为了使婚姻更加幸福，我们需要关注并满足个人的需求。然而，需要注意的是，个人的声音和需求并不意味着无限制的个人主义或无视社会习俗和家庭传统。我们需要找到平衡点，在尊重个人需求的同时，也要考虑到家庭和社会的整体利益。

因此，我们需要探索一种更适合中国家庭文化的价值取向。

第十章
孩子的成人化之路

叛逆的本质是力量成长的过程。

孩子的成长，实际上就是一次次打破"完美父母"的幻想，接受自己的父母就是普通个体的过程。

让孩子去经历一些困难和挑战，甚至在孩子成长到一定阶段时鼓励他们独立生活，本来就是自然界中动物的天性。

♡ 被曲解的"原生家庭"

回归家文化，回归到以家庭为单位的，集体主义的伦理秩序中，就不太容易掉入把父母当对手，把家庭当伤害的主要来源的偏执当中。

偏重于集体主义的中国人，确实会在某种程度上压抑个人的表达，个性的伸张。但探索人的早期经历，也就是现在常说的原生家庭之前，我们需要回到自己文化的立足点上来，也就是回到我们自己的伦理秩序上来。

就是说，人探索自己的早期经历，最后要落脚到伸张个人主义还是家庭的和睦和美上来，这是完全不同的两条道路。

家文化肯定是我们的底色之一，它是镌刻在我们基因上的代码，它需要批判，但更应该继承，不能一棍子打死，然后以西方的自由主义为美为尊。而家庭伦理是从属于家文化之下的下位概念。

现在的情况却是，随着西方文化的强势传播，中国人的家庭伦理好像都成了落后的东西，比如孝道，好像成了人性束缚的罪魁祸首一般，但这显然是不对的；封建的糟粕我们应该抛弃，但其中的精华肯定是要吸取的。报恩、回馈、以父母为尊、为榜样、为骄傲、并愿意向往他们，成为他们，这显然是一种美德。

我们的文明是世界上唯一没有中断过的，而我们又是无宗教信仰的民族，家庭关系（家庭伦理）是咱们文化传承的一种纽带，而这个纽带很大程度上是一种情感的链接。

若是过度强调和放大"原生家庭"中父母对孩子的阻碍和伤害的那个角度，可能的结果会是一叶障目不见泰山了。甚至也会因此错过了家庭中原本具有的极其强大的自我纠错能力和自我疗愈能力了。

若人把自己身上的问题都归因于原生家庭造成的，都是父母让我这样。我自卑、恐惧、颓废、沮丧，也都是父母造成的，所以，父母得改变对待我的方式，如此我才能过得好。"原生家庭"成了一部分人甩锅受害的最好对象，如此自己就可以心安理得地不做任何改变了，因为都是原生家庭的错。

特别是把一些原本是合理的管束和惩戒，都视为伤害，从而归咎于父母，甚至出现了怨恨父母、仇恨父母的行为，乃至逼迫父母对其道歉、赔偿。这种行为不仅颠倒了家庭伦理，也有违社会的公序良俗。

父母对孩子的爱，不仅有宽容与接纳，更应该有管教和约束。

父母对子女的管教具有天然的正当性，但如果合理的管教都可以被随时误解为伤害，那么父母的权威性就会受到质疑。而如果父母的权威性过早地被打倒，那么身为子女的灾难也会随之而来（特别是未独立之前的孩子）。

因为在中国文化中，家庭是孩子的根，父母是家庭的根，如果父母被打倒，那么根就没了，主心骨就被否定了。作为子女他还能知道自己该依靠谁？信任谁？模仿谁吗？所以，随之而来的必然是身份的迷失，自我认同的混乱。

从精神分析的角度，其实也可以理解。他们认为，早期的权威对象，会形成人潜意识里的"超我"——理想自我和道德良知。而这个早期的权威对象，显然就是父母的权威形象了。

所以，若一个孩子过早地打倒了父母的权威，那他内心的理想自我和道德良知就会失去了一个最实在的感情连接对象了。那些打倒了父母的孩子的心目中的理想自我和道德良知，往往是空无的与遥远的。要么是理想国，要么是神一样的完美形象，很难是身边的、可以触摸得到的、身上共存着缺点与优点的活生生的人。

从理想自我的角度来说，特别是自我还不成熟的情况下，人该用什么身份与他人打交道呢？没有了理想自我的引领，可能真的只能用各种"人设"了。按照精神分析中客体关系理论的观点，人的最初自我本体就是相对于父母这个客体而建立起来的。翻译过来就是，没有了父母作为最初的参照坐标体系，那人的自我该如何建立起来？当然不是说打倒父母的孩子，就没有自我，肯定也会有的，只不过往往是以反向形成的方式来建立的，也即是因为讨厌、看不起父母，所以反向形成了一些与父母毫无关系甚至是对立的人格形象。

所以，父母的权威，也是父母在孩子心目中的形象，其重要程度就不言而喻了。

在人的潜意识里，父母形象代表着最初的权威与力量、情感与爱。一旦这个部分被否定了，那人的自我该皈依何处呢？

我们当然希望自己的父母是完美的，但这一点永远无法实现。**孩子成长**

的过程，本质上就是一次次打破"完美父母"的幻想，接受自己的父母就是普通的个体的过程。当我们成为父母时，我们逐渐接受自己拥有的就是这样的父母，并心甘情愿地爱他们、回馈他们、赡养他们。这也是中国家庭伦理秩序的深层诉求。

孟子说"行有不得，反求诸己"，人一旦把父母当成加害者，当成对手，把自己的问题归因于原生家庭，归因于父母。这种做法一不小心，就是把自己的心理焦点（心理能量）放在了他人身上，即便这个他人是父母。

这种做法意味着他们放弃了自身的主观能动性，认为自己的现状都是父母造成的。潜意识里的逻辑就是"父母对我好一些，我才会改变""父母若对我不好，我就好不了"。因此人就会陷入这种思维的泥潭里面无法挣脱。

如果一个人在原生家庭的伤害上花费太多时间和精力，忘记了实际上自己最初只是想活得更好，那么他就会陷入成长的停滞之中。这样的人没有意识到自己是可以行动、可以为自己负责，人是可以克服所有的"伤害"的。

不少人都曾陷入过这种思维模式之中，部分人甚至会沉湎于其中很久很久。

我接触过一些啃老族，他们下意识就是把自己的现状归因于父母、社会、早年经历，反正我这样都是有原因的，所以我动不了，工作不了，而你们要理解我、接纳我、允许我。

不得不说，有时候所谓的"原生家庭""内在小孩""心理创伤"等概念，可能会被一些人用作不承担、不负责和自我退缩的借口。

有意思的是，在当前社会思潮的影响下，还出现了一些新型的亲子问题，即父母过于重视孩子的心理感受，并给予过多的"爱与自由"。

这些父母恰恰都是很重视孩子的教育，更是很用心在孩子的教育上，所以，他们会是最快接受国外"先进"的育儿理念。但正是因为接受了"先进"的育儿理念，所以她们对孩子就变得小心翼翼，就怕一不小心给孩子造成了心理伤害。

他们学习越多，他们越是认为自己曾经对孩子造成了"巨大"的"心理伤害"，自己才是孩子成长过程中的最大障碍，开始对孩子产生了或大或小的内疚与自责。

特别是当父母接受了诸如"家会伤害人"的观点，以及"千万不要管孩子""孩子都是来成就父母的""孩子是全然的、自在的",或者"要悦纳你的孩子""要接纳""不接纳的都是你自己"等观念后,加上内疚感,他们真的不敢再管孩子了,因为不管怎么做都可能是错的。而这基本上就是放纵、不管教的开始。孩子天然也会马上捕捉到父母的这种内疚与自责。

父母的内疚和不知所措,再加上这些"原生家庭有害论",让孩子们更加有借口了。相比于成长路上的焦虑和压力,待在伤害的感觉里不用负责、不用长大、不用挑战,当然更舒服了。此外,利用父母对自己的爱以及内疚和不知所措来控制和索取,亦是如此。

当下的这群父母最冤枉,其实这是教育思想混乱带来的结果,我不否认西方教育思想当中有值得我们学习和借鉴的部分,但我个人在孩子教育上倾向于保守,毕竟很多传统的育儿思路,至少在咱们文化里被应用了上千年,我可不想拿自己的孩子做教育的试验品。

♡ 主动承担是成熟的关键

其实"原生家庭""内在小孩"都不是什么严谨的概念,某种程度上是为了传播方便而创造出来的一些名词。而很多人就把这些概念具象化了,特别是"家会伤人"等概念的泛滥,就成为某些人倾泻愤怒和谴责的借口了。

某些人不自觉地将人生中可能遇到的问题归因于童年的匮乏、爱的缺失以及原生家庭的伤害。他们甚至将问题解决的途径归结为爱要流动,弥补缺失,满足匮乏,以及重新完成未完成的事情。

这些观点有对的部分,但很大程度上是因为这样传播起来很便捷,简单地把问题和原因以及解决方案一一对应,然后读者就可以迅速地归因,拿走。可是人格的发展哪里可能是如此一元的、单向的?哪一个人格的发展不是复杂的、多维的、变化的。

对于这个现象,我认为可能是因为很多人**不知道一个心理成熟的成年人需要经历什么**,他们只关注孩子和婴儿的需要,并把它具象化,好像每一个成年人内心都住着一个长不大的小孩。

因此,许多成年人也在各种"爱与感恩""轻而易举""富足""奇迹""幸福""喜悦"的虚假氛围中狂欢!他们成年后还在玩"过家家"一样的心理游戏，并希望通过这种方式让自己成为真正的成年人，但这怎么可能呢？

人的成长、成熟，如果仅仅是靠这些心理游戏、心理剧本就可以完成，那才是把复杂的世界简单化了。

所以，有些人就是无法理解中国人的家庭关系，因为他们就是视父母为仇人、为束缚。他们也无法理解中国人的家文化（家庭伦理）背后的深刻含义。他们无法有意识地、主动地参与种族的生存和家族的延续，更无法理解对于一个心理成熟的成人来说，为子孙后代的付出乃至牺牲是多么自豪和荣耀。

只有意识到自己是成人，是父母并且深刻参与成人和父母责任的人，才能有机会体会到这一切。

一个孩子或婴儿怎么可能意识到为下一代和他人付出努力是如此荣耀和自豪呢？对于孩子和婴儿来说，他们怎么会知道承担责任是一种自发的行为呢？他们也不会理解父母养育他成长、严厉要求他、为家族付出、参与与家族贡献，并且所做的一切最终都要交付给他的含义是什么。

他们更不会理解父母的期待，要求对家庭有所回报，要求弘扬家风、不辱门风，这一切的背后含义是什么。

这不是压力，也不是恐惧，更不是束缚，说成要挟与勒索更是荒诞无比！**这是成人的荣耀与担当，因为"世界是你们的，也是我们的，但归根结底是你们的"。那些不愿长大的人，如何能理解这一份荣耀与重托呢？**

哪位父母（心理成熟的成人）养育后代时想过走捷径、逃避责任？他们没有想过可不可以不做、可不可以不承担。成人的责任与逃避无关！一个真正成熟的成人看到的就是担当，无怨无悔！

虽然我们的身体最终会成熟，但心理上的成熟必须通过社会化的实践活动来完成。从来没有人能够不经过社会化活动就自行成熟的！

因此，从某种意义上说，所有的心理咨询（治疗）都无法代替真正意义上的社会化实践。或者说好的心理咨询（治疗）一定是为社会化实践做心理上和思想上的准备与指导。

而心理上的"社会化"一个非常重要的社会活动就是男婚女嫁，也就是婚姻。在婚姻中，两个不成熟的人如果能持续并深入地参与各种冲突与整合，他们的内在也会自然而然地从未成年走向成熟。

因为婚姻本身在人类的集体潜意识中就是成人才有的行为。婚姻中的所有行为，无一例外都在提醒着人们的潜意识，这是成年人的行为。

最终，实践活动的决定性作用决定了我们的意识水平。因此，如果一个人能够持续地面对自己的婚姻，解决婚姻中存在的各种问题，并拥有幸福的婚姻，那么他们的心智就很难不成熟。

所以，持续存在的婚姻本身就是在不断塑造着我们的心灵，使其成熟！

但是，随着社会的发展，貌似人有了更多可以逃避社会化的途径了，典型者如婚姻，传统意义上"男大当婚、女大当嫁""成家立业"是人生的必经过程，也是发展心理学家所肯定的人生必经阶段。有兴趣的朋友可以参考埃里克森的人生发展 8 阶段理论。

♡ 对情绪的可控性算不算成人的标志？

我在生活中经常观察到有这么一些人，他们很会表达自己的情绪、观感和想法，却没有耐心倾听他人，特别是在情绪激动的情况下，例如冲突过程中，他只能记住自己的感受，而无法了解别人说了什么或为什么这样说。对于整个事情的起因、经过和结果，特别是矛盾的演变，他经常一无所知。他们挂在嘴边的话是，"我不知道""我不记得了""我当时懵了""我只顾着紧张了""我当时崩溃了""我只顾着难过了（害怕了、愤怒了）"。

不是说人不能有情绪，而是不管是情绪当中也好，情绪过后也罢，人总是要对整个事情的全貌有理性分析和判断的能力吧？如若一个人整天都陷入在情绪当中，那真的就是无法交流的了。更难有效地推动事情的前进，因为他已经陷入在情绪当中无法自拔了。

发展心理学上有一个名词，叫"我向思维"（自我中心）对其做了很好的诠释，指个人的思想受其欲望和情绪的左右，而不能与外在的客观标准相比较，即从自我出发、不顾现实的主观性极强而又不合逻辑的所谓"愿望思维"。

自我中心，也就是说人只关注自己的感受、情绪、欲望，而无法与外在的客观事实进行有效的校对。更难以事情的是非曲直来调整自己的情绪。

我们常见的，对于情绪稳定的人来说，只要把事情说清楚，人的情绪就会消失，并且不会留痕。但有部分人，却无法通过谈话来解决问题，必须先同理或者安抚她们的情绪，否则根本无法推进事情的进展。

而只要时过境迁，往往在她们心中滞留的都是情绪体验，而她们却无法回忆起过去整个事情的原貌到底是什么了。

在他们的内心世界里，停留着很多"我受伤了""我不行了""我被嫌弃了""我又丢脸了""我又失败了"等负面情绪。

这些情绪足以使他们泥足深陷。

当然人经常性地陷入情绪体验之中，也不是他本人想要这样的，这个和他早期的生命经历确实息息相关，这个部分这里不展开了。

但我们知道，成熟的人也会有情绪，也会有冲突，也会犯错，但成熟的人有能力客观地审视整个事情，并根据事情的是非曲直和轻重缓急来理顺或消解自己的情绪。他们较少关注"我受伤了""我不行了""我被嫌弃了""我又丢脸了""我又失败了"等负面感受和情绪，这并不意味着他们完全没有这些感受，而是即使有这些感受，也不会妨碍他们客观理性地看待整个事情。也即是他们的情绪感受能以客观事实为转移。

且成熟的人是属于"事情说清楚了，情绪就没了"的那类人。成熟的人不会因为自己的负面情绪而沮丧、放弃或陷入困境，他们的关注的焦点在于问题是否得到解决，关系是否在逐步推进，目标是否在逐步实现。

也就是说，在事情发生时，他可以关注到对方需要什么，对方的情况如何，他能够转换到对方的角度思考问题，而不只是用自己的情绪和感受来代替客观事实。

而人要从不成熟走向成熟，其中的关键点在于什么？道理其实都很简单，就是老话说的"未曾清贫难成人，不经打击老天真"，那就是人要多被社会搓磨，多被生活按在地上摩擦，如此人自然就会成熟了。

"故天将降大任于是人也，必先苦其心志，劳其筋骨，饿其体肤，空乏其身，行拂乱其所为，所以动心忍性，曾益其所不能。"

这一段我们每个人都会背，然后一旦到自己孩子这里，父母就做不到了！父母拼死拼活给孩子创造最优越的物质条件，哪里还舍得让孩子去经历磨难和打击。

所以，每次看BBC里的动物世界，比如《水深火热的地球》，那些动物的幼仔们要历经随时丧命的风险也得从巢穴中一跃而下，在空中滑行并最终进入水中。

这一幕或许就是大自然的成人礼吧。

♡ 被包办出来的"精神疾病"

对于很多父母来说，是舍不得让孩子吃这个苦的，所以，孩子的"成人礼"就一直没有发生过。

父母们总是有很多的理由，自己的孩子哪里需要吃这份苦啊，我既然有能力了，那干嘛让孩子去吃这个苦。而且自己有能力给孩子创造这么好的条件，为什么还要让他去外面吃那么多苦呢？反正自己的财产也都是要留给孩子的，那他只要无风无雨就可以平平安安的，为什么还要多事呢？

当然，有些父母可能会发现，"自己的孩子是真吃不了苦"，或者"我的孩子能力真的不够"，抑或"我的孩子果真有心理问题"。如果没有这些问题的存在，那他们也很可能认为"孩子从小就体弱多病"。

所以，他们会用各种"事实"来说服自己，认为自己的孩子绝对不能被"打击"，更不用说被推向社会接受磨砺了。

于是，脆弱、敏感、抑郁、焦虑、情绪不稳定的孩子就变得很普遍了，这些情绪问题在学习上的表现就是逃学、退学、休学，更严重的就是成为啃老一族。

今天，我就举一些极端的案例吧，也就是被诊断为精神分裂症的当事人，当然也是一位被过度包办后成长起来的成年人。

在我接待的来访者中，有部分当事人被诊断为"精神分裂症"。他们身上确实存在明显的"退行"或"分裂"（没有现实感、主客体分离、幻听、幻视、幻觉等）现象。

但是我仔细观察下来，很多时候是在成长的过程中缺了点什么，比如今天要谈的案例，就是从小缺了搓磨和承担，被保护得太好了。

在当事人的家属（父母或者伴侣）看来，是因为"孩子"患有某种疾病，特别是精神疾病（不管当事人年龄多大了，在他们眼中她依然是孩子），所以无法承受工作的重担与生活的压力。所以，他们就理所当然地不再对当事人进行要求，特别是进行必要的生活训练，只是任由他自行发展。而随着年龄渐长，当事人的行为自然与其年龄发展不匹配了。

比如，言行举止完全像个幼稚的孩子（实际上就是幼稚的孩子，因为父母早就放弃了要求），与你对话时自说自话，完全不理会你在回应什么。然后见到任何人都要重复他自己的那一套行为流程。患有"被迫害妄想症"的病人会一再查问咨询师的履历背景，怀疑咨询师是暗探、密探或杀手。他们还会翻看咨询室里的设备，检查是否有任何暗藏的机关或设备。

这些"精神病人"的行为看上去似乎有些反常（但也可以说是幼稚）。我却注意到他们的监护人（父母或伴侣）的反应。实际上，对于当事人的各种奇怪行为，监护人要么处于麻木不仁的状态，即不回应也不干预，任由他们随意行动。要么就是像对待小孩一样哄着他们，甚至对年近40岁的当事人使用的语气仍像对待婴儿一样。

为了测试是否如监护人所言，只能采取类似对待病人的方式。我特别做了多次试验，即在与所谓的"病人"对话时，我不纵容他的胡来，当他出现各种怪异行为和胡说八道时，我会略微严肃地制止他。事实上，一些比较温和的"病人"会害怕，并逐渐适应我的说话风格。而对于一些非常固执的"病人"，我也尝试用更激烈的方式去冲击他。在这种冲击之后，他也不敢在我面前继续放肆，即使有不满，他也会用我能听懂的方式表达。

经过多年对这些所谓"病人"的观察和试验，我发现，我接触的这些"精神病人"在很大程度上都是因为父母被孩子的精神病（如精神分裂、重度抑郁、强迫、焦虑或双相情感障碍）吓到了，然后从此放弃了所有的管教和约束，任由"病人"随意生长。这种放任使得"病态"自然越来越严重。

有位女患者在生产前第一次出现"疾病发作"，表现为胡言乱语，出现"幻觉"。产后恢复期间，她开始出现各种幻觉，认为有人要潜入医院来害她。这种被迫害妄想状态逐渐"严重"，家人担心她的安全，决定让她回家。从那以后，她的丈夫开始带着她四处求医问药。

从先生的陈述来看，他绝对是一个"十佳先生"，不仅要工作赚钱，还要做家务、照顾孩子，同时还要每隔一段时间就要带着这个"精神分裂"的妻子四处求医问药。

然而，通过我所收集的资料，以及现场观察他们夫妻间的互动，我发现另一种可能。

首先，这位当事人从小到大被父母的高度包办，从衣食住行、穿衣打扮到学校里的学习、课外培训，都是父母一手安排的。当事人从来没有机会自己做主，甚至连考试、升学、就业也都是父母包办的。当然，在父母眼中，她也不会做这些事情。大学期间，她的衣服还是要拿回家给妈妈洗，床褥等物品也是妈妈定期去学校给她装上或拆下。由于父母都在国营企业工作，这个孩子根本没有选择，父母也早已为她考虑好了，所以她的工作也毫无悬念地进入了父母所在的国营单位。在父母的安排下，她选择了老实本分的丈夫。

在整个过程中，这位当事人从未有过自己的选择，当然她也无法自主选择。即使她曾经表达过不满，但也只是停留在口头上。

她的丈夫陈述说，她一直嫌弃他这个丈夫，但实际上又非常依赖他，因为她没有任何生活能力，甚至不会使用煤气灶。

一个从小被严重包办的孩子成年后，当她有一天突然闯进成人的世界时，很难应对复杂的人际关系。她不知道如何应对不再迁就她的同事，也不知道自己的行为会让周围的人避而远之、敬而远之。她更不知道如何与他人适当相处。因此，她感受到身边都是"恶意满满"，认为他人都是不善的。所以，她所谓的被迫害，对她有限的理解能力来说，是真实的。她完全无法理解这么复杂的人际关系。

更不用说分娩生产这么危险的事情，她没有任何心理准备，也没有勇气去承受那么剧烈的痛苦。而且分娩过程看起来非常吓人，这个必然要经历的生产关口，足以吓坏她。

生产这个事情父母是无法包办的，只能她自己一个人去闯这个难关。她习惯于让父母来替她解决问题，但很无奈的是，生孩子这事谁都代替不了，只能由她自己去完成。虽然从身体层面来看她是成熟的，甚至在头脑理性层面她也懂得这是她必须做的，生孩子并没有那么吓人。

但是，一个从未经历过风雨的心灵是无法承受这种重大冲击的。因此，在生产前夜，她将会感到极度惊恐，各种关于死亡的幻觉将不断浮现。最终，她不得不独自面对那个陌生且冰冷的产房（没有父母在身边，医护人员在她眼中怎么样都是冰冷的），这对她来说完全是一次恐怖的经历。虽然可以选择无痛生产，但冲击却是真实存在的。

所以，当她再次回到病房时，自然会处于意识恍惚的状态。

虽然她的理性知道实际上并没有发生什么恐怖的事情，但心灵的冲击却是真实发生过了。

而家人无法理解她的潜意识心灵中到底发生了什么，只是担心地看着她，只是习惯性地将所有事情包办好。她刚出生的孩子自然不需要她费任何心思，甚至不需要多看几眼。

所以，她无法感受到初为人母的喜悦，初生的婴儿不在她身边，不需要她照顾和接触，自然她的心思也无法投入对孩子的关注上，她的注意力也就没有被分散到更有价值的活动上来（照顾孩子与孩子互动，形成母婴依恋）。

除了"恐怖"的经历外，这场生产经历并没有给她留下其他感受。

对于经历过生产过程的人来说，可能会有类似的体会。在刚刚诞下婴儿的头一个月里，实际上产妇的心理还没有完全进入母亲的角色。很多时候只是在头脑层面上知道了这是自己的孩子，但真正在潜意识层面和情感上获得身为母亲的亲近感和连接感，还是需要时间来培育的。

而为人父亲需要的时间其实更长。

父母的角色，也是一个实践的过程，它需要在长时间陪伴着婴儿和他互动的过程中逐渐形成的。这些行为本身就是在潜意识之中塑造我们的社会角色，使之更好、更快地进入父母的角色。少了这个过程，人也不会天生就知道自己是父母——这也就是社会化。

所以，她无法进入母亲的角色，受到严重的惊吓，且从小被溺爱和包办长大，从未学会坚强和独立。在生产之后，她必然会往退缩的方向发展，而当她脆弱时，父母必然会精心照顾、呵护备至。

对于当事人而言，各种"幻觉""胡言乱语""怪异行为"自然会不断出现。

而父母呢？

——"我的女儿刚刚生了孩子，她的身体承受了巨大的创伤，所以她生病是正常的啊！作为父母，我们必须好好照顾她！"

——"我的女儿从小什么都不会做，我们当然要多做点。"

——"没有我们的帮助，女儿怎么可能做得好啊。"

——"女儿太辛苦了，她肯定需要我们的照顾。"

实际上，这就是她们家里的常态，任何困难和危险时刻都是由父母来处理的，她可以在每个关口都选择退缩，选择害怕。

因此，她怎么可能成长为母亲呢？她怎么可能成熟呢？

这里的意思是，人在困难、危险面前都会害怕，都会选择退缩，但成长的过程，不就是就算会害怕，就算会恐惧，就算心里想退缩，但我们的社会意识，社会态度，会让我们选择往前去突破，选择了去克服困难，去战胜它。

而被过度包办长大的孩子，尽管她的身体已经完全成熟，她也知道自己已经是为人妻、为人母，但她从来没有学过迎难而上，也从来没有学过需要一定程度地抑制恐惧，以及学会去用解决困难后的喜悦来慰藉自己。相反，她更擅长选择逃避，"迎难而倒"是她的依赖路径。遇到困难时，生病就成了有效的依赖路径。因此，她就是会生病，而且就是会这么巧。

以上是我根据这些年接待来访者的经验，借助这个来访者的病情发作过程，重建了当事人在生产前后可能的心路历程。虽然不是当事人本人的内容，但其中的心理轨迹都取材于真实原型。

通过这些极端案例，我们可以看到父母的允许和包办所带来的结果。明白了这些，我们就知道在家庭教育中，父母的一个很重要责任是协助孩子完成社会化。

这个社会化的过程，也是要有意识地让孩子接受各种磨砺，不仅仅是身体上的磨砺，更多的时候是心理上的磨砺。用直白的话就是要有意识地让孩子能吃身体的苦的同时，也要吃情绪的苦。

我们现在的家庭教育，其实往往都是太精细了，太周到了，我们都知道要培养孩子的独立能力。

很多父母看起来也会有意识地让孩子去独立参与一些事情。但这里面微妙的区别是，你舍不舍得放手？你舍不舍得放下你的心疼？放下你那个要冲上前去帮他的冲动？即面对困难时，你舍不舍得让他受一下情绪的苦？

当然我这里的意思，大家不要理解成冷漠与拒绝。很多父母是害怕孩子的情绪，他们在害怕孩子情绪的时候会做两件事情，一个是赶紧安慰孩子，另一个是赶紧逃离孩子。安慰孩子，是希望孩子的情绪赶紧好起来，赶紧快乐起来，这个其实让孩子在生活中的体验不会那么深刻与饱满，所以人的情绪体验、情感体验就容易肤浅。逃离孩子，是因为见不得孩子的负面情绪，甚至是怕引发自己的负面情绪，所以只能赶紧转移话题，顾左右而言他，或者赶紧躲开，这个是真的会让孩子感受到冷落与不被支持。

而我这里的舍得让孩子受情绪的苦，意思是我知道你现在很难过，我也知道孩子现在正处于负面情绪当中，我更知道孩子这些负面情绪的来龙去脉，但因为我想让孩子完整地经历自己的情绪体验，感受体验。同时我更想训练孩子自己去克制情绪。所以，我会淡化处理，我会少反应，但是我都知道，既不害怕，也不逃离，更不安慰。

因为我们深刻地知道，孩子终将成为一个独立的人，他终将进入社会，进入家庭，抚养自己的后代。而我们终将老去、死去。

所以说"有一种爱，生来就是为了分离"。而家庭教育，就是为这一天反复做准备，一直储备着孩子离开我们。如果父母什么都不准备，等自己离开人世的时候，发现他们什么都不会，什么都不懂时，那才是对孩子最大的残忍。

再把话题回到那位女病人身上吧，当我在咨询过程中，我不理会、不迁就她的"耍赖"行为，坚持与她用正常人的思维沟通，她经过一番抗拒之后，发现我不为所动，于是她不得不用我听得懂的方式与我交流，而不再是胡言乱语了。我就知道，我的判断是对的。

当然，她的丈夫带着她四处求医，希望医生们（包括我）能够直接治愈她，使她不再出现幻觉和被迫害妄想。

可是，我的观点恰恰相反，我认为要治愈这位太太，关键在于她的丈夫。而不是我。

首先，他的太太拒绝与他人进行正常交流，根源如上面我所分析的，我的治疗思路是需要给她一定程度上的"迫使"，而显然，我只是心理咨询师，不是她的监护人，她躲开我，我是没有有效的办法的，毕竟我没有权力去迫使她做出改变。

其次，他的太太需要长期干预和训练，以弥补她在原生家庭中缺乏的独立生活能力以及依赖和逃避的行为路径。而这个也是我所做不到的。

最后，这些干预和训练只能由照顾她的那个人来落实。我只能是辅助者的角色。

♡ 父母主动退下来，孩子才有机会赢

我在回答某家长的时候，我说过这样一句话："你若不绝望，孩子就没有希望"。实际上这句话是有背景的，特别是针对那些孩子都已经是成年人的老

母亲与老父亲了。我把这句话完整的语境也和大家放出来，方便大家参考。

"他已经 20 多岁了，现在需要的不是你有形的努力，而是你的放手、信任、被动、无为，更是你的认输。你要记住，你的孩子曾经说过，他再怎么努力都赢不过你。实际上，男孩子都想赢过妈妈！"

"所以，我上次才这样告诉你：你要学会看见自己的失败，要承认失败，要对这种无效的努力死心，要停止'无效努力'的步伐。要学会让自己休息，要把注意力放在自己身上，要装作无所谓，要让自己快乐，要让自己有价值。"

从人生的发展任务来看，人的心理发展是需要在婴儿期、童年期、少年期、青春期和成人期去完成各自不同的发展任务。完成得好的话，那他就会顺利地进入下一个阶段，完成得不好的话，它会把没有完成的任务带入下一个阶段，以至于下一个阶段遇到的问题更多、更复杂，矛盾更多。

而青春期，在艾瑞克森人生发展 8 阶段理论里，是属于发展自我同一性的阶段，也就是对前面发展过程进行整合。整合得好的话，那人的人格就会稳定，发展良好，反之亦然。

所以，青春期的孩子，问题特别多，情绪也特别激烈和混乱。越激烈，越混乱，某种程度上也说明了他内在的自我整合越激烈。

而其中最为激烈的地方就是表现为孩子强烈地渴求自己是个成年人，但他的心智又完全就是小孩，所以冲突就不可避免地产生了。而这个时候，父母说什么好像都不对，我们只能归咎于孩子现在处于叛逆期。

所谓的叛逆是什么？叛逆是指孩子自认为已经成人了，应该以成人的姿态来处理事情，甚至也应该以成人的姿态与父母进行平等对话。但由于他们在事实上还未真正成人，各方面都无法真正独立，因此越是这样的孩子越容易下意识地将父母视为对手。当然，这也是因为他们的周围只有父母这一对成人，所以衡量的标准也只能是父母。因为孩子希望在父母面前成为一个"成人"，所以他们特别想要证明自己不比父母差，渴望有自己的声音，希望父母尊重自己，想要与父母有所不同，甚至一再与父母对抗，以此来显示或感知自己的力量。

在我多年陪伴各类孩子成长的过程中，我明显发现，对于中国家庭的孩子而言，他们潜意识里对父母形象有着不同的期待。

对于父亲来说，要求是打不败，而对于母亲则要求能够赢得过。只有打不败的父亲才能展现出父爱如山的特质，而赢得过母亲的孩子才能感受到大地母亲的温暖。

这里的"赢得过"是指一种心理体验，代表着自信，但并非指事实上打败母亲。要理解这两者之间的区别。

这是一种中国家庭特有的序位关系，特别是子女对于父母的心理诉求，它是一种潜意识里的诉求，也是一种成长需求。

所以，最愚蠢的母亲就是输不起的母亲，最糟糕的母亲就是在孩子面前永远正确。这是在多年家庭教育的实践中反复观察到的事实，这几乎是大多数孩子（包括成年人）只要他们的母亲一开口说法，就总能激怒他们（特别是男孩子）的原因。以至于有些孩子甚至拒绝和母亲交流。

当然，更糟糕的还在于母亲一直在无意识地贬低和否定孩子的父亲，也就是自己的丈夫。

从人格发展的角度，父母形象是孩子超我形成的元形象，人最初的超我，他就是来自父母的形象，而母亲若亲手毁掉父亲的形象，那孩子到底该以什么样的形象来要求自己，塑造自己呢？

因此，从我一介入家庭教育的那天开始，我就本能地告诫各位妈妈们，作为母亲要学会退下，要学会以弱胜强，以柔克刚。而以弱胜强、以柔克刚的前提是要先看见自己的弱，并承认它们的存在。只有真正意识到自己并没有那么强，自己也是有着很多的脆弱的时候，并且承认自己的弱，也是非常需要勇气的。

弱之所以能胜强、柔之所以能克刚的本意是，**只有真正意识到自己的弱，才能向家人呈现自己的弱。"示之以弱"并不是假装自己很弱或者装出一副脆弱的样子，而是真实、真诚地呈现，把自己脆弱的一面呈现出来。**

所以，这就是为什么说"你若不绝望，孩子就没有希望"的深层含义。即妈妈若始终不肯看见自己的绝望，看见自己的无助，不肯多停留在绝望里，多停留在无助里，那这个妈妈想去纠正孩子的心就停不下来，总认为孩子这个没有做好，那个没有做的心就停不下来。那妈妈呈现出来的，必然就是"你怎么就不按我说的做呢？""你怎么就是这么倔呢？""你听妈妈的，你就不会吃亏"，而这就是为什么有些妈妈，呈现给孩子的永远都是自己是无比正确、强大的底层逻辑了。

本质上是因为她在逃离她的无助，逃离内心深处的绝望，所以，她会无意识地把这个无助、绝望投射到孩子身上，于是，她必然停不下干预孩子的行为。

而孩子、特别是这么大的孩子，特别是过去一直和母亲对抗成下意识的孩子，那肯定是会无意识地一直对抗到底了。

"你非要我按你的来，那我偏就要按自己的来。"

"反正你永远正确，那我就烂到底好了。"

"我就不想让你看见我变好。"

"凭什么让你顺心，凭什么要让你赢。"

而这就是很多孩子的心里话。

所以，这样的孩子会有希望，会有动力吗？

"你不绝望，孩子就没有希望"，这句话翻译过来就是，父母若不松开自己的手，放开自己的眼，那孩子那边就会窒息，就会没有动力与火苗。即父母心里最祈求的变好的希望，就是会没有。只有当妈妈真的意识到自己的无助，无法帮助孩子，也无法左右孩子按照自己设定的路线前进时，她才会停下脚步。否则，妈妈的任何举动都只会让孩子更加抵触，甚至将整个家庭都拖入泥潭之中。

而装弱，孩子是能够感受到的。这意味着妈妈仍然试图干预和控制他，这是青春期孩子潜意识里无法忍受的。

实际上，无论是孩子还是成人，都无法真正打败自己的母亲。人怎么可能真的打败自己的母亲呢？虽然这是隐藏在少年心中的一股隐微的动力，但随着人的成熟，这股动力是会与现实融合的。因为母亲的形象也是一直在成长的，母亲的形象不可能永远停留在中年人的阶段，她也是会老的。

最终来说，每个孩子内心深处真正想要的，是希望母亲能像大地一样托举他们，无声而厚实地支撑着自己，让自己能在大地上自由驰骋。

然而，随着孩子的成长和成人的过程，力量在他们身上暴涨（这是生理上的事实，他们已经比母亲更强大了）。当孩子潜意识里的期待逐渐转变为行为上的要求时，若父母适应不了孩子的这种变化，要么过早退却，要么和孩子死死对抗，这其实都不是好事。毕竟随着孩子的青春期的到来，父母是在力量上退下去，但不是父母威严、父母位置的退让。

青春期，叛逆期实际上就是对现有家庭序位的一次严重叛逆，也是孩子对父母权威的一次剧烈对抗。从现实的角度，孩子就是在挑战父母的权威。当然，孩子往往会从母亲这里先开始，若这个叛逆被顺利地度过了，那孩子的人格也会真正地趋向于成熟、完整，并走向下一个阶段。但人世间的事，哪里可能都这么顺利呢。

若孩子一叛逆，父母就退下去了，孩子一要求，父母就都按照孩子的要求来改变了。

那孩子体验到的就是，他才是这个家的主导者，而这会严重的增加孩子虚幻的控制感。

因为孩子确实体验到的就是，他只要去要求，那父母就会帮他实现；如果他不满意了，他只需要通过发脾气，控制父母的方式，那不满意的事情就会被改变，父母就会通过各种方式来满足他。

而这样的体验，自然会巩固形成他的认知，所以，为什么现在有那么多"小仙女"和"巨婴"了。

从这个意义上来说："在父母与子女的对抗里，孩子赢了也是输。"孩子打败了父母，他们会自以为是、目无尊长乃至狂妄自大。而如果孩子总是输给父母，那他又会愤愤不平，可能这一辈子都会陷入在自我证明的陷阱里。当然如果被父母压制得过度的话，那又可能变得软弱无力、失去斗志。

因此，我们需要教会父母在青春期的孩子面前，有意识地退下来就很重要了。有意识地退，但不是溃败、逃跑，这是两个完全不同的概念。序位要正，但具体冲突中，我们可以暂时让着青春期的孩子一些。这没有关系。

父母在上，并不是因为父母需要高高在上，而恰恰是孩子需要，是孩子的内在秩序的稳定性需要父母在其位。若父母不在其位，那孩子就会六神无主，内无依托，很容易让自己的人格四分五裂、乱糟糟的。

若孩子以为自己有力量了（有知识，有文化，有财产了），就可以打败父母，甚至看不起父母。一旦形成这种错觉，就会带来个人的灾难。他从此失去了被约束、管教的机会，也失去了受教育的可能。我们常说的"没有家教"其实说的就是这种情况。因此，对抗错位的关系才是问题。

对孩子来说，最终能够超越父母的机会有几种可能。

首先，孩子必须真正变得强大到不需要再证明自己的实力和能力了。

其次，孩子需要真正看见并理解为人父母的普通，特别是父母的脆弱、无助甚至眼泪，包括有时的无知和愚昧。只有客观地认识到父母的弱点和问题，孩子才能不再需要证明自己。

最后，当父母年老、需要照顾时，或者孩子发现自己有能力照顾好父母时，孩子就已经超越父母了。

然而，这些机会并非完全由孩子自己掌控。第一点需要孩子自己去努力实现，没有人可以替代；第二点则需要父母为孩子做出一些改变；第三点则取决于父母是否真的弱下去、退下来并示弱。只有当父母展现出这些迹象时，孩子才会真正意识到父母的真实情况。

大家明白了今天的主题后，作为父母，你真的愿意让你的孩子永远输给你吗？

所以，父母应该主动退下来、示弱，并让孩子有机会赢，让他们有把握自己命运的感觉。这样一来，孩子的潜意识里就会有空间了。对于孩子来说，有这样的父母其实是一种福气！

主动地退，有意识地退，最终是这个家赢了，因为未来是孩子的！

♡ 别让孩子一直蜷缩在婴儿的世界里

看到一篇新闻报道《儿子留学归来，"啃老"七年不工作》。这个故事触动了很多课程现场的家长。

我们有一个家长的家庭情况和报道中的家庭差不多，新闻里的那个儿子已经48岁了，而我们的家长L的孩子也即将30岁。除了年龄相似外，他们的情况也很类似。L的孩子从小就是他们的骄傲，也是985名校毕业。父母一直以来都为这个孩子感到骄傲。但现在却成了这样，每次想起这个事情就让人很难过。

然而，这种难过是必要的。就怕父母已经不会难过了呢！

孩子的问题越大，在家庭系统里其实也就意味着父母的问题越大——父母身上的某个盲区、固执的想法越难以撼动。既然L的孩子已经快30岁了，可想而知他们家肯定是积重难返的。不要以为只要来参加学习，孩子就能改变，然后他们家就有希望了，家庭教育的课堂不是变魔术，任何一个家庭的改变都是基于他们家的现实，而不是什么样的家庭来学习了，然后都能有改变，这显然是不可能的。

对于 30 岁的成年人来说，父母还是应该保持绝望和痛苦的态度。不要再想着自己还能为孩子做些什么，或者他还能听进些什么。不要再妄想他还是个孩子，妈妈还可以改变他。

他已经是社会的一分子，完全成熟了。过去的教育已经失败了，现在我们需要让社会来教育和磨砺他。越是彻底的磨砺，对他越好！

我并不是说人无法改变，也不是说 L 的孩子已经无药可救了。当然，改变是可能的，但前提是他必须经历足够的苦难，首先需要接受社会的磨砺和打击，然后自己愿意寻求帮助才行。

特别是对于家长 L 来说，实际上他们家的事实就是孩子已经过上了废柴的生活，甚至家长本身生活也是充满着危机。

然后，家长却对此视而不见，甚至无视这些眼前的事实。一味地相信孩子会好起来，认为孩子的问题并不大，他还是善良的。认为孩子只是没有找到出路，没有信心，有心理问题需要疏解而已。

实际上这个家庭，已经发生过儿子对父母暴力相向，动辄砸坏家具、电器等事件。如此，都不能让这个妈妈对孩子心生绝望，并且还寄希望于自己是不是学了什么家庭教育的课程之后，孩子就会醒来，就会痛改前非，变成一个积极向上的好青年，这怎么可能。

教育是要遵循教育的规律的，他不是变魔术。我能告诉身为父母的 L 唯一的信息就是，交给社会吧。

我这么说有点残忍，但看着家长 L 依然保持着，她要学点什么，好让孩子醒来，出去工作的妄想，我就不得不反复告诉她这个真相。

作为母亲，总是愿意相信自己的孩子是好的，才是蒙蔽住 L 的最大障碍。背后的潜意识逻辑，其实就是始终把 30 岁的成人儿子，视为宝宝，而不是成年人，更不是一个具有完全民事行为能力和责任的社会人。

他们之间的互动永远是婴儿和妈妈的模式。他永远只是妈妈心目中的宝宝，因此才一直需要母亲给予他爱与关心。所以，每次儿子在外面受了一点挫折之后，回来就会对妈妈好一点，然后 L 就以为孩子变好了，变得善良了。

于是 L 会快速地原谅了他之前所有打砸、忤逆的行为，继续给他支持、安慰和生活费，并允许他继续在家里啃老，只要他不再给父母添麻烦就行了。而不是以成人的标准对待他，让他自作自受，让他去承受他无所事事的代价，让他接受社会的毒打，让他被外面的风吹雨打。

然后呢，到了下一次，她的儿子又会再次把妈妈逼到绝境，然后 L 就又跑到我这边来求助。那个时候我很希望 L 能赶紧醒醒，赶紧看见眼前的事实，然后我甚至会对她提出严厉的批评，想让她清醒冷静一下，睁开眼睛看看他们家的真实情况。

一旦 L 真的对儿子绝望了，他家中那个 30 岁的儿子就又会消停一段时间。但 L 只要一心软，事情就会这样反复轮回。

我想是不是，直到有一天像新闻报道中的上海丁阿姨一样，等到 80 多岁时患上了尿毒症，然后孩子已经 48 岁了。当她完全无路可走时，才想着要去状告儿子。

但这时候已经来不及了，社会也无法再管教她的儿子了。

即使丁阿姨的儿子曾毕业于名牌大学（本科同济大学，研究生加拿大滑铁卢大学），曾经具备某些优秀能力，这时也没有谁能帮助他了。

再来看看新闻报道的内容：

丁阿姨买了房子后，只写了大儿子一个人的名字，这招致了女儿和小儿子的不满。女儿认为母亲偏心，明明没有被大哥赡养，却还要贴他钱。而远在日本的小儿子也很气愤，他寄给母亲的钱都等于给了大哥，小儿子干脆也不再寄钱了。

因为有了房产，大儿子便有了不去工作的念头，平时就在母亲那里吃喝，整天浑浑噩噩。

看到儿子这样，母亲终于决定状告他不赡养自己，想要逼迫他去工作。

丁阿姨一个月 3500 元钱的退休金，不但每月要支付 2000 多元的医疗费，还要养一个 48 岁的儿子，她感到身心俱疲，却还是放不下儿子。

报道中的细节已经足够说明了问题。

当丁阿姨将房产只留给大儿子时，就等于在经济上彻底支持他啃老了。上海的一套房足以让他过上舒适的余生了，对于啃老一族来说，平时所需的并不多。他们可以依赖网络和食物生活一辈子。

再就是，当丁阿姨选择将房产只留给大儿子，她就再也没有可能影响到她儿子了。对于 30 岁的啃老族来说，切断后路，可能是他们走出来的最后的一丁点儿机会。

直到丁阿姨自己 80 多岁，得了重度尿毒症，才妄想通过起诉儿子逼迫他工作。即使法院有心帮助她，却也无能为力，因为他自己都无法养活自己了。因为房子已经归大儿子所有，在这个互联网时代，他可以过上舒适而低配的生活。

所以，我再三告诫那些溺爱孩子已经到了让他们啃老程度的父母们，如果还有一丝机会，千万不要将房产或财产过户给你的孩子！因为那是你能影响他们的最后的机会。

如果你的年纪没有上海的丁阿姨大，你的财产还没有过户到你的孩子名下，那你还是有机会让孩子好好受苦的。**当然不是你主动给他苦吃，这样就会引起对抗乃至爆发战争。**

在大多数啃老的家庭关系中，如果和孩子发生对抗或战争，父母有能力威慑住孩子并迫使他们改变，我一定会建议你这样做了。但情况往往是孩子正年轻力壮，而父母却逐渐衰老，而且父母手上已经没有什么东西可以威慑住孩子了，那仅剩下的就是对财产的支配权。

在这种特殊情况下，只能采取智斗的策略。父母需要以被动的方式，即非暴力不合作的方式，用沉默、冷淡和拒绝来对待啃老的儿女。

选择非暴力不合作的原因是父母现在在身体上是弱势的，而孩子已经处于强势地位。父母需要把他当作一个社会人来对待，用沉默、冷淡和拒绝的态度一次又一次地将他推向社会，让他明白家不再是他的避风港。他想要的，必须自己去创造，自己去努力。任何他想从父母这里得到的东西，父母都可以选择不合作、不给予，甚至拒绝。

通过这种方式，父母说不定可以逼迫他走出家门，去外面工作、受苦并建立社会关系。逼他与外部世界建立联系，因为这个世界不会围绕着他转。总有人让他不如意，总有人让他经历痛苦，但最终会让他成长起来。只有这样，他才不会一直蜷缩在啃老的世界里。这是啃老家庭仅剩的有限机会之一。

♡ 真实，才是成长的起点

终究来说，人的成长，其实就是一个不断社会化的过程，而出现各种问题，其实都是在社会化的过程中出现了中断、阻碍、停滞、混乱或倒退，父母教养孩子的任务，很大程度上就是协助孩子社会化。至于具体怎么做，方法论上的问题，可以讲很多，今天这里先讲一个点，那就是父母心态上的储备。

那就是父母面对孩子要尽可能地真实。但要实现真实却是不容易的，父母会因为各种因素，而在孩子面前失去真实的，很多父母是竭尽全力地想扮演一个好妈妈，完美妈妈。

这里我举几个无法真实的妈妈的例子。

比如说妈妈 L，她实际上非常抗拒她的原生家庭，关于原生家庭的很多记忆都是她抗拒接受的。而这就会投射到自己曾经生活过的地方。

当她不接受自己出身时，她在孩子面前呈现的是一个试图更完美、更宽容、更有耐心的母亲形象。然后，她始终不敢在女儿面前真实地展现自己，包括自己的缺点和不足。

所以，对于很多父母来说，尽可能真实可能会是一个非常大的挑战。虽然父母知道很多道理，也想成为更卓越、更优秀、更有包容性和接纳力的父母，但前提是他们必须真实。**只有真实才有可能真正地卓越。因为孩子很容易看穿父母的伪装，所以不要在孩子面前扮演好妈妈，否则孩子将无法触摸到真实的母亲。**

有这么一位妈妈，她不是很善于为人处世，但非常真实。于是，出现了一个有意思的现象：她的儿子反而懂事明理。当然，这应该也与她孩子的特质有关，孩子是高敏型的孩子。

有一次，这位妈妈和她的客户发生了激烈的争吵，甚至回到家后还与自己的丈夫怄气。当时她只有 10 岁的儿子看到母亲无法控制情绪，就故意拉着她的手出去散步。在散步的时候，孩子和妈妈讲："妈妈，你已经尽力了，不必太在意结果。退一步海阔天空！"他还问："你能不能不再做那个工作了？"妈妈回答说："如果我不做那个工作，爸爸会看不起我。"孩子告诉她说："不会的，爸爸只是想激励你，只要你尽心做好一件事就好了。"

她的儿子还经常提醒她，要先想清楚再说话，但她总是不服气地说："我说话怎么不经过大脑呢？"结果儿子告诉她："我感觉你说话是马上就说出来了，而别人都是在脑海里过几遍才说出来。"

大家注意，她的儿子才 10 岁，竟然如此懂事明理，为什么？因为孩子看懂妈妈了，孩子清楚地知道，妈妈很多时候就是很执拗，想不通，脑子还转不过弯来，但这就是他的妈妈呀。而且他的妈妈也是饱受情绪的苦恼。

正是因为这位妈妈足够真实，孩子一眼就看透了她。因此，孩子不必再去试探她，只需要学会如何与这样的妈妈打交道即可。虽然这位妈妈有时候也会像孩子一样犯错，但她会承认错误并向孩子道歉："刚才是我的问题，是妈妈错了！"

因为这一份真实，当她错了，她承认的时候，儿子就真的会理解她。

其实，孩子对父母的接纳，不是因为父母多伟大、多宽容、多有爱，而是因为父母够真实，真实到孩子没有多余的期待了，因为他们知道，父母已经够努力了。

父母的真实让孩子清楚地知道，哪些是父母可以给他的，哪些是父母给不了的，所以，他对父母的期待就会与事实相符，不会有种种不切实际的期待。

也就是说，真实的父母会让孩子打消掉"我爸妈应该……"的念头。

"爸爸（妈妈）应该……我才能……"的心理逻辑，是孩子社会化路上最大的障碍。如果孩子认为，我的父母应该不一样，父母应该对自己更好，应该给自己更多，那么，他们就不愿意主动去适应父母，去适应环境。当一个人开始认为"爸妈应该……"时，**以自我为中心和理所当然的心理特征就会越加顽固。或者说他的自我中心性就很难被去除。**

因为他认为别人对他的好是理所当然的，所以他没有感恩之心。而当他想要对别人做出什么时，这些行为都是有条件的、需要立刻回报的。更不用说主动承担、挑战和克服各种障碍了，这也意味着他无法真正实现"社会化"和成人。

有些人会把扮演完美的父母当作学习成长的机会，因为他们认为真实的自己无法给予孩子一个理想的母亲或父亲形象。通过学习，她们了解了很多卓越的父母是如何养育孩子的，因此会尽力模仿这些"卓越父母"的言行和各种家教方法。然而，她们唯一不敢做的就是展现真实的自己。

如果一个人总是掩藏自己的真实面貌，那么她很难接受孩子身上的一些特质，特别是这些特质与她自己有很大的相似之处。也就是说，这些父母可能在无意识中厌弃真实的自己，但要学会真正地接纳自己并不容易。

然而，如果想要给孩子"被允许""被欣赏""被肯定""被爱"的体验，就需要放弃对孩子的纵容、吹捧、弱化和溺爱。相反，应该鼓励孩子独立思考、自我探索、自我实现，并给予他们适当的自由和责任。只有这样，孩子才能真正地成长和发展，而父母也能够更好地接受和爱护他们。

正如佳佳的案例（见《心理咨询师的育儿经》詹小玲著）所示，她一直在努力成为完美的妈妈，却忽略了自己的边界和忍耐度。她总是按照书本上的要求去做，但这反而让儿子感到困惑和不安。

书上说孩子晚上 8 点就得睡觉，妈妈是要进去陪伴孩子睡觉的。于是，佳佳每天 8 点准时陪伴孩子睡觉，给他讲故事，唱儿歌，或者自己装睡哄他睡觉，可是一两个小时过后，儿子还是会偷偷睁开眼睛，观察妈妈到底在干嘛。

于是，哄孩子睡觉这么简单的事，在佳佳那里却成为一种折磨。

佳佳太想证明自己能做一个好妈妈，但她又完全不知道该怎么做。她无法从自己的父母身上找到养育子女的榜样，甚至不让父母过来帮忙带孩子。因为，她非常嫌弃自己的出身，也嫌弃自己的行为。

为了让自己成为理想中的好妈妈，佳佳最喜欢上各种育儿课程，听那些"卓越父母"的经验和做法。

如果一个父母一直按照"卓越父母"的教诲去做事，如每天 8 点陪孩子睡觉，那孩子捕捉到的信息是什么呢？是"你明明就不想这么早睡觉""妈妈就是有一堆的情绪"。

孩子对父母的反应都是直觉式的，即他感知的都是父母潜意识里的心声。如果他每天睡觉前捕捉到的都是这些内容，并且隐隐地感觉自己是被强迫睡觉的，那就会令他不爽，并激起他的对抗。

佳佳看起来真的是一个完美的妈妈，她总是能够克制自己的情绪，以包容的心态面对孩子的行为。但事实上佳佳的孩子在行为上缺乏节制，不受任何约束。而这样一个几乎没有受到管教的孩子，佳佳却要严格遵循专家的建议，每天准时在晚上 8 点上床睡觉，永远温和以待。因为专家指出，早睡早起对孩子的脑部发育至关重要，而良好的睡眠质量需要孩子保持平静的心情。

所以，佳佳就陷入了更大的困境，为了确保儿子能够准时、平静地入睡，她必须哄骗孩子高高兴兴地去睡觉，这使得给孩子唱儿歌、讲故事等成为睡前必不可少的仪式。然而，这些只是佳佳的表象，实际上的她感到烦躁和不耐烦。这更使得孩子总是想试探她，既想试探她是否已经睡着，又想了解妈妈的真实情感是什么。

如此，每晚哄孩子睡觉对佳佳来说就成了一场精疲力竭的折磨。在佳佳如此"专业"的育儿方式下，人最基本生活习惯，如吃饭、睡觉、保持卫生（甚至是最简单的自己擦鼻涕）和懂礼貌等，都没有在孩子身上养成。

尽管跟着我学习了一段时间，她开始学会了一点发脾气的技巧，比如"妈妈也是有情绪的啊""你再这样，我就发火了""你这样做妈妈也很生气啊"，但这些并没有产生太大的效果。只有在佳佳忍无可忍的时候，孩子才会有那么一点点忌惮。

情绪本就是关系的一部分，也是孩子应该体验和感受的一部分。然而，现在许多育儿专家一直在教导我们成为不发脾气的父母，仿佛只有无限的包容和忍耐才是好的父母。这种观念是否合理呢？一旦我们发火或表现出一点点的暴力倾向，就会对孩子造成多大的心理创伤吗？

当然，无节制、不收敛地把孩子当作出气筒的行为是绝对不可取的。我坚决反对这种行为。而那种"圣母"式的育儿方式也绝对是走火入魔。

一个很简单的道理，凭什么父母就得接纳孩子的坏脾气、坏情绪，而孩子却不需要体验他坏脾气、坏情绪的后果，或者这么说吧，就算孩子都没有错，难道孩子不需要感受到父母的坏脾气、坏情绪吗？

难道父母希望自己的孩子从小在真空环境下成长，将来自然会面对、处理成人世界的坏情绪、坏脾气吗？换句话说，凭什么你的孩子就不要接受别人的坏脾气、坏情绪？凭什么你的孩子就不能有负面经历呢？

如果你一贯在孩子面前很真实，孩子自然会认为你就是有负面情绪和负面体验。现在很多亲子专家，过分强调父母对孩子伤害性的那一面，以至于父母的责任只剩下了保护、允许、包容、爱的这一面了。

却不承想，当父母为孩子隔绝了所有可能的伤害的时候，只会让孩子变得更弱不禁风。就像人体的免疫系统，如果它们从来没有感染过病毒，没有受过病菌的侵扰，那这个免疫系统往往是不堪一击的。

所以，如果伤害是不可避免的，那么父母可以通过始终如一和真诚对待自己的方式，帮助孩子学着消化那些"伤害"，并从中成长起来！

在父母始终如一的情况下，孩子会逐渐认识到父母也有自己的缺点和不足，他们并不是完美的。这样，孩子就会断了希望父母改变或更完美的念头，不再产生"父母应该……"的想法。当孩子不再对父母抱有不合理的期待时，他们就会接受自己的出身，并且正视自己的家庭、学业、学校、老师和社会。

最终，当孩子步入社会，进入成人的世界后，他们自然会发现，其实天底下所有的父母都是普通人，都有着各种各样的问题。如此，他们也会接受自己的父母，包括自己的出身，并且把注意力集中在自己的成长上，而不是试图掩盖或逃避现实，成为一个伪装。

♡ 婚姻是树干，孩子是果实

人的社会化或者说心理上的"成人化"，他实际上和父母的婚姻质量又是息息相关的。因为人心理上的成人往往是在亲密关系中完成的。用艾瑞克森心理发展八阶段中，就是亲密、繁衍的阶段，对应于生活就是建立家庭，养育子女。

现在，很多来找我咨询的家长，特别是那些问题孩子的妈妈，无一例外地，都迫切地希望我能帮助她的孩子。

所以，今天再多谈谈这个话题。这无疑呈现了母爱的伟大，但同时也是这些妈妈的盲点。

比如，有一位妈妈，她的孩子大学毕业后，不想出去工作，待在家里已经半年多了，显现出明显的啃老趋势。

这个妈妈对孩子的现状束手无策，所以来找我咨询。她说："姚老师，你想办法让孩子出去工作吧。只要他能出去，采用什么方法都可以！"在刚开始的时候，每一位妈妈都会这么说。

但是，我稍微多问两句，很多问题就暴露出来了。比如这位妈妈，通过简单的咨询，她就很诚实地向我说，其实她一直期待儿子出去工作，只要儿子出去工作能自力更生了，她就可以飞了。也就是说，她就自由了，就可以没有后顾之忧地把老公"休"了。

她这么着急地让儿子出去工作，表象上是在担心儿子会啃老，其实真实的心理是迫不及待地要交差。只要儿子自立了，她就毫不犹豫地离开这个家庭！

这时我只能告诉她，如果是这样的话，事情可能比较难办。因为她并不关心儿子为什么会待在家里，不肯出去工作。或者可以说她的焦点不在儿子这个人上，而是在自己要赶紧自由上。

如果我们仅把问题锁定在让她儿子出去工作上，而不涉及其他问题的话，那问题还是有可能解决的。她儿子毕竟是一个 23 岁的成年人了，虽然只是一个大学毕业生，但他能完成自己的学业，说明他具备完整的社会能力。

这个时候，安排一个他比较信任的，也就是他平时在生活中愿意与之互动，并且信任的老师或长辈前来做工作，有可能引导他走出来。实在不行，可以让愿意上门的咨询师到家里做工作，跟孩子互动，做孩子的思想工作。毕竟他已是一个 23 岁的成年人了，有一定的理性思维，也会思考自己的未来。在他刚刚退缩的时候，若能得到及时的支持与帮助，让他出去工作是不难的——这个是目前比较紧急而且重要的事情。

但问题是，他下一次再退缩的时候怎么办呢？或者说，下一次当他在生活中遇到挫折，人际关系遇到问题，职业遭遇瓶颈的时候，他能从容地应对或解决吗？他能逢山开路、遇水搭桥吗？

很大概率是不可能的，因为我见过太多在重要关口退下来的孩子，然后他们的生活就会开始呈现"退行"的现象。

虽然一开始证据不多，但我大概率判断，孩子目前的"退行"，在家不肯出去工作，和妈妈肯定有分不开的关系。

"而且该我做的事情，我都做到了呀，如果儿子像我一样能做到这些，我也就知足了。我对他的要求不多，他只要做到我所做一点点，我就满足了。"

好吧，在妈妈看来，确实是，但凡孩子能做到她所做的一点点，孩子就不会退缩在家了。

但其实这里面有一些区别，就是社会能力和心理能力的区别。

社会化后的成人，他的社会能力一定是完整的。或者说，社会能力的磨炼，在很大程度上会促使个人心理的进化，从而使其成为心理上的"成人"。但社会能力不等于心理能力，更不等于就是心理成人了。

如果社会能力等于心理能力的话，那就没有发展停滞这一说了。而事实是在发展过程中，很多人在某个阶段的心理冲突并没有很好地解决。以至于没有发展出相应的胜任力。

我提出"成人化"这个概念，是基于我看到很多人在亲密这个阶段并没有完成发展任务，以至于在繁衍这个阶段，也没有胜任力。**这两个阶段，其实都需要在婚姻和家庭当中去完成。**

个体需要在潜意识层面，离开父母，走向伴侣，并且与伴侣一起共同抚育婚姻的结晶——孩子。

而我直觉判断，这个妈妈在组建婚姻的这个课题上，并没有好好地去完成。甚至还没有开始，就期待着结束。用老话就是"心没有过门"。

她很不服气说："我一直在外面学习呀，我一直在成长进步啊！我什么都可以做，但是我老公呢，他什么都没有做，他一直不成长，所以都是他的问题！"

"这段婚姻走到今天，都是我老公的问题，我看不出我有什么问题！"

但随着我的引导，她对老公的抱怨越来越多，渐渐地，一些内心深处的想法不经意间流露了出来。

"自从嫁给他之后，我就变了一个人似的。和他在一起之后，我都不知道自己要什么了……我多想再回到结婚前，回到我妈妈家，回到那个熟悉的环境里面，所有的人都很爱我"。

特别是她老公也经常跟她说一句话，那就是"在你心中，你爸爸妈妈永远排在第一位，我不知道排在你心中的第几位"。

这个太太还理所当然地说："那不是应该的吗？父母生我养我，他们不就是应该排在第一位吗？"

这个逻辑听起来当然是正确的，生而为人，确实应该孝顺父母。可是，人终究是要离开父母去组建自己的家庭的。这是动物界的自然规律，也只有这样才能保证种族的继续繁衍，人类也是如此。孝顺是没有问题的，但是在你进入婚姻，组建家庭之后，你的潜意识有没有从原生家庭离开？有没有真正地进入现有的婚姻？这才是问题！

很多人在婚姻中几十年了，但潜意识依然停留在父母那边，依然没有进入婚姻之中，这是不少见的现象。如果是这样的话，那亲密这个功课，她其实是没有完成的，而繁衍的课题，也很难说有完成。

婚姻从来是一个巴掌拍不响的，正如这位妈妈所说，是他没给她安全感，没支持她，更没认可她，所以她就不想要这个婚姻了，现在她也不需要了。

甚至在先生需要她认可的时候，她会如此回击他："你想要认可？那你回家去啊，找你爸妈认可去。你爸妈都不认可你，我怎么可能认可你？再说我都不需要你的认可了！"（这位太太学了一些心理学课程，说起这些来头头是道，经常把她先生逼得哑口无言）

听起来确实头头是道！但显然这对夫妻在婚姻当中，都没有获得彼此想要的亲密关系。太太失望后，就更回归原生家庭那边了，而先生可能还有期待，但显然也被太太给堵了回去。

于是这个家庭里面显然就缺了一个东西，有品质的爱。而根据我的经验而言，她的儿子身上很可能体会不到什么是关心、关怀、爱与被爱了。而这个部分，很可能是他孩子大学毕业后，没有动力走出门，待在家里的一个心理成因。

所以，我始终建议各位父母，其实婚姻是树干，孩子是那个果实，树干若枯萎，果实很难健康。

♡ 父母太主动，孩子就被动

一个人成才的关键是自主意愿。那如何才能让孩子有更多的自主意愿、学习动力呢？

这里我得强调一下，学习很重要，我也完全认同孩子在学习的年纪，最应该做的就是专注于学业。但是，**孩子终身学习的能力，是比学历和学习本身更重要的。对于一个人的终身成就或者幸福来说，更重要的他们具备终身学习的动力，和自主学习的意愿。**

拥有了这些，他的成长才是可持续的，并且卓有成效的。被动式的学习只是为了短期利益而学习，效果难以持续，结果往往是考完就忘完。

问题的关键就在这里，即为了短期利益而学习，使得学习的内化程度仅限于这个范围。更不用说去实践、检验、突破、修正、完善，并能最终建构成自己的、稳定的价值经验体系。大部分人终其一生也不会有意识去建构这样的价值经验系统。

如果没有完成上述过程，学习的就只是零散的知识点，而没有内化为自己的经验与价值。在当前的互联网时代，知识并不是稀缺的资源，反而是过载了。因此，仅仅掌握知识并不能让人真正具备竞争力。**未来世界更看重的是对知识的应用和实践能力，这是成为卓越人才的关键。**要培养孩子自主的学习意愿，需要父母有极大的定力和耐心，并且具备智慧来抵御社会上各种急功近利的教育形式。

然而，父母们常常在功利心态的影响下，希望自己的孩子能够对学习产生兴趣，能够专心学习。他们为了让孩子学习更好，不惜花费大量的时间和金钱，送孩子去各种辅导班。

然而，他们可能没有意识到，这样做恰恰可能是在破坏孩子的内驱力。**父母过度的期望和干预可能会让孩子对学习感到厌烦和困惑。**如此，孩子对学习失去兴趣并产生厌学情绪，也是一种很自然的结果。

愚蠢的父母不停地给孩子各种东西，直到孩子变得依赖他们的给予，而不愿主动去观察、聆听和体验世界。这种做法导致孩子对真实世界失去了自主探索和感知的能力，转而沉迷于虚拟的游戏世界中。

所以，**想毁掉你的孩子，最好的办法就是拼命地给！**

从《道德经》中，其实我们也可以感悟到真正的学习之道，"五色令人目盲，五音令人耳聋，五味令人口爽，驰骋畋猎令人心发狂，难得之货令人行妨。是以圣人为腹不为目，故去彼取此。"

方法就是不慕那些浮华的东西，不满足于感官的刺激，保持"无为"的心态就好。简单来说，方法就是"去彼取此"。

什么叫"去彼取此"呢？就是去掉五色、五音、五味、驰骋畋猎、难得之货等浮华的东西，自然就能取到真正的东西。孩子的眼睛会自己去寻找，耳朵会自己去听，嘴巴会自己去品尝，心自然会平静下来，创造力和行动力自然会涌现。

用《道德经》里的另外一句话来总结就是："少则得，多则惑！"

如果大家对《道德经》中的话感到困惑的话，我可以给大家讲一个心理学实验，叫"德西效应"。

心理学家德西在1971年做了一个实验。他让大学生作为被试者，在实验室里解答有趣的智力难题。实验分为三个阶段。在第一阶段，所有的被试者都没有奖励。在第二阶段，被试者被分为两组，实验组的被试者每完成一个难题可以获得1美元的报酬，而控制组的被试者与第一阶段相同，没有报酬。在第三阶段，是一个休息时间，被试者可以在原地自由活动，并把他们是否继续去解题作为喜爱这项活动的程度指标。

在第二阶段，实验组的被试者由于获得了奖励，因此表现得非常努力。然而，在第三阶段，继续解题的人数很少，这表明他们的兴趣和努力程度在减弱。相反，控制组的被试者在第二阶段没有奖励，但在第三阶段有更多的人愿意花更多的休息时间继续解题，这表明他们的兴趣和努力程度在增强。

德西在实验中发现，当人们同时获得外在报酬和内在报酬时，动机强度不会增强，反而会降低。此时，动机强度变成了外在报酬和内在报酬之间的差值。这种现象被称为德西效应。**这意味着，当我们进行一项愉快的活动时，如果提供外部物质奖励，反而会减少这项活动对参与者的吸引力。**

这是一个非常反常识的观念。

再来看一则趣闻轶事：

一位老人到一个小乡村休养，附近经常出现一群顽皮的孩子，他们每天互相追逐打闹，吵闹声让老人无法好好休息。在多次制止无效的情况下，老人想出了一个办法。

他把孩子们都叫到一起，告诉他们谁叫的声音越大，谁得到的奖励就越多。老人根据孩子们的吵闹程度给予不同的奖励，渐渐地，孩子们习惯了通过吵闹来获得奖励。

然而，老人开始逐渐减少所给的奖励，最后无论孩子们怎么吵闹，老人一分钱也不给。

结果，孩子们发现他们所受到的待遇越来越不公正，认为"如果没有奖励，为什么还要为你喊叫呢？"因此，他们不再到老人所住的房子附近大声吵闹了。

人的动机可以分为内部动机和外部动机。当我们按照内部动机去行动时，我们就是自己的主人。然而，如果我们被外部动机所驱使，我们就会被外部因素所左右，成为它的奴隶。

老人的策略很简单，他将孩子们的内部动机——"快乐地玩"转变成了外部动机——"为奖励而玩"。通过操纵外部因素，老人也操纵了孩子们的行为。当有一天满足不了孩子的愿望时，自然就有办法对付这些顽皮的孩子了。

事实上，很多父母对孩子的学习行为与这位老人所做的事情类似。每个孩子本性都是喜欢学习的，但是父母和老人使用的方法却是出奇地一致。然而，老人的目的是达成自己的意图，也就是智慧，而我们的父母往往使用这个办法来破坏自己的意图。这是因为思考不够深刻，也因为自身很多非理性，经常情绪失控而大过意图，导致现实中的孩子与自己期望的孩子相差甚远。

所以，我们经常在破坏孩子的动机却不自知！

♡ 适当"断食"，激发孩子"觅食"本能

现在父母有一个很大的问题，就是不自觉地给孩子太多，导致孩子没有自主意愿，不会自行探索，更没有了行动力与创造力。从这个意义上说，"想毁掉你的孩子，最好的办法就是拼命地给！"

实际上给予太多，类似于给孩子"吃"太多的食物，远超过他在自行"觅食"情况下的实际所需，结果就是导致"积食"。

在孩子小的时候，我们就经常看到，只要是老人单独带孩子，特别在喂孩子的时候，孩子往往没有食欲，甚至开始厌食。孩子越不愿意吃饭，越不好好吃饭，老人越是在后面追着喂。每次都是趁孩子不注意将一勺饭送进孩子嘴里，或者费尽心思为孩子做一些美食。越是这样，孩子就越不喜欢吃正餐主食。

这样的行为，破坏了孩子的饥饿感，最终破坏的是孩子正常的进食欲望。越是追着喂的孩子，他们就越不知道自己到底饿了没有。没有了饥饿感的孩子，如何知道自己是否需要吃饭？如何知道自己是否应该进食了？

如果长久缺乏饥饿体验，他自然就会缺失进食的动力。

吃饭的时候大人会如此，在学习上大人也一样会"喂食"太多。为了让孩子好好学习，他们会想尽一切办法，甚至许诺各种条件来满足孩子，这种行为破坏了孩子的自主本能和自我意识，进而导致他们失去了自主"觅食"的能力。

而这类父母往往又会认为，自己的孩子很有主见和自我意识，其实这些孩子的所谓"主见"，并不是真正的主见，而是因为对抗而产生的反叛，也就是"不听话"，或者是因为缺乏自主体验而盲目跟从他人——"听谁的，都不想听父母的"，本质上要么是无知，要么是狂妄。

更严重的是，他们可能被过度骄纵，导致颐指气使和傲娇之气。这些与真正的主见没有半点关系。

真正的主见一定是源于自我有意识的体验，而且是饱满的、有意识的自我体验。

其中，身体体验是最直接的感官体验。

所谓的"空心病"本质上是因为自我体验的单一和匮乏。单一表现在只有一个维度的体验，比如学习，而极其缺少人情世故、社会角色、家族亲情方面的自我融入。匮乏表现在严重缺乏自我驱动，自我探索，自我钻研，自我满足，而是被动地接受外界给予的刺激，即他的生活都是被安排好的，他只负责跟着走就好了。

明白了过度喂养的负面影响，那么解决方法也就很清楚了。正如解决"积食"问题一样，我们需要采取"断食"的方法，让孩子饿一段时间，直到他想吃东西为止。只供应主食，养成孩子在没有饥饿感的时候不吃东西的习惯。父母应该坚持只提供正餐，不要主动给孩子其他食物，除非他们自己要求。如果孩子想吃，他们可以自己吃多少装多少，但父母要确保少给一些，不要过量。

现实情况是，一旦孩子不吃饭，很多家长就会产生各种担心，担心孩子饿坏了、饿病了、饿瘦了等。他们宁可喂坏孩子，也不愿意让他们有一点点的饥饿感。于是，只要孩子感到肚子饿了，他们就会给孩子买各种零食或者外卖。

然而，保持适度的饥饿感对孩子是有益的，这将有助于他们的健康。

所以，**如果你已经给予孩子太多，现在要做的是采取相应的"断食"措施。当然，这要根据实际情况逐步进行。大原则是让孩子保持适度的"饥饿感"，激发他们自主"觅食"的本能。**

♡ 关系问题，回到关系中解决

现在，知识付费已经成为一种潮流，很多人不是在某个课程里学习，就是在另一个课程中学习。然而，这种学习会带来一种假性的成长感，以及假性的自我满足。

就像之前提到的那个当事人，他认为"我一直在外面学习，我一直在成长进步啊！我什么都可以做，但是我老公呢，他什么都没有做，一直不成长。所以，这都是他的问题。""这个婚姻走到今天，都是我老公的问题，我找不出我有什么问题！"

本来大家去学习婚姻、情感类课程，基本上都是因为婚姻出现危机，或者为了防止出现危机。他们希望有人能帮到自己，并找到努力的方向。

但现实情况往往是，虽然上的课程越来越多，知道的东西也越来越多，但是他们对一切却越来越提不起兴趣。有人以为是自己看懂了人生，看透了人性。可结果却是，他们对自己的婚姻都失去了动力，只想等到孩子长大后独自离开，寻求清静的生活。

大家可能忽略了婚姻的基本事实：婚姻从根本上来说就是关系，婚姻的问题就是关系的问题。

那人们为什么会在关系里出现问题？人们为何会走不进婚姻？为何没有办法和他人建立好关系？我认为有两个原因：

一是在原生家庭中，没有学到良性的关系互动模式。有的可能恰恰都是破坏性的夫妻关系。

二是在心理发展过程中，无法从父母以外的他人身上进行社会学习，即无法发展出他人的榜样作用。

一句话，"本来没有，还无法学习"，如此就简直无解了。

事情往往就是这样一体两面，因为在原生家庭中，父母之间的关系太糟糕了，以至于人没有习得良好关系的能力，同时也因为父母之间的关系太糟糕了，这里往往伴随着父母不在其位，也导致子女根本不愿意和自己的父母学习，不愿意以父母为榜样，而这又破坏掉人的社会学习能力。导致人无法通过社会学习，通过对他人的模仿，来重新获得一段良好关系的能力。

而对于这样的来访者，"场"的概念，或者说团体疗愈就是特别适合的一种方式了。

这也是心理学家欧文·亚隆在近半个世纪的咨询生涯中所总结出来的——**最重要的是咨询师与来访者的关系，这才是心理治疗的核心。**由于这个核心的重要性，欧文·亚隆最终毫不犹豫地抛弃了所有的规则和限制，包括心理学技术、流派和理论，最终亚隆的心理治疗独树一帜。

咨询师与来访者的关系，居然是心理治疗的核心，这个观念使我茅塞顿开。

即咨询师以自身的自我整合情况设为一个场域，以此为中心建立起一个关系的网络，然后让来访者处于这个关系场中，用新的关系场，来干预治疗来访者内在、过去的紊乱的关系场。

而这个过程中，对于咨询师本人的关系能力就考验非常大了。

如果咨询师在工作生活中无法建立良好的关系，不能有意识地与身边的家人、同事、朋友建立良好的关系，或者婚姻不幸福、子女教育失败，那么这样的咨询师在疗愈他人方面的能力就是非常欠缺的。

如果没有办法和当事人主动地建立起深度的关系，协助就是没有基础的。不是心理咨询师多有名、课程讲得多好、事业有多成功，他的疗愈能力就有多强，疗愈能力和这些没有必然关系。

青稞的学习，很大程度与青稞所建立的群体有密切的关系，这个群体是一群有相类似诉求的家长一起建立起来的。大家都在这里面相识、呈现自己、疗愈彼此、互相促进、互相鼓励、互为榜样、互相督促。

这种团体疗愈之所以有效果，就是因为人与人之间可以产生一种，新的、紧密的关系体验。如果有意识地促进，就可以促进旧的、原生体验的松动和改变。

有时候团体学员之间的碰撞、触动，乃至实质性的交锋，可以促进彼此直面问题、化解矛盾，并且深入检视自己。其体验远远胜过只在头脑中听到的道理。

总结起来，"所有被破坏的关系，必须回到关系中去习得、去重建！"只有通过实际的关系，才能获得体验上的改变。

毕竟现代社会与过去相比，人际关系淡漠了非常多，这也导致了教育问题变得更加复杂。

过去家庭的小环境，完全无法避免社群大环境的影响。特别是农村地区，大家完全无法躲开彼此，因此人的社会化几乎很难被中断。然后随着城市化的进程，现在社群被破坏得几乎荡然无存。我们甚至都不认识对面的邻居。

而这就导致了，我们家庭的小关系，很难被社群的大关系所校对、并被融合。所以，青稞通过多年的尝试，也试着把团体疗愈概念、社群的概念引入进来，希望能让学员们的体验更加饱满与有效。

♡ 父母的拯救情结，到底是谁在需要？

孩子是否真的重病不起、奄奄一息或命悬一线？为什么母亲需要用拯救的心态来对待他？要知道，"拯救"在人类的语境中，必须是在对方处于危难之中，并且意味着对方没有能力通过自己的努力改变现状，才需要外界的强力干预，来摆脱自己的困境。

通常无论我如何大声疾呼，都无法唤醒一个沉迷在"拯救"戏码里的老母亲，因为这里面还隐藏着一个很难被察觉的心理逻辑。

"拯救"孩子会让母亲在道德上感觉很好，她会感觉自己是一个伟大而且充满爱的母亲。也就是说，"拯救"孩子的行为实际上是母亲所需要的。因为母亲非常害怕自己不是个好妈妈，所以孩子的任何不好在她的意识深处都意味着是她不好，而这是她所无法承受的。

实际生活中的孩子已经长大了，虽然过去确实有过休学的经历，但休学已经是多年前的事情了。现在，孩子已经是一个大小伙子了。虽然他没有上大学，这是他人生路上一个重大的挫折，而且凭借目前的积累出去工作或创业对他来说确实很难，但孩子早已放弃了读书这条路径。

这位母亲无论如何都看不见眼前的事实，她的孩子一直在自己找工作，试图创业，甚至在网络上代打游戏、做主播赚钱。他费尽心思，无比努力地想要闯出一片天地。

这位母亲也看不到孩子的努力，看不到孩子没有放弃，看不到孩子一直在证明自己可以。在她的心里，总是觉得"我的孩子怎么可以这样呢？""我的孩子怎么可以做游戏主播赚钱呢？""我的孩子必须是名牌大学毕业，必须是在市中心 CBD 里上班的！""他怎么可以做这么没有出息的工作呢？"

她的语言中，不经意地会流露出这些内容。

她已经退休了，还为了孩子出来学习。任何人敢说她不够为孩子付出，不够爱孩子的话，都会招来她巨大的愤怒与攻击。只有同情她，称赞她，为她鼓掌，为她喝彩，才是她需要的。

而我却会说，"拯救"孩子的戏码从头到尾都是母亲所需要的，而不是孩子真正想要的。母亲在自己的世界里，被自己的行为感动得要死，却忽视了孩子的实际需求和自主权。

她的孩子在实际生活中被她无视，也被她吸附得无处躲藏。

孩子一直试图告诉她，现在的生活就是他想要的，就是他在用自己的方式尝试和努力。甚至孩子直白地告诉她，他过得很好，不需要母亲去管他。"妈妈，你只需要过好你自己就可以了，我可以管好我自己的。"

但是这位妈妈是绝对不会听的，更无法接受孩子的生活选择。在她的心里，孩子那样生活岂不是跟猪狗一样吗？她对孩子的每一份工作都无比嫌弃。总之，只要没有过上她所期待的那种"体面生活"，她就觉得孩子是在自甘堕落、自暴自弃，是需要她拯救的。

更直白地说，孩子怎么可能不需要她呢？孩子怎么可以没有她呢？你过成这样，都是因为我啊，都是我把你害成这样，所以我一定要把你重新带回来。没有我的努力，你怎么可能过得好呢？

有时候，我真的不想把话说到这种地步，如果我这么说了，家长却没有醒悟，那接下来就只剩下和我翻脸了。

我见过这个孩子，知道孩子一直在尝试各种自我拯救，其实父母只需要在孩子的努力方向上给予一点点肯定和支持就足够了。这样，孩子就能很快地走出困境。

但是，这位妈妈却不这么做，她希望孩子走她想要他走的路。否则，在她的眼里，孩子就是在自暴自弃，就是没有前途。而她的孩子确实也想在母亲面前证明自己，那就让孩子好好地去证明自己不就行了。

真正棘手的问题就在这里，**这位妈妈过度地将自己的价值寄托在孩子身上，极度渴望在孩子身上证明自己。**

甚至，她眼看着其他家庭和孩子变得越来越好，但就是不会承认，并且不会认真审视自己，不会对自己喊停，看不到自己的内心需求，无法通过夫妻之间的温情和同伴之间的肯定来获得价值。她将自己的注意力完全放在孩子身上，没有意识到自己的需求，也没有将自己的注意力转移到自己身上。

她是如此顽固，死死地盯着闭门不出的孩子，盯着不愿意和她说话的孩子。即使她的孩子为了避开她而多次搬出去住，跑出去工作（而且绝对不想让她知道），最后，孩子只能妥协，搬到另一个房子去住。

但这位妈妈就是停不下来！她的逻辑永远都是：我们家不一样！

是的，确实不一样，她所有的不一样，最后的结论都是：我必须继续努力，要继续拯救我的孩子。

作为一个绝不放手的母亲，即使孩子已经完全成年，她仍然为孩子考虑一切！所谓的"内疚"，所谓的以前对孩子不够好，只是她的需要，而不是孩子的需要。

让孩子去过自己想过的生活，让孩子为自己的生活去负责，好也罢，坏也罢，那都是他自己想要的生活。孩子已经成年了，父母已经无权介入，就算父母生了他！就算父母过去做得不够好，那都已经过去了。

什么是他的生活？因为"好的生活"母亲已经竭尽全力地给予太多，但他都拒绝了。那么，他剩下的还有什么呢？以前我告诉过她，唯有"拒绝"才是他自己的选择，因为那就是他的生活。但是母亲又竭尽全力地想拿走他的痛苦、他的困难和他自己找来的苦难。

从这个角度来看，无明的父母是多么的可怕啊。因为她剥夺的是孩子的自主意识，是他主动寻找生活的本能，是他活出自己的可能性。

人总是很难承认自己过去的过错，但是错就是错了，它只需要承认，而不需要被弥补。而选择拯救，实际上只是让自己感觉更好一些而已，于孩子本身而言，有害无益。

第十一章
父母的自我修炼

　　调整孩子不仅仅是调整孩子本身，这是一个涉及家庭和社会的复杂问题！

　　你就是孩子的原生家庭，也是你孩子的心灵底色。一个无望的妈妈，怎么可能带出一个健康、积极向上的孩子呢？

　　父母能否深刻检视自己的问题，并以诚恳的态度面对这些问题，是寻求有效解决这些问题，并负起自己该负的责任的前提条件。

♡ 教育一定要有立场

给大家分享一些父母们的日常。

从我孩子上小学开始，我就对学校布置的过多作业感到不满，我总觉得学校这种填鸭式的教育对孩子来说太不利的。所以，从孩子上一年级开始，她写不完的作业都是我代笔完成的。后来我直接对她的老师说，只要她能在考试中取得好成绩，就不要过于要求她的作业完成情况。当然，我的女儿当时也很聪明，她虽然不怎么做作业，但总是能在考试中获得高分。因此，她非常不喜欢学校布置的作业。

现在，每次我和女儿探讨社会现象时，我总是被她主导。她对当前社会上的许多现象都持有强烈的负面看法，例如学校的卫生检查活动、创建文明学校以及领导视察等，她都感到非常反感。对于学校考试、测试和课程安排，她也很有意见，并且总能说出很多相关的细节和问题。现在，我已经无法轻易地反驳她的观点了。

她也质疑学生必须参加高考的做法。参加高考的意义就是为了进入大学混日子吗？她认为，许多大学生进入大学后仍然打网络游戏，即使不打网络游戏，又有几个能够真正学有所成呢？有几个能学到自己真正想要的专业？又有几个能在职场中发挥所长？就算能顺利毕业，还不是一样都得从头开始。有哪个人在大学专业的学习中，可以直接应用于实际工作中？既然用不上，反正都得从零开始，那为什么又要花费那么多时间去学习呢？难道就为了那张毫无实际用处的文凭，你们却要逼我去浪费那么多年的青春！

这些问题看起来都很不起眼，但她的质疑似乎也有一定的道理！她对填鸭式教育、社会不公平和虚伪现象提出了质疑，并对高考教育制度提出了批评。她的观点看起来很有见地，展现出了批判精神。

然而，大多数情况下，对于这样的家长，我也不便多加评论或干涉。

如果他们愿意讨论一下这种行为对孩子以后的影响，我会指出：

真正的问题不在于是否完成作业，而是你给孩子提供了一种错误的示范，

即学校的教育方式是错误的，而你们家的方式才是正确的。你认为老师的行为是错误的，不够高明，而你们的方式才是正确的。

这是许多自以为聪明的家长经常会犯的错误。这种做法向孩子传递了一个信号：我们不需要去适应学校教育和老师。因为学校和老师是有问题的，而我们是没有错误的，我们家的方式是最明智的。

更有甚者，认为这是"众人皆醉我独醒，众人皆浊我独清"，因为大家都妥协于现实，只有我保持清醒并选择特立独行，所以我不服，我要走出自己的路来，我不要跟随众人的步伐，我不走主流的道路。

如果处于叛逆期的年轻人这样认为，说明他有个性，但作为已经为人父母的成年人还这么想，只能说是幼稚和不负责任了。

作为为人父母的成年人，我们已经不再是那个做事情只考虑自己痛快的青少年了。我们的想法和行为不能只考虑自己的感受和需要，因为作为父母，我们必须考虑我们的言行会对后代产生什么样的影响。你要带给孩子什么样的世界观、人生观、价值观？你要考虑的是，你的言传身教，时时刻刻都在塑造你的孩子。

一旦成为父母，就是不自由的，不能随心所欲地"潇洒走一回"或"来一场说走就走的旅行"。对于为人父母来说，这样的自由是不可能的，他们必须以父母的责任为先，而这对于很多未完成"成人化"课题的父母所无法接受的。毕竟，他们自己还没有享受过年轻的自由与绽放，也没有挥洒过自己的青春，突然间他们就成为别人的父母。

这也就是"还没有年轻，就已经老去"，这才是很多人无法承担父母这份责任的心理真相。因为他们自己还没有在心理上成熟，所以他们还不服气，不愿意心甘情愿地遵守规则，处于"叛逆期未完成"的状态。

所以，那些"叛逆期未完成"的父母，必须承担起养育子女的责任，成为子女的榜样。出现问题几乎是大概率的事情了。

因为处于叛逆期的主体情绪和感受就是不爽、不服、看什么都不顺眼、喜欢挑他人的错，甚至还容易激动、敏感、多愁善感。

父母处在什么状态，孩子就会模仿、学习到什么。父母自己还处于叛逆未完成的阶段，然后无意识地生育子女，而子女一出生，就在模仿、学习父母对世界的观感。在孩子的三观还没有形成的情况下，先入为主地对世界的观感

（世界观）、对人生的看法（人生观）、对是非曲直的衡量标准（价值观），主要是以父母这个时候的观感为主。

在青春期之前，孩子尚没有能力去反抗父母、老师、学校、社会，但父母已经给他储备了不服气、不爽、叛逆的三观。一旦进入青春期，就可能会出现更加剧烈的叛逆和挑战。

所以，重点是主次和序位问题。身为父母，我们应该思考我们对学校教育的态度是积极的还是消极的。如果我们持积极态度，对学校教育充满了好感、尊重、认可、重视和敬畏，那么我们就会由心而发地拥护学校、支持老师，并将学校教育放在家庭教育的前列。然后在这个立场上，再去积极地讨论学校教育的不足，并寻求改进的方法。

就像我每次与人探讨东西文化的差异时，我会下意识地从各个角度证明中国文化是最好的。而我的妻子总是直接指出，那是因为我是中国人的缘故，如果我是西方人，我就觉得西方文化最好了。每次说到这里，我不禁莞尔，确实是！

因为我是中国人，所以我觉得中国文化就是最好的。这就是立场，这就是归属，这就是血脉相传。血脉相传，本来就不需要讲什么道理。

血脉之亲本来就是第一序位的。在此基础上，我们可以追求不同、个性、民主和独立思考，这也是中华文明重要的特点"和而不同"。在一国之内，以和谐为主，但大家可以各不相同，相互包容。在一家之内也是如此，因此有"家和万事兴"的说法。

这种以血缘为基础的联系是家庭、族群和国家的根基，也是人类社会的自然规律。你可以站在这个立场上批评、建议乃至反抗，但在这个立场之外，那就是"敌我关系"了。例如，已经不认父母的子女，甚至是威胁、谩骂、攻击、殴打、诋毁父母的子女，还能称之为子女吗？

现代家庭关系的紊乱往往根源于此，立场错误，然后试图去爱"敌人"，试图在"敌我"关系中寻求调和，这怎么可能！

所以，主次不分、立场错误才是问题的根源。

而且在道理上和孩子辩论肯定是辩不完的，关键是一个小孩子，哪来那么多的底气去质疑社会规则？

她只是听别人说了一些话，然后就视之为真理，并且还振振有词，以此

逃避她该承担的责任和义务。如果她真的质疑规则，那就应该好好地去研究规则的起源与制定缘由，包括社会背景、时代背景。你让那些质疑高考制度的孩子去了解一下，如果中国没有这样大规模的义务教育，没有现行的教育体制，那她现在在哪里？她的父母在哪里？我们绝大部分中国公民，都是现在这套体制、教育制度的最大受惠群体。

此外，再让孩子去了解下人类若没有规则，社会会变成什么样子？吃父母的喝父母的，不从事任何生产劳动，不创造任何社会价值，凭什么对社会规则，对权威品头论足？

孩子的这些态度，就是不被允许的，因为太轻慢了。小小年纪，没有任何社会经验，道听途说，看了某些观点，然后就振振有词、高谈阔论，这本身就是非常不端正的态度。

当然她有评论、抵触的权力与自由，但请她先做些调查研究，先从事劳动生产，再来发表意见。如果不劳动、不生产，对社会没有任何贡献，那她就没有权力对正在进行劳动生产的人评头论足。这是评论的基础条件。

♡ 成为孩子成长路上的榜样

前面，我们通过一个精神分裂症的退行案例，讨论了父母在人生关键时刻应该如何应对，以及退行当事人的伴侣如何纵容了她的退行问题。接下来我们继续探讨退行当事人的照顾者，也就是对她进行无微不至照顾的父母。

到现在为止，我们已经意识到，目前流行的某些心理学观念可能存在一些问题。

心理学导师们总是强调，爱是对的，接纳是好的，控制是不对的，压制需要被批判，不平等更是不可接受的。

作为孩子，谁不希望得到这样的爱？不希望自己的父母能够像别人家的父母一样爱自己，在哭泣的时候给予安慰，在需要的时候及时出现，在困难的时候帮助解决问题！

但是，**孩子想要的父母是不是一定要给予？**

再说了，即使小时候被无微不至地照顾，长大后真的能够独自面对成人世界的挑战，披荆斩棘、跋山涉水开拓出一片属于自己的天地吗？

我手头有足够多的案例可以证明，这种无微不至的爱确实存在问题。尤其是当父亲也参与其中时，这种爱的方式带来的问题更大。

在这里，我节选一位当事人的心声，也即她潜意识的心声，大家先听听看，是什么感觉。

"我卡住了，我解决不了这些问题，谁能帮我解决呢？"

"我老公什么都靠不了，我找不到依靠了，我想靠也靠不住了。"

"琴棋书画，我爸爸样样精通，每次我学习上遇到什么问题，他总能替我解决。"

"我女儿在学习中遇到了难题，虽然时隔这么多年，他（来访者的爸爸）还是会帮我女儿解出题来。"

"当年所有的竞赛，我都能名列前茅。"

"我上学那会儿，成绩可好了。"

"爸爸说，只要我学习好，他们就不会责骂我！"

"我不知道该怎么办了，我想不到怎么做才是对的。"

"我总是不知道该怎么做，从小我爸我妈也没有教过我。"

"我爸特别能干，他什么都会，什么帮我做。"

"我不知道，他要我怎么做。"

"我总是在等别人告诉我，怎么做才是合适的。"

"（成年后）我待在壳里就很舒服，外界所有一切都不存在了。"

"不用想着去解决问题，（于是）就没有问题了。"

"我只要待着不动就没有问题了，从小都不需要我去解决问题。"

"爸爸都是为我们好的，我不需要去分辨、去反抗。"

"他（爸爸）说怎么样就怎么样。"

"一想到爸爸，都是他对我的好。"

"他们都说我妈妈很温柔，但我妈妈很抓狂，我也不知道为什么。"

"我总想有一个人像爸爸一样，总能帮我解决问题。"

如果你认为这些语言是小女孩的呓语，那你就错了！这是一位早已为人父母的当事人在回溯与父亲的关系时吐露的心声。而这些心声，早已成为她的心灵深处的背景，她至今仍活在一个被全能父亲塑造的幻境中。

在她的记忆中，小时候父亲总是陪伴在自己身边，时刻让她感到满满的父爱。

月光如水。在自家的院子前面，父亲坐在一张小矮凳上，一手挥动着蒲扇，一手挥动着他手中的跳绳。跳绳的那头系在门把手上，一头就握在父亲的手中，就这样父亲可以每天晚上陪我跳绳。

那个时候，父亲轻而易举就能把我举起来，背在肩上。童年时，我在父亲的肩上度过了一个又一个的夏日。

别人总是羡慕我有个传说中的好爸爸，他总是有充足的时间陪伴我，无论我去哪里玩耍，爸爸总是在不远处跟着我。所以，我可以放心地四处奔跑，因为爸爸就在后面，我没有什么可担忧的。

爸爸从来都知道我要什么，每次出远门回来，总是会笑眯眯地从背后变出一个小玩具。小时候，我爸爸总是会给我带来无数惊喜。"

这样的爸爸，够好了吧？光听她的描述，我就能感受到满满的父爱了。那按理说，成年后她应该都很幸福吧？

按照现在流行的心理学观点，她如此被爱，长大之后应该具备足够的爱的能力。也就是说，她小时候被重视，是不是说长大之后就会信心满满？她小时候被温柔以待，那长大之后肯定会温柔待人了？

想法是美好的，但遗憾的是，女孩长大后并不幸福。

父母的陪伴当然是重要的，但是这种陪伴是为了什么？只是为了让孩子感受到爱吗？只是为了让孩子感受到被重视，被温柔以待吗？

不全对！

父母的陪伴，是为了帮助孩子培养一些重要的好习惯，使他们在面对问题时有榜样、有力量，能鼓起勇气去面对问题并解决问题。

当然，还有一种思想潮流，它们不强调陪伴和爱的表达，只关注各种可见的技能培训。因此，一些家长为了培养孩子的精英意识、领袖能力和国际视野，而为孩子报各种培训班和课程。这样，在小小年纪，孩子们就能在讲台上流利地演讲、指点江山；熟练掌握各种外语，并能够直接阅读外文书籍，出国旅游时无需翻译，就能自如地与当地人交流。此外，他们还能信手拈来地演奏各种乐器，如钢琴、小提琴、古筝、萨克斯等。

看起来孩子很精英、很领袖，很不平凡。

但是，如果没有深厚的精神根基，那么这种高雅的腐败、文艺的逃避、情

怀的上瘾、浪漫的堕落、精致的自私和文雅的糜烂只是一种表面的虚饰而已。

所以，人的精神内核是需要一个根的！

这个根，如果用心理学的语言来说，我认为是"意象化后的父母形象"！比如，父亲形象意象化后可以是：父亲、家长、祖父、族长、祖宗、血脉；师长、权威、学派、传承；团体、社团、组织、政府、国家、荣誉。

父母的形象在很大程度上决定了孩子的成长和发展。如果父母的意象被打倒，或者说父母的意象不能成为孩子"榜样"的话，那么"孩子"就失去了立身的根本。

也就是说，那他要立足什么，根据什么，维护什么，拥护什么，传承什么，发扬什么，后天要学什么，拥有什么，都会如浮萍一般，无法长久地立足于人生之路上。

举一个简单的例子。

在我小时候的农村，经常有人搬弄是非，东家长西家短。就算参与其中，至少也懂得一个朴素的道理：不讲别人的坏话。即使要说别人的坏话，也一定不能说爸爸妈妈的坏话！如果谁在我们面前说自己父母的坏话，我们一定会全力维护自己的父母！

这种天然维护自己父母的本能，其实就是我们的根，它深深地植于我们的文化基因之中！

也正是因为这个本能，我们天然地想和父母一样，并渴望模仿父母，向父母学习，并最终会因自己和父母一样优秀，甚至超越他们而感到骄傲自豪。

那么反过来说，身为父母，你能否承担得起这个内在父母形象的责任呢？如果承担不起，那么必然会出现各种问题。当然，在传统文化中，如果父母缺位，还有其他替代的内在父母形象可以担当起这个角色，比如老师、亲戚、父辈、族长等。

像前面那位女当事人口中的父亲，虽然充满了爱和温柔，时刻陪伴孩子，享受着陪伴的幸福，但他没有承担起父亲最重要的责任，即成为后代的表率，成为孩子一生的榜样，成为孩子骄傲和自豪的来源。

所以，父母真正应该做的就是成为孩子的榜样，成为孩子想成为的那种人，成为孩子打心眼里佩服的人。如此，在孩子进入成人世界后，才不会感到恐慌，在成长的关键时刻，他们能够看到榜样，并有足够的勇气迎接那些未知。

♡ 群体、聚光灯效应与父母的态度

一般来说，人们都害怕脱离群体，或者说是人的本能是渴望群体、渴望被群体接纳。特别是在青少年时期，与别人不同会让孩子感到莫名的恐慌与不安。

电影《当怪物来敲门》，那个男孩为什么会觉得自己在学校里是个隐形人，其实背后的原因就是，学校里所有人都知道他妈妈生重病了，他的家庭发生了重大变故。如此一来，大家反而不知道该怎么和他相处了，小男孩身上的磁场好像发生了变形，从此他不是一个普通的学生了，"那个妈妈得重病的可怜的孩子"，有人下意识地同理他、共情他，不论他做了什么奇怪的事，老师们都是抱着宽容的态度来理解他、安抚他。而同学呢，其实也不知道该怎么和他相处了。

无形之中，他其实被特殊化对待了，无意识之中，他其实被剥离了这个群体。而这个就是小男孩的愤怒之处，但他又不知道该怎么办，他自己是挣脱不了这张网的。而这个小男孩的处境，其实是现在很多休学、厌学、出现问题孩子身上普遍会有的现象，就是被特殊化对待了。

所以，我在给孩子做咨询的时候，我就是有一个原则，绝不特殊化对待来访的孩子，我最多是把他们当作暂时发生了困难的正常人。如果来访的孩子行为很奇怪，我会把心理咨询师的立场先藏起来，我会尽量用普通人、不带咨询师滤镜、不懂心理学的眼光来观察他，也回应他。

我尽量不因他的"病态"行为而对他特殊照顾。甚至，很多时候我的咨询看起来很不专业，我会若无其事地告诉这些孩子，你现在的这些现象，你的恐慌、焦虑、不安、抑郁等，其实我青少年的时候都遇到过。只是当年这些不叫心理问题，然后，随着我慢慢长大，其实这些问题也就都慢慢解开了。

这本来就是我这一代人的事实，大部分情况下，我们是没有这个概念，要如此深入地去关注自己的内在情绪和感受。大多数人，都是随着年龄的增长和阅历的丰富而重新审视过去那些想不通的事情。这就是为什么那些不懂心理学的父母，会下意识地说"长大就好了"，这也是一种事实。因为年纪小、经历少、正青春，所以对很多事物的看法难免偏激与混乱，等自己接受了社会的毒打之后，很多问题就自然看明白了。

没关系，我曾经也经历过这些。

在为孩子们提供咨询时，我经常这样告诉他们，这不是一种技巧，而是事实。因为孩子们还小，很多问题他们暂时无法理解和解决，而心理和情绪又不稳定，容易影响他们的生活。有时候他们的痛苦恰恰是因为他们太急于摆脱目前的状态，太想快速地恢复正常，而这刚好又是不可能的，所以孩子们很容易困在这里。

所以，重要的是教这些孩子如何应对生活中的困难，以及如何看待青春期的心理与情绪的不稳定。尽快地从情绪的漩涡中走出来，重新返回学业正轨上来。

如果父母自己感到慌乱，觉得发生了重大事件，天都要塌了，孩子需要立即送进 ICU 保护起来。甚至号召全家族、全学校的人都来关心自己的孩子。这样做的后果就是将孩子从他的生态系统里硬生生地剥离出来，使其成为"特殊的人"或"病人"。

在孩子问题刚刚出现时，大部分孩子会试图让自己回到正轨，但由于他们的认知水平、约束能力、承压能力有限，往往无法处理好遇到的问题。

所以父母的作用往往就是给孩子定心丸，让他们放心，告诉他们一切都会没事的。如果父母在这个时候能够保持镇定，以放松的态度看待孩子成长中的困惑，并告诉孩子这些问题并不严重，问题没有想象中那么大。这样，孩子就能快速地心神安定下来。

当人不慌张时，就有了情绪空间与理性空间来思考和琢磨自己身上的问题了。并为找到解决问题的办法带来契机。即使暂时无法解决问题，他们也知道未来可以解决。这样，人们就有希望，就不容易被恐慌情绪压垮。

父母的慌张、郑重其事和大张旗鼓实际上都在暗示孩子，事情变得严重了，问题很大。而青春期的孩子恰恰是最容易受环境暗示的。因此，许多看似关心的行为在孩子心中却会产生了奇怪的涟漪甚至波涛汹涌。实际上孩子本能不想要这种与众不同的感觉，不希望被认为是有"心理疾病"。

原理是：青春期的孩子最害怕的是被从群体中剥离出来，因为青少年这个阶段最重要的心理需求是同伴关系。只有在同伴关系中，孩子才能体验到

"我是谁"，也就是自我同一性的发展。如果被剥离了群体，自我同一性就容易混乱，人就会体验孤独感与疏离感。而父母往往因为自己对制式化的教育不满，所以会过早地在孩子身上追求独特、个性、差异化。

父母都喜欢看到自己的孩子很闪耀，能在舞台的中央，成为万众瞩目的那个人，但在聚光灯下，压力也是最大的。人一旦处于闪耀的中心，那他就得经受得住人群的各种压力考验，群体不会因为你闪耀了，就一直给你善意，这是童话世界，不是真实的人性。先不说嫉妒、恶意、怀疑和诋毁这些都是我们孩子所承受不了的，那竞争、人外有人天外有天、孤独、被检验、失败的恐惧，失去舞台中央的恐惧，这些是否是我们孩子准备好了的？

父母有时候把优秀、成功切片成一个个镜头了，我们的孩子只要获得那个镜头就好了，却不知道镜头之外还有多少故事要发生。

如果上面我讲的这些体验父母都没有带着孩子趁早经历的话，而父母只是给予了孩子光环，给予了孩子舞台中心的聚光灯，那聚光灯带来的可能是炙烤。就算不是炙烤，从小被万众瞩目，被全家族的人盯着，如透明人一般，实际上也是一种很恐怖的经历。

有一些孩子不想出门，不想到人群中去，实在是因为被整个家族都盯着，盯得怕了，以至于他无意识地就是想避开人群。

有些家长说，那已经与众不同了，已经从群体中剥离出来了，已经脱离了同龄人，已经休学了，那该怎么办？

若具体到哪个家庭，那肯定是要具体问题具体分析了。这里只能分享一些规律性的东西。那就是，**我们必须承认事实是什么，不夸张也不隐瞒，不慌乱也不忽略。特别是对于已经脱离群体的孩子，我们必须承认这个现实，不要替孩子，更不要为自己伪装出一副"我孩子都很好，依然在上学"的假象。休学就是休学，越隐瞒、越逃避，就越是默认休学是一件天大的、见不得人的事情。**

这个时候不要讳医忌药，不要什么都不敢说。你越保护他，就越不对。保护（或谎言）对他造成的伤害更大。

你越是把这件事当作平常的事情，孩子也越是把自己的状况当做没什么大不了的，如此休学时间结束，他也会顺其自然地复学。倒不需要郑重其事地做什么，就是一种态度，不刻意隐瞒，大方、坦诚就可以了。你自己的生活、交际与平时无异，不因孩子的休学而发生巨大的改变，就是给孩子最大的态度。

如果父母在面对孩子的问题时选择什么都不敢说，假装没有发生任何事情，但事实上他们的行为已经变得异常，这种氛围将是最糟糕的。因为这种掩饰和假装无事的态度会增加孩子的困惑和不安，更可能导致他们的沮丧和无助。

如果已经隐瞒了，已经躲躲藏藏好久了，觉得是多么见不得人的一件事情，我建议你真的好好去突破一下，放下这些心结。可以直接点破，不要假装没事，镇定并不等同于假装没事。把事实点破后，大家都不再逃避，不再伪装，这样孩子的精力自然也不会用于伪装，或是把责任都推给父母，孩子也会有了自己思考的空间。

大家一定要明白一个原理，**那就是父母就是孩子的原生环境，在孩子人格不稳定的时候，这个环境往往就是在塑造孩子；环境的态度，就是会变成孩子对自我的认知。而孩子这个时候是不具有分辨能力的，他只会被影响，而无从去剥离父母的态度。**

所以，我在做咨询的时候，会直接点破孩子的现状，当然我同时也会尊重他们"如果你认为自己这样很好，很舒服，那没有关系。但如果你认为不舒服，有需要改进的地方，我们可以针对这个部分进行一些探讨。"我将主动权完全交给孩子，充分尊重他们。

对于那些长期不与他人交往的孩子，我也会直接告诉他们："人如果长期不跟人交往，早晚会出问题，因为这是群居动物的必然需求。"这不是大人在哄小孩的伎俩，我只会客观地告诉孩子事实是什么，或事实会发展成什么！

我也会考虑到孩子的现实情况。有些孩子因为休学太久，或者在原生家庭中被过分关注，所以他们根本不具备应对压力和解决问题的能力。

我们肯定需要充分考虑这一点，但前提是孩子愿意正视问题，决定是否要改变。如果他们不想说、不想谈、不想做出任何决定，这个时候就不能采取下一步行动，而是需要等待，或者进一步做他们的思想工作。如果必要的话，也可以这么问："你不想谈、不想说，不想做出任何决定，一直拖着肯定是有原因的，你能告诉我原因是什么吗？"这样也有助于推动问题的进展。

总之，重要的是推动、倾听，但决定应该由孩子自己做出。很多时候，孩子的无助和绝望是因为父母不知道如何倾听。父母的恐慌和焦虑让他们无法静下心来倾听孩子的心声。

在本节的最后，我想分享我高考前的一个插曲，让大家看看我父亲是怎么做的。

在我高考前，我知道考试那几天我们要住在宾馆里，因为要去较远的考场，需要和同学一起住。我担心被别人打扰，也担心自己失眠。当时我没有意识到自己有焦虑，但实际上应该是有的。那个时候也没有焦虑一说，我只是知道我经常会失眠，但也没太当回事。

所以我特地跟我爸爸说，我怕我考试那几天会失眠，你能不能给我准备一些安眠药。然后我父亲轻松地说："好啊，我明天就给你。"

第二天他就给了我一小瓶"安眠药"，里面有三颗，还特意交代说一天只能服用一颗，不能服用两颗，否则会睡过头，无法参加考试。他非常严肃地告诉我只能服用一颗。

直到高考结束之后很久，我爸爸才跟我讲，其实里面的三颗药都是维生素 C。

我父亲他非常细腻，既不点破也不说教。他只是先不动声色地满足，等事情过了很久才告诉我，那三颗不过是维生素 C。那时，我那么认真地对待可能失眠（实际上应该是焦虑），他就先顺着我，不担心也不露出半点焦虑。他就那么迁就我，处理得非常细腻。

后来，我父亲还跟我讲，其实那几天高考，他都悄悄地去我考场外面，看着我进去，看着我考完出来，他又悄悄地去观察我的状态，但他从头到尾都没有让我发现。

我一直以为是自己一个人参加了高考，直到多年之后，父亲才告诉我，其实他在考试期间一直在考场外陪伴着我。但父亲没有过多地谈这些事情，只是简单地提了一下。

这就是父亲应该真正做到的——无事如有事时提防，有事如无事般镇定。

借由这个点，我想说，**我们对孩子的态度应该是温和当中有坚定，坚定就是人情世故、世俗规矩中，该有的东西他必须有，温和就是允许他有一段时间去调整，但是他必须做到。**

重要的是，你要表现得若无其事。你的反应决定了孩子对自我的认知。

你的若无其事，会让孩子觉得事情并不严重。

♡ "孩子等不起"是父母最大的焦虑

经常有家长这么说："老师，我非常认同你。我注意到跟我一起来的几个家庭都发生了积极的改变，他们的家庭开始向好的方向发展，甚至有几个家庭发生了实质性的变化。然而，当轮到我自己时，我不禁感到焦虑起来。许多妈妈都会告诉我，你改变的速度太慢了，孩子等不了了。每当听到这句话，我就再次感到焦虑。说实话，这也是我每次在焦虑时无法平静下来，无法像您所教的那样面对自己的一个重要原因"。

"孩子等不起"，这句话常常把父母们推向道德审判的焦点，质疑他们是否没有及时救治孩子。它最容易引发父母的焦虑了，而人一旦被焦虑给控制住了，其实人就失去了清明，就无法看见真实的孩子，更无法做出正确的反映了。

我们要花大量的时间教父母如何与这些焦虑的情绪打交道。家长要学会分辨各种情绪背后的需求，不合理的需求，需要想尽办法克制它，或者去除它，最少不要被它所控制，实在不行假装看不见它也行。

比如，当"孩子等不起"这句话袭来，引发父母的是什么样的情绪？焦虑了，不安了。那焦虑不安底下的想法是什么？"孩子会毁掉，孩子毁掉，就是我毁掉了啊"。

可是孩子真的会毁掉吗？"不会啊，可是看到孩子那样，我就是急啊，我想赶紧做点什么，我好讨厌这种不好的感觉，我想赶紧摆脱它"。

讨厌什么感觉？那个不好的感觉是什么？"就是大家好像都觉得我很无能，我没有办法让孩子立刻改变，我学习也是无效的，我怎么就这么差呢""我就是想让孩子赶紧变好，孩子变好了，就说明我学习是有效的"。

所以，控制你的感觉是什么？"是我不好，我很差""我受不了我不好，我很差的感觉，我怎么可以不好，怎么可以很差呢"。

在青稞的学习中，我经常会用这样的方式来引导父母往内心深处去叩问自己，问出家长焦虑不安的情绪底下到底是什么，大部分情况下，明显的、非理性的、不受控的焦虑不安，往往隐藏着父母自己潜意识的需求。

而这个需求，都是过往生命经历造成的。但我们却基本上毫无觉察。然后整个人生其实一直被控制而完全不自知。而孩子的问题，只是这个非理性的需求的一种显化而已。

以心学为指导思想的青稞教学，会教大家如何在日常互动中，"去私欲，存天理"，并用各种方式训练家长去克制自己的"私欲"（非理性、过度自私以及不合理的要求与期待）。去除了"私欲"之后，"天理"自然浮现。

能来学习的家长都是爱孩子的，这本来就是前提条件，不需证明的，只是我们爱孩子的方式出了问题，我们的心被各种"私欲"障碍了。我们要做的就是找出这些"私欲"，看见它，克制它，乃至去除它。如此，纯良的爱自然就流露出来，如此，怎么爱孩子，怎么教孩子，父母自然会发自内心地去做对。而不需要额外学怎么爱孩子的方式。

因为父母都是中国人，所以中国父母的天理就在大家的良知之中。青稞所教的教育观念，不过是把存在于父母良知深处的、大家都共识的内容提炼出来了而已。札记的文章，几乎都是当时家长的需要，然后我应时而写而已。所以，这些原理，不需要多高深的学识就能看懂的，因为它和学历本来就没有关系，它涉及的就是我们每个人内心的良知。

一些文化程度不高的父母，特别是淳朴、质朴的父母，他们天然就能理解青稞教的这些原理。

一个恢复理性、恢复清明的父母，也就是青稞一直强调的"致良知"型的父母，会自然明白父母的立场，在大是大非面前能够明辨是非，并且能够不被情绪所困扰，特别是能够控制自己的焦虑和急功近利的心态。通过观察其他家长的示范，他们有机会跳出自己的狭隘经验和认知。在恢复理性和清明的情况下，他们才能真正理解孩子的人生有无限的可能性。

通过一次又一次的实践—反馈—再实践—再反馈，父母可以获得与以往处于焦虑心态下的完全不同的最新体验。这样的不同体验有助于打破父母动辄就会产生的绝望情绪。虽然孩子现在处于困境中，但通过一次又一次的理性尝试和微小的进步，父母会看到孩子的人生有可能变得更好。

退一步说，人在青少年时期经历一些挫折也并不是坏事。这样在进入人生后半场的时候，他们才能少犯大错，避免走入歧途。

如果孩子目前处于受害、受伤、挣扎、困顿的状态，需要父母保持清明，才能应对各种挑战。没有一颗清明的心，就无法根据孩子的实际情况做出正确的回应，更无法理解孩子的需求到底是什么，为何会如此愤怒和对抗。

而这需要父母先从各种情绪中跳脱出来。同时，在控制自己的恐惧、害怕和逃避等私欲的情况下，孩子的叛逆、愤怒和对抗才有可能被父母直面，而不是逃避并造成更大的问题。

只有当头脑保持清明时，父母才有机会思考用什么方法和手段来管理"熊孩子"。控制住自己想要满足欲望的冲动，放下自己希望母慈子孝的幻想，父母才能忍住自己的给予之心，坚定心肠，被动式地让孩子承受饥饿、疲劳、困顿和受挫的生命体验。因为这些经历对孩子来说其实是宝贵的。只有紧紧地控制住自己的私欲，采用被动、"非暴力不合作"和"闭嘴"等策略，父母才能彻底落实。这样，才能弥补孩子缺失的功课，而且不需要任何说教。

因为父母恢复了理性和清明，所以他们能够辨别出孩子真正遇到的困难和父母认为孩子遇到的困难之间的区别，能够识别出孩子真正的需求和父母认为孩子有需求之间的差异。这样，他们才能在正确的时机做正确的事情，并在孩子完全没有对抗、完全自主的情况下推动孩子前进、成长和复学。

因为父母不再围着孩子转，恢复了理性和清明，特别是站在父母良知的立场上思考孩子的未来，真正为孩子的未来着想，尊重孩子本身的意愿，父母自身的尊严也会在无形中重新建立起来。如果进入这个正向循环，孩子自然会越来越尊重父母，同时也因为父母在孩子需要的时候提供必要的协助，而不是被自己的私欲驱使而跑到孩子前面，削弱孩子自己的动力。做到这样，孩子自然知道父母是他可靠的后盾，在他需要的时候，父母会给予他帮助。

当进入这种良性的亲子关系时，欣赏孩子不再是刻意的，也不会再把孩子当作婴儿对待，而是因为孩子真的很努力、很上进、三观很正、对社会有贡献。

所以，当休学家庭能进入这个阶段时，父母的内心就会有这样的体验：人生任何时候都来得及，从来没有错失了某一两个机会，人生就没有机会了，就没有前途了，就永远输了的说法。年轻人永远有无限可能，这不是一句空话，而是经过实践得出的真知灼见。

如此，我们会看得更远一些，通过课堂的学习和他人在家庭教育上的实践，我们会明白孩子的成长道路上还需要什么，还缺少哪些能力，以及父母还需要为孩子做什么样的"家风"储备。

因为青稞的课堂上，随着每个家庭问题的不断暴露和每位家长对自己真诚的检视，为大家在家庭教育这条路上蹚雷、试错提供了重要的机会。青稞强调一个重要的观点，家庭教育本质上是一场实践活动，而为人父母在家庭教育上会出错，根本原因是我们只有一次实践的机会，因此出错是大概率事件。青稞提供的场所，让每个父母可以从其他父母身上借鉴经验，在场的几十个家庭是每个人最活生生的替代经验。

不反复实践而妄图一次性做对，这不符合客观规律。任何实践活动都需要反复实践—总结—再实践—再总结……这样一个循环往复、渐次深入的过程。

而那些满脑子都被"孩子等不起"这样的焦虑所控制的父母，最终无法恢复理性，大脑没有空间去观察、思考和判断，完全被焦虑所控制，自然就什么都做不成了。

因此，诡异的事情是，父母一门心思地觉得"孩子等不起了"，然后每天又都在无效的行为模式中打转，没有花时间让自己冷静下来，思考一下，喊停一下。他们在各个平台上求助，更换过多个导师，青稞这里，也往往只是他们求助过程中的一站而已。然后，家长就一直在"孩子等不起"的焦虑中荒废了大量的宝贵时间。

♡ 父母的拯救情结是孩子挣脱不了的束缚

这里，我们继续上一节的话题。

我会接着问家长"孩子到底是重病不起，奄奄一息，还是命悬一线？"他为何需要你用拯救的心态来对待他？

要知道，"拯救"在人类的语境中，必须是对方处于极度危险或困境之中，同时也意味着对方没有能力通过自己的努力改变现状，需要外界强力的干预来摆脱危局！

所以，当家长抱有拯救的心态时，父母实际上在潜意识深处默认了孩子处于这种状态！否则，父母也不会如此急切地想要去救他。

知道这意味着什么吗？这意味着，无论孩子事实上怎么努力，怎么改变，在家长的意识里都是"看不见"的，甚至根本没有意义，根本不会得到父母的认可。

事实是，孩子根本没有那么差，他一直在寻找、在摸索，只是由于年纪小、习性重、能力弱，暂时还没有找到很好的出路，而这是需要时间的。当然，在他需要的时候给予一些协助也会更好。

然而，很多父母并不知道，自己想拯救孩子的心最终会扼杀孩子的努力，让他感到窒息。这可能是很多父母都难以想象的，因为他们总是觉得，"我都是为他好啊，怎么反而害了他呢"。

在孩子没有遇到困难的时候，大家都知道孩子需要的是教育、是管教。但是一旦孩子出现问题，比如情绪不稳定、易怒、暴躁、消沉、低迷、抑郁、失眠、焦虑等，一旦专家说孩子有心理问题或精神问题，家长就会感到慌乱和无助。因为家长不知道这个心理问题、精神问题到底是什么，特别是有些专家动辄给这个年纪的孩子下诊断，给出各种双向情感障碍、抑郁、广场恐惧症、强迫症、焦虑症、被迫害妄想症、钟情妄想症，乃至各种精神分裂等的诊断和药方。这些名词足以让家长感到恐惧和焦虑，而且专家还给他们开药。既有诊断又有药方，这孩子不是病了又是什么呢？所以，家长能做的自然就是好好地呵护、照顾这个"病人"。而孩子呢，很无奈，他根本无法对抗外界（老师、同学、家长、专家）对他的判断，不得不成为需要被关照的"病人"。

本来就已经身处困境之中无法摆脱的孩子，又得面对周围人对他贴标签的眼光和特殊的关爱，他如何有能力对抗得过这些呢？在最容易接受暗示的年纪反复接受"你有病"的暗示，那他不退缩谁退缩呢？而这个又反过来坐实了专家的诊断！

这真的是令人气结的局面。

实际上，孩子在成长过程中遇到问题是正常的，而这个问题孩子可能不知道如何解决，所以就会出现各种情绪反应。

作为家长，如果你不知道怎么做，就什么都不做，这远比乱做一气要好。孩子不需要你的拯救，因为他们一开始并不是病人，只是遇到困难而已，只是因为一些无法解决的问题引发的心理反应而已。但一个人在这样的状态待久了，就会真的变成心理疾病患者。这是我们最痛心的结果。

人的情绪状态是对内外情境的反应，就像雷达一样，只有在发现异常情况时才会发出警报。虽然雷达有可能过度敏感而误报，但正常的做法是先排除是否真的有问题引起警报，然后采取相应措施。而不是不加辨别地将警报按下，掩耳盗铃地忽视问题。

然而难点在于，引发警报的内容往往是家长和专家都无法理解的，因为他们没有能力从孩子的情绪化信息中了解孩子到底出了什么问题。因此，大家只能以处理孩子的情绪为掩护，仿佛只要情绪消失，问题就会随之消失。

在这里，即使你一无所知，也不是专家，你仍然可以做一件事情，那就是以普通人的方式对待孩子，像对待其他孩子一样培养他。不要给予特殊的关注或让他感到与众不同。即使要关心他，也请悄悄地、暗地里进行，不要让孩子知道。从心理暗示的角度来看，特殊的待遇会让孩子感到自己与众不同，这会让他们感到非常恐慌。

在现代语境中，"从众"可能是个贬义词，意味着缺乏个性与独立思考的能力。然而，从社会心理学的角度来看，特别是对于孩子来说，从众可以提供安全感。从众是根植于人类潜意识深处的一种生存本能。与大家一致说明我是属于这个群体的，在人类几万年的进化记忆中，这也意味着我会被这个群体保护，不会落单，我是安全的。而不从众、特立独行，实际上意味着离开群体，对人类的潜意识和社会心理而言，这意味着我被群体剥夺了、被远离了、被抛弃了乃至被攻击。

排除异己可以说是群体的本能。即使是成年人，想要与众不同也需要强大的心理认知来支撑自己的状态。无论是追求卓越、领导力还是遗世独立，都需要花费大量的时间和精力来构建心理认知的壁垒，以在与众不同的环境中生存下来。

在现代社会中，能够与众不同并生存得很好，同时对自己满意并不在意周围人的眼光和评价，这样的成年人又有多少呢？即使对于成年人来说，这也不是一件容易的事情。对于孩子来说，面对与众不同的无形社会压力，选择和周围的孩子们一样，走大家都在走的路，才是最安全、压力最小的选择。先做好一个普通人，把普通人该做的事情都做好，然后我们再去追求卓越。事实上，人生的卓越与否往往都是在后半场，前半场的卓越真正能一直保持下来的少之又少。

从发展心理学的角度来看，孩子需要在社会关系、生活能力、家庭背景、社会地位、周围人的认可与支持等各个维度上与自己的特异性相匹配，或者说具备扎实心理素质来支撑自己的特异性，但这谈何容易！事实上，在我接待的家庭中，休学或出现各种问题（包括心理问题）的孩子，大部分在出问题之前都非常优秀。在天赋和成绩上超越常人的孩子并不罕见。甚至有些孩子在多年休学之后仍然可以考出很好的成绩，乃至考上很好的大学，这并不是稀奇事。

父母总是扼腕叹息，感叹多么优秀的孩子就这么荒废掉了，多么卓越的孩子就这么浪费了才华！那么究竟是谁害了自己的孩子？电影《心灵捕手》讲述的也是类似的故事。天才少年威尔最终能走出心理困境，是因为心理学家尚恩以极其淡然的态度对待他，只是把他视为一个普通的孩子。该对他的无礼予以反击就立刻反击，该对他的胡说八道予以冷淡就给予冷淡，仅仅是以一颗平常心对待，最终引发了他的所有情绪释放，帮助他走出了人生困境。当你真正明白这一点，事情就好办了。

归根结底，你想拯救孩子的心有多么强烈，那你对孩子心理健康的摧毁就有多么巨大！

♡ 父母之爱子，则为之计深远

我们一直在讲，在养育孩子的过程中，一定要守住根本，而这个根本就是孩子品格的培养。

那么，如何将孩子的品格培养作为第一要务来重视呢？

第一要务的意思是，我们在教育孩子时，是否将精力、时间、心思都花在孩子的品格上，而不是忙于带孩子学习各种技能或参加各种辅导班。许多父母都把才艺训练误认为是品格训练，认为孩子只要具备才艺就会自然获得理想的品格。最糟糕的观念是"只要学习成绩好就什么都好"，完全无视孩子的思想品格教育。

有些父母会意识到品格训练的重要性，但当孩子身上没有展现出良好品格的时候，他们却没有思考原因。

他们只是想当然地认为，等他长大了自然会变好，或者等他踏入社会，磨炼一段时间自然会变好，自然就有上进心了。

在物质匮乏、世道艰难的年代，生活不像今天这么便利，也没有互联网，人还需要面对面交流，做什么都需要依靠交际能力。因此，这样的想法或许还可行。

在当今时代，物质已经极为丰富。强大的互联网和物流让死宅在家里不和任何人接触成为一种可能。稍具灵活性的，也完全可以通过互联网获得不错的收入、虚幻的友情、爱情和成就感。

看起来他们完全适应这个万物互联的社会。唯一不需要的就是真实的人生，或者说有触感的、有难度的、会痛苦的、会失控、会受挫的人生。

我真正担心的恰恰是这个，常常和前来求助的父母南辕北辙。他们想要的是赶快把孩子推出去，让他去念书或者去工作。

而我所关心的是，这些孩子是否只是在苟延残喘地生活？他们是否具备与他人建立关系的能力？他们能否承受关系中的挫折和困难，并进一步深化这种关系？他们能否真正地与人亲密，未来是否有知心好友和爱人？

我担心的是，这些孩子的未来是否有价值？他们是否能不成为受害者，而是成为付出者、创造者、奉献者？他们是否能承担起他们应该承担的责任，而不是依赖他人，更不应该是玻璃心，容易感到受害、痛苦，甚至想要去死！

我还担心这些孩子是否有动力？他们是否对物质有欲望？对成功是否有野心？对事业是否有渴求？对异性是否会有强烈的兴趣？对喜欢的异性能否奋起直追？

我更为担心的是，他们是否还有尊严？他们是否会用自己的努力和奋斗来维护自己的尊严，而不是退缩和逃避。他遇到伤害和痛苦是否能扛起来，闯过去？他是否能用理性的态度看待挫折，而不是用空想、幻想乃至自我催眠来麻痹自己？

我还担心他是否会对他人关心，能否体会他人的不容易，能否知道别人的辛苦，能否因为不忍他人受苦而主动去做些改变，做些创造？而不是成为一个键盘侠，只在虚拟的世界里面表达着自己的正义与勇气。现实当中和陌生人说话的勇气都没有！

或者说他能否心疼父母、体贴父母，为父母真正地做些事情，而不是口惠实不至，甚至还看不起甘愿付出的父母？

这些才是父母真正要思考、要关心、要花心思的，而不是从一个错误再走向另外一个错误。从宠爱、迁就、无限接纳与包容走到冷漠、暴力、争吵，赶出家门，断粮断供，不再交流的地步，这只会再次铸就更大的错误，产生更多的伤害！

此时，父母们需要深刻反思自己的思想和行为，认真学习并思考：

到底我怎么了？我到底做错了什么？我为何会把我的孩子养成这样？我的思想、我的想法和别人有什么不同？和那些积极向上孩子的父母有什么不同？我错在哪里，别人是怎么做的？怎么做才是有效的？

接下来，父母们需要思考的是：

孩子已经这样了，如何采取有效、合理且有规划的措施，逐步纠正他们的行为？如何激发孩子的内在动力？这才是最重要的，而不是简单地将以前的错误全部反过来。

我当然能理解这些父母心中的痛苦与着急，可是逼孩子去念书，去工作，难道他不会应付？不会在学校里，在工作岗位上敷衍、应付父母，继续趴窝？

在有些课程，老师总喜欢说"父母是原件，孩子是复印件"，或者说"孩子的问题，最终都是父母的问题"，很多父母因为见得不够多，想得不够远，所以总认为自己的孩子不会那么糟糕——"不至于啦""不可能了""怎么会呢"？

如果你用我上面说的这些内动力去检测一下你的孩子，你可能就会吓一跳。

我曾经遇到一个非常温暖的男孩，他告诉我（有些夸张地）有一次他只是随便提到了想要创业的想法，他的父亲就随手给了他一张存有50万元的储蓄卡，说："拿去创业吧，不够回来再拿！"

这个男孩拿着这张卡，思考了一个晚上，最后他想明白了一件事情。他意识到，如果这50万让他花，他会很快花完。但是，如果要他用这笔钱去赚钱，他不知道自己能做什么。于是，第二天，他把这张50万元的银行卡如数奉还给了他的父亲。

然后这个男孩继续做着那份毫无生气的工作。我不知道作为父母，你们看到这种情况会有什么感受，但我感到非常痛心。我为这个孩子对金钱失去了欲望，对物质失去了追求，他的人生已经提前进入了无聊和无趣的状态而感到痛心。

更令人气愤的是，父母们并没有意识到是自己给予得太多，做得太多了。是他们让孩子对生活、对物质失去了兴趣，对世界失去了好奇心，对生活失去了动力，对青春也失去了热情。然后他们还期待着孩子明天能有出息，想着我们家的孩子很好啊，没有大毛病，人也很善良，很体贴父母，平常没什么问题。

那你的孩子为什么会彻夜打游戏？为什么晨昏颠倒？为什么彻夜不归，甚至离家出走？为什么脾气暴躁、易怒且伤人？为什么从来不听你的话？为什么这么玻璃心？为什么脆弱、恐惧、不安、抑郁？为什么要自残，甚至自杀？

当我这么连环追问下去的时候，很多父母会感到不舒服，觉得我在指责他们，他们来求助，却要接受这样的质问。我自己要是懂的话，还来学习干吗？

这里需要稍微说明一下，我在上文使用这么多问句，真正用意不是指责。很多人习惯性地把指出问题视为指责。

实际上，我只是想引导大家沿着这个方向去思考，每个问句的背后都需要你自己进行思考和琢磨，而不必向我解释。

再说，我怎么可能会责怪父母呢？他们也是按照自己的方式长大的，他们的父母也从未教过他们如何做父母。

大部分人都是这样无意识地成长，不知道自己怎么会成为今天的自己，成功时不知道自己为何会成功，失败时也不知道自己为何会失败。父母们只是根据自己的经验，无意识地教育着自己的子女，却不知道这种教育方式可能大错特错。

像上面这位孩子的父母，他们真的没有认真思考过，孩子要成为人才，要创业的前提条件是什么？难道只是钱的问题吗？如同我之前讲的，只是把孩子推向社会，然后他就自然会成长为成熟的人？就自然会努力上进、勇往直前，克服各种困难，走向成功？

如果不深入思考这些问题，只是盲目地推动，那么失败就成为大概率的事情了。老话说"凡事预则立，不预则废"，教育子女更不能盲目。无知和短视的苦果最终只能由自己来品尝。

♡ 用好挫折教育

父母想要帮助孩子改掉不良品行，纠正恶习，建立新的行为习惯，需要有整体规划，不能随意进行培养。

这也是我想传达给父母的另一层意思：教育孩子需要有长远的规划。教育不是一场比赛，不需要在起跑线上与他人竞争，也不需要在赛道上与人竞争，更不需要在未来与人竞争。攀比是商家最喜欢的促销手段，但如果父母陷入攀比的陷阱，那就是自找苦吃了。

教育永远是"十年树木，百年树人"的工程。它应该是血脉的延续，是家风的相传，是思想、理念、风骨的传承。

有时候，看起来孩子是有毛病，有恶习，甚至已经退学、休学。在某些人眼中，他们是不正常的孩子，是没有价值的，不能接受正常的教育。

但是，在我看来，如果父母没有给予孩子犯错的空间，家庭没有调整孩子行为偏差的能力，那这些父母就不懂教育的真正内涵了。

虽然孩子出问题了，但是这样的孩子更需要花费心思，为他们量身定制教育方案，他们更需要一条能让他们成才的道路。

第一，要重视问题，但不要强化问题。

不要把他们定义为问题孩子，把他们当病人来治，甚至直接放弃。教育不应该只注重教会孩子听话和学习，一旦孩子进入叛逆期，变得不听话、不会学习时，父母就不知道该如何教育了。这样的父母未免太好当了。

从心理学效应来讲，把一个人当病人来看待，等于在暗示他"我是病人"。从心理暗示层面来说，治疗的时间越久，就越会强化他对"病人"这个标签的接受度。

比如，职业装就具有强烈的自我身份暗示效应。当你身穿那一套俨然不同于其他社会角色的职业（如警察、军人、医生、法官等）装时，那这个职业所具有的特质就会开始影响你的自我认知，甚至约束你的行为。这种感觉与身着便装时是截然不同的！

很多没有真正理解教育内涵的人，包括一些专家和老师，经常滥用心理干预和行为干预的方法来调整孩子。原本孩子可能有些小毛病，但至少还算是正常。然而，当老师和家长开始对孩子进行心理治疗和行为干预时，情况就变得糟糕了。这些治疗行为会给孩子强烈的暗示，比如"你有问题""你生病了""你无法照顾自己"。而治疗本身也在强化孩子的问题，最终导致他们成为真正的问题孩子。

第二，始终想着如何把他培养成才，在成长的道路上解决成长的问题。

家长、老师发现的问题，是客观存在的，只是鉴于未成年人心理的特殊性——容易接受暗示，所以家长、老师宁可多采用轻松聊天或做思想工作的方式，把孩子导向积极向上的方向。尽量不要过度认同、过度同理孩子的问题，这会导致孩子放大对问题的认知。

未成年人的成长特点在于精力充沛、模仿能力强，所以可以将引导的重点放在未来，帮助他们在成长过程中解决问题，并提升他们的自信心。

教育孩子的焦点始终要放在如何让他们成长上，孩子的问题应该被视为成长中的问题，需要在成长的过程中解决，而不是停止成长的步伐，专门解决问题。

不懂教育的心理咨询师，总是很认真地同理孩子的各种心理问题，这也无意中放大了孩子的心理问题。不懂心理的教育工作者，总是关注着孩子的学习和成长，难以应对孩子的各种变化，特别是发展中的心理冲突，不知道问题到底出在哪里，更不知道应该如何举重若轻地解决问题，要么滥惩罚，要么只顾引领孩子往前冲，最终将心理冲突转化为心理问题。

第三，失败乃成功之母，家长缺乏失败教育的意识。

将我上述提到的两个方面结合起来，其实就是我们老祖宗的智慧，也就是常说的"失败是成功之母"。这是一句非常朴实的话，但如今几乎被心灵市场所嘲笑。从西方传播进来的各种看似高端的心理学理论、教育理念……都看不起这个朴素的真理。

也因为这些理念的冲击，现在的父母和孩子都太害怕失败了。他们似乎认为，一旦失败，孩子就会自卑，就会陷入各种心理伤害之中而无法自拔！

古人曾说，"天将降大任于是人也，必先苦其心志，劳其筋骨，饿其体肤，空乏其身，行拂乱其所为，所以动心忍性，增益其所不能"。所以，现在的孩子其实太缺少失败教育、苦难教育了。

如果父母、老师，能懂得利用人生路上的每一个错误、失败、挫折，让孩子从中学到东西，学会经验教训，每次都有所收获，那么，这就是最好的教育。

没有失败过的人生，没有挫折体验的人生，是不现实的，也是不完整的。如果家长、老师能从这个视角来认识教育的话，那结果就不一样了。

从这个视角看，孩子目前遇到的问题，不就是一次最好的挫折教育吗？不就是最好的"疼痛"教育吗？这些经历不就是一次苦其心志的体验吗？引导得当的话，不就可以实现增益其所不能吗？

在教育方面，一定要着眼于"百年树人"的长远规划，而不是眼前的一城一池的得失。一旦放在百年树人的角度，那眼前的这些坑坑洼洼都是教育的良机、成才的良机。

这就是我们为什么一直要求父母们放慢脚步慢慢来，多思考、多琢磨，在失败中总结经验，吸取教训。

♡ 深刻检视自己的问题

对于很多休学家庭来说，孩子休学是他们最大的失败，甚至是全家都不能碰触的伤痛，他们无法想象：这怎么可能成为一次最好的挫折教育？而且是最好的"疼痛教育"？

对于身处痛苦深渊中的人来说，确实很难把当下的伤痛变成挫折教育，他们能逃离伤痛都已经是心存侥幸了，还想从中得到经验教训，甚至是挫折教育，这无异于痴人说梦。但是，不管你相不相信，这是一次最好的挫折教育，关键看你能从中收获什么。

这里，我们可以从两个方面来解读。

首先，身为父母，我们（这里指的是夫妻双方，不是某一个人）能否真正承认自己失败了，承认把孩子养成了问题孩子。我们必须承认，我们的某些行为或决策导致了今天的局面。

承认失败，就已经很难了，更不用说承认是自己的错了。头脑的承认和心甘情愿地承认是两回事。头脑的承认，它不会转化为检视、检讨自己的自觉行为。因为潜意识里还是认为自己好得不得了，自己没有错，那他怎么可能会持续地检视自己呢？不会的！所以，就算我再怎么教他各种检视的方法与途径，甚至直接指出他的问题之所在，他也只是先很有修养地笑纳，但在下一次课程中，我保证他身上没有半点我讲过的痕迹，他的作业里也没有半点检视的痕迹。

而父母能否深刻检视自己的问题，并以诚恳的态度面对这些问题，是寻求有效解决这些问题，并负起自己该负的责任的前提条件。

我们提倡父母要自我检视，要承认失败，承认自己有做错的地方，但不需要向孩子道歉。我从来不主张父母给孩子道歉，父母自己可以检讨、可以认错，但没必要什么都向孩子道歉。如果父母能深刻地反省自己，有效解决自己的问题，那道不道歉都只是一个形式。如果反省不到位，却急于道歉，只会让孩子更加愤怒与悲哀，同时也放大了孩子的受害者意识，让他变得更加肆无忌惮。

其次，对于身处困境的孩子，我们既要引导他寻求帮助并学会面对，也要引导他解决问题，最终协助他成长。这里的"面对"，指的是孩子该负的责任是什么，他该从失败中获取什么经验教训。这个绝对不是脑子里想想而已，更不是随口说一句"我知道"就能真正获得失败后的经验和教训。

失败从来都是有原因的。如果自己每次能深刻检讨自己，从过往的失败中吸取教训，那么成功离你就不远了。

正如失学少女小雪所分享的，她曾经把宿舍变成了垃圾堆，整个地板都铺满了垃圾，以至于宿舍充满了难闻的气味。一个青春美少女能这样自曝其短，这需要何等的勇气？

她叙述了父母是如何宠她、溺爱她的，以至于她什么都不会，还自以为将来一定会有光明的前途。她说自己看不起现有的教育，坚信读书无用论，甚至狂妄到无视所有亲戚朋友的相劝，认为他们目光太短浅，太无知。

现在的小雪，哭着诉说自己当年如何不服管教。这说明现在她可以接受教育了，可以被约束了，也能上进了。

小雪分享了自己曾经出去找工作的经历，当她去招聘网站寻找工作时，发现自己只能找那些最不需要技术技能，自己曾经根本看不起甚至是个人就能做的工作，这让她心里感到非常难受。她在火锅店打工时，年幼的她要蹲下来擦地板，她无地自容，恨不得把自己塞到地缝里——对于一个从小被溺爱，被当成公主来抚养的女孩而言，她确实会感到很丢人。她开始后悔在学习成绩最好的时候选择了退学，最终连最基本的大学文凭都没有取得。

现在，小雪能正视这些经历了，这是非常不容易的。

她能这么做，说明她开始珍惜目前所拥有的。至少她不会再"心比天高"，看不起那些不起眼的工作了。

我一直强调，教育孩子要关注他的内心，找到内因并让他转变，这样孩子才能上路。

失败教育其实并不高深莫测，关键在于直面现实。我们要勇敢地面对自己的恐惧和内心的伤痛，不要因为颜面而回避。相反，越是面对自己的弱点，我们越能更快速地成长。

当然，这个直面需要用时间和温柔相待。我陪伴小雪度过了整整两年的时间。在前一年多的时间里，我静静地陪伴着她，不急不躁，只是让她待在我身边，不急于做什么，也不急于要她面对。我与她建立了关系，建立了信任，让她慢慢体验到老师真的可以帮助她，可以让她成才，让她觉得未来是有希望的，不会一输到底。

在做好了这些铺垫工作之后，我才开始重塑她、有效地鞭策她，让她完全走出了休学的阴影。她开始为自己的未来奋斗，并主动帮助那些与她有相似经历的孩子。

这段完整的体验对小雪来说非常珍贵。在最沉重的失败打击下，小雪积蓄起了新的力量，走向了她的未来。还有谁比她更懂休学女孩的心声呢？有谁比她更懊悔、更沮丧曾经的决定呢？

只有受教的人，才能在生命中遇到贵人相助。身为小雪的老师，今天我可以放心地说，她现在已经不是原来的那个休学少女，而是彻底蜕变了。虽然未来可能还会遇到波折和困难，还有很多不尽如人意，但我相信，她的内心已经变得强大。

未来的路，她可以自己慢慢走了！

♡ 学会逆着自己的情绪去面对

在这一节，我们来谈谈如何面对孩子休学、出现问题的失败，也就是前面讲的失败教育。其实，这是人能够走向卓越所必备的一种能力。从失败中有效地吸取教训，总结经验，这样才能真正地取得进步。

但人的本能是不愿意承认失败的，也不愿意直视失败。人人都知道"失败乃成功之母"，但如果可以的话，人们更愿意"从一个成功走向另一个成功"。

正因如此，面对挫折（孩子不听话、失学、失业、啃老、忤逆父母），父母和孩子双方都不愿承认这个事实。父母不愿承认自己在孩子教育上的失败，不肯承认是自己错了，是自己有问题。

当父母不愿承认这个失败的时候，夫妻之间往往会互相推诿、攻讦、拆台、怨恨，甚至关系冷漠。越是这样，这一家子的问题会变得越糟糕。

这个时候，父母很容易判定孩子没有出息，前途无望，甚至把问题归咎于孩子心理有问题。极个别父母直接对我说，他们的孩子肯定是脑子出了问题，要不然他们这么优秀，怎么可能生出这样的孩子呢。

当然，这样找个借口总是容易的，也能让自己心里好过些。

如果父母已然放弃孩子是可以成才的指导思想，不再以"百年树人"的角度去养育孩子、观察孩子和引导孩子，而只想把孩子赶紧推出去，不要在家里给自己添堵了（丢面子），那么孩子永远不会有出息，以后不是在这里出问题，就是在那里出问题。

孩子呢，也不愿意承认自己有问题，不承认自己在人生道路上出现了一个巨大挫折，是自己太任性、太狂妄，现实感与抗挫折能力太弱了，所以人生还没有开始，就已经跌倒了。

当孩子不愿意承认自己有问题，不把焦点放在自己身上，不在自己身上努力的时候，父母自然就是他们最好的归咎对象了。

他们认为自己的状态都是父母造成的，这样他们就没有错了，也不必为自己的人生负责任。

而这样，他们就可以心安理得地继续蹉跎岁月，任时光飞逝，因为都是父母的错，所以会产生这样的心理："我已经错失了，我已经废了，我已经做不了什么了，那我干嘛努力？"或者"既然你们把我害成这样，那你们就得养我到老，因为我已经被你们害残废了"。

这个时候，这个家庭谁都帮不了了。他们会一直在这个"老鼠圈"里继续消耗彼此的耐心与希望，直到有一天彻底放弃。

所以，**面对失败容易吗？绝对不容易！这需要我们逆着自己的习性和情绪去面对和处理。**

为此，我们需要认真思考：到底自己怎么了，错在哪里？为何我们一家子总是陷在里面？到底我的责任是什么？如果我真的有自己想得那么好，那我的孩子何至于此？而我的孩子到底是什么问题？

如果你能这么问自己，那你至少找对方向了。那接下来就必须去思考这样的问题：孩子的问题到底是怎么造成的？孩子的问题、思想，到底和自己有什么关系？

孩子不会无缘无故变成这样的。**世上万事万物皆是相生相克的，最终是内因决定外因。孩子的每一种思想、品性、行为以及策略，一定是在你们家庭内部产生的，一定是通过跟你们的互动产生的。**

例如，孩子对你的每句话都置若罔闻，那可能是因为你平时太絮絮叨叨、啰里啰唆了，导致孩子对你的话和行为产生了麻木感。因此，孩子的麻木是从你这里开始的！

又如，孩子动不动就和你说他很受伤。那肯定是因为你总是无法忍受他受伤，担心他的情绪波动，希望他少受一些伤害。于是，孩子发现这样可以让你感到内疚、恐惧和担心，从而逼你退让、妥协，最终达到控制你的目的。

再比如，如果孩子对你挥舞拳头，甚至逼迫你道歉或下跪，那可能是因为他习惯于做"小皇帝"，从小就能用各种手段指挥和控制你们。他从未学会如何与人进行良好的沟通和交流，或者说父母没有正确地教育这个孩子。一个人的暴躁脾气往往是被家长纵容出来的。如果从小就被约束，他就不会是这样的。

简单来说，孩子每一个行为都有其根源，你需要思考并找出这个行为的养成过程和发生原因。

所以，承认自己错了，只是说一句"我错了"或"我失败了"，一言以蔽之，就认为一切都会变好，这是永远不可能的！

孩子的问题永远是这个家庭问题的一个结果。就像果子长坏了、长残了或者老掉果，正常的思维应该是去检查这棵树和这片土壤出了什么问题，以及果农是否疏于（或过度）打药、修剪和施肥，而不是仅仅责问果子出了什么问题！

当我接受任何一个家庭的求助时，我总是让父母先来。我必须让父母学会正视问题和反思，然后通过他们去了解家庭问题的症结所在，最后才决定是采取打药、修剪和施肥的措施，还是改良土壤。

这就是父母必须先成为我的治疗个案和学生的原因。累积多年的问题，你们一直没有发现和解决，直到问题爆发到孩子休学、厌学、对抗乃至放弃。这样简单的事实就说明，问题隐藏在你们意识不到的地方。能够意识到的，早

就被你改过来了。

所以，不能因为上过一些课程、看过一些文章或进行一些咨询，就轻视自己家庭的问题，认为自己已经懂了，就应该这么解决。这实际上是犯了冒进主义的错误，也就是不实事求是。

总之，失败者或顽固的失败者最难以承认失败、正视失败，更无法检讨失败。他们也听不进别人的建议，不请教他人，也不向别人讨教。他们自以为是，傲慢自大，试图通过四处尝试来避免失败，走向成功。然而，他们只会从一个失败跌入下一个失败，然后不断重复相同的问题，直到生命的终结。

最终，他们将一切归因于命运，认为自己的失败都是命不好所致。

♡ 父母放弃了努力，孩子就有希望了

这里再深入探讨一下一个重要的观点："自苦才是解脱之道。"

从"外面没有别人""你看出去，都是你自己"的角度来看的话。大家或许可以更明白一些东西，即我们在孩子身上投射了过多我们自己的需求与情结。

所以，投射的中心是你，也即是意识茧房的中心是你自己。所以，我把这个概念夸张一些总结就是，"意识囚笼的中心是你，作茧自缚的人更是你！"

这就是为什么，对于有些父母，希望他想救孩子的心要"死透"，因为只有死透了，就不敢轻易给孩子建议或教导了。

当然，这个"死透"换一个好理解的说法，就是父母得想尽办法让自己蠢蠢欲动的非理性死去，以期让自己恢复理性，最终可以冷静的观察孩子。而不是动不动就是"关心则乱"，要一直乱，那就没招了。

只有真正冷静地观察孩子，父母才能看到孩子内心真正的动力，也就是说，看到孩子仍然渴望成长、希望改变的一面。然而，要具体观察到孩子的每个细节，特别是他们的心理活动，这是为人父母的责任。（尽管这看起来很难，但这是为人父母应该具备的品质）。尽管孩子表面上可能表现出拒绝、捣乱、放弃、混乱或者退缩的行为，**父母仍然应该将孩子视为未来有无限可能的成人，真心期待他们能够展现那个不可限量的未来！**

一个人只要活着，就永远拥有向上的动力。许多麻木的成年人之所以如

此，是因为他们的世界里找不到出路，他们的生命体验中缺乏其他可供选择的经验与出路，所以他们只能选择麻木。

这就像一只一直生活在井底的青蛙。当我们指责它见识狭隘时，实际上我们无法责怪它，因为它本来就终年生活在井底，它怎么可能了解世界的广阔和无限呢？要让它不局限于井底之见，最简单的方法是带它离开，而不是试图告诉或指责它。

人确实非常复杂，不仅仅会受到自身环境的限制，还会受到自身经历、经验、知识和体验的束缚，即受制于自己的头脑。在这种情况下，我们需要理解头脑世界和人的潜意识是如何构成和起作用的。**这就是心理学的作用，也就是我一直希望大家在课程中不断体验自己（包括看到他人）受困于潜意识和盲区的目的。**

父母需要做的就是引导孩子走出他的潜意识盲区，离开他自以为的绝望之地。然而，前提是父母自己必须先学会摆脱非理性，摆脱自己的盲区！在此之前，父母需要做的就是等待，等待孩子内在的动力涌现，也就是所谓的"静待花开"。

当然，"静待花开"的前提是"静待"，能否让自己烦乱的心静下来才是重要的，而不是表面上装作什么事都没有，实际上内心却是波涛汹涌。

所以，"静待"并不是无所作为的等待，也不是闭眼不看现实。这个"静"要求你在内心深处细致观察你的孩子，在他的只言片语里不断发现他内心的小火苗，即他想改变的意愿和动机！

迄今为止，我见过的大部分个案都愿意改变。当然，他们可能表现出各种无望、绝望或者偏差错乱的非理性行为。但本质上，他们大多还是渴望改变！因为人活着就有需求，有需求就有动力（只是难度有时一言难尽）。

所以，孩子改变的关键节点就在这里！他想要改变了，他有改变的意愿了，他会自己去寻找方法！

这里的悖论在于，父母需要对自己的思维路径感到绝望，不再轻易去改变孩子，不再不自控地走在孩子前面替他做决定。只有真正放弃控制，才能看见孩子内心的希望和自主意愿。

这也是我经常说的："如果你不对自己绝望，孩子就没有希望"。

当看到孩子内心的小火苗时，父母应该保持沉默，不要采取任何行动，

也不应该透露任何口风。

目前不需要去肯定孩子什么。我知道很多父母都迫不及待地想肯定、欣赏和鼓励孩子，这当然很好，但要看在什么样的关系中进行。**如果还处于不信任的关系中，父母的肯定、欣赏和鼓励只会让孩子看轻和嘲笑。**

只有当父母和孩子的关系回到正确的位置上，孩子对父母有敬畏之心时，父母的肯定和欣赏才会产生作用。

而且，迫不及待地肯定孩子往往适得其反。因为父母的动机过强的话，孩子就又会失去动机！

还有就是很多父母骨子里不会欣赏孩子，或者压根就不欣赏自己的孩子，所以还是闭嘴，承认自己的不聪明。

如果非要肯定孩子，那就先学会欣赏自己的爱人吧。先去爱他、肯定他、欣赏他和鼓励他。这是你可以做的，而且不会反弹，还能让人培养出正确地表达爱的方式。

如果能这样对待自己的爱人，而爱人又甘之如饴的话，那么你就可以试着用同样的方式对待自己的孩子了。

♡ 跳出执念、恢复清明

在十多年的心理咨询工作中，我清楚地认识到一个事实：人之所以无法过上他们真正想要的生活，一定是因为存在某个非理性的执念，这个执念在潜意识中深深地影响着他们的行为。换句话说，一个人为何会让自己的生活逐渐陷入无法解脱的困境，必然有其核心的偏执信念，在潜意识中控制着他，甚至带着他的整个家庭逐渐偏离了原本可以预期的幸福生活。

他本人对于被执念左右的无意识行为，要么完全没有意识到，要么虽然有意识，但认为这是理所当然的，就应该如此，甚至不停地为这种行为进行辩解并竭力地维持它！

虽然这些行为在事实上是偏差错乱的、非理性的、明显有问题的，但往往因为这是他从小到大所熟悉的方式，甚至是他在原生家庭环境中培养出来的最为熟悉的相处方式（行为逻辑、思考逻辑、生存逻辑），所以在原生家庭里面是取得了某种程度的平衡。然而，将这种相处模式用于自己的婚姻和养育子女，就会出现问题，因为环境变了，对象变了，而行为方式却没有改变。

但因为自己太熟悉了，所以就习惯了，而习惯了就没有感觉了。这些隐形的教养基因很多时候会在家族代际之间不停地被复制下去，身在其中的人很难识别出来，更不用说跳脱出来了。

这也就是"入芝兰之室久而不闻其香，入鲍鱼之肆久而不觉其臭"吧，信念如此，行为方式亦然，家风也是！

比如说，当事人 X，她非常善良、朴实，长得也十分甜美可爱，有着广东客家人特有的勤劳品质。她的先生也是人人称道的谦谦君子，热心公益、乐于助人。两人是自由恋爱结婚，应该说有一定的感情基础。

尽管 X 非常努力，并且怀着善良的愿望，但是夫妻之间的关系却每况愈下，无论如何都无法相处得融洽。在 X 看来，她的先生对她冷淡、忽视甚至看不起她，后来甚至开始对她使用暴力。曾经对她这个媳妇寄予厚望的公婆，现在也避之不及。最让 X 伤心的是，她的父母也尽可能地远离她，只支持她的丈夫，而不支持她。

最终的结果是，夫家和娘家家族里的所有人都在回避她，对她要么爱莫能助，要么敬而远之。

她在这个不良的关系中不断循环，不仅仅面对亲人如此，面对任何接近她的人，她都会陷入这种模式。结果就是每个人都欺负她，她成为受气包。当她实在无法忍受时，就会开始反抗，但这种反抗通常会以剧烈的方式展开，导致两败俱伤。她不会和平解决问题，也不懂得有理有节地据理力争，更不用说将冲突化为和解了。

这就是她的行为模式，也是她的受苦之所在。就像我在电影课《万箭穿心》里面讲的女主李宝莉的行为模式，当她没有能力识别自己的行为模式时，她越是顽强努力，整个命运就越往下坠，穿心的箭就一支又一支地直插心窝！

相对于那些休学家庭，无论父母如何努力，上了多少课程，孩子就是不愿意去上学，不愿意出去工作，或者孩子的常态就是拒绝，拒绝父母认为所有"正确"的事情。这是家庭中的无效行为模式。

虽然这些无效的行为模式看起来千篇一律，如退缩、叛逆、休学、失学、失业、啃老等，但都经历了孩子从进入叛逆期开始，父母对孩子的管教开始失去效果，失去约束，最终完全失控，使孩子处于某种负向状态之中，而无法进行合理的干预。

孩子的最终状态是消沉、萎靡、烦躁、暴力、对抗等，甚至可能产生各种心理疾病与精神问题！这种"无效的行为模式"持续的时间越长，这个家庭就会越加绝望。因为他们始终没有意识到家庭问题的根源在于自己的无意识偏差，更不用说找到改变自己家庭的关键点了。

然而，每个家庭形成并陷入这种"无效的行为模式"的过程却是千差万别的。

所以，当整个家庭都陷入这些"无效的行为模式"时，如果这个家庭无法识别出自己在这种行为模式下的心理逻辑，只是下意识地拼命努力，拼命学习，而不从整个系统的角度去看问题，不去进行战略性的规划，只是病急乱投医，结果当然就是从这个坑出来，再掉进另一个坑。

第十二章
立住"管教"的根本

根本立住了，再训练他的学业、专业等能力，这样才有稳固的基础。现代家庭其实都本末倒置了。

很多机构和老师只是片面强调父母要学习，父母要改变，父母要上进，却唯独没有把父母"管教"的这个根本立住！

现在的家长过于关注孩子的得失，总是为他们提供太多东西，导致孩子没有欲望，没有动力。这才是现代很多亲子问题的症结所在。

♡ 孩子为何失去上进心，沉迷于"诗和远方"

2010 年左右，我接待过的来访者中有一位退休高管。

咨询时，他说自己的孩子现在宅在家里，既不肯出去工作，也不肯恋爱结婚，更谈不上生儿育女。三十多岁了，老父亲看着他非常着急。

父亲认为，孩子一路的成长都没有问题。从小学到大学，都是优秀学生，高中还在学校的诗社当社长，经常发表诗歌。父亲也曾为此特别自豪，认为孩子继承了自己多才多艺的优点。高考成绩也蛮好，上了一所名校。毕业后，父亲也给他推荐了一份不错的工作。不承想，孩子工作不到半年就坚决辞职了。此后，便一直待在家里上网、看书，偶尔出去旅游、摄影，写一些网络文学作品。

父亲试图逼迫孩子出去工作，未果，遂退而求其次，对孩子说，"你实在不想出去工作也行，咱家也不缺钱，但你怎么也得结婚生子，给咱家留个后吧？"

但是，儿子很严肃地告诉父亲，若非考虑到父母年老，不想令他们伤心难过，他早就一个人跑到深山老林去隐居了。他说自己早就厌倦了"内卷"的工作和快节奏的城市生活。他受不了职场里的虚伪以及人类这种违背自然、不可持续、破坏环境、病毒式的生活方式。

为了去深山老林隐居，他一直在做准备。不仅学习了各种野外生存的必备知识，还一直在做体能训练。只是念及年事已高的双亲，才忍住没有立刻行动。

父亲听到孩子如此冷静地陈述之后，不敢再逼迫他做任何事了。而他也真的搞不明白，为什么孩子会有这些稀奇古怪的想法。

想逃离繁华都市、离群索居，我年轻时也梦想过。海子的那句"喂马、劈柴，周游世界""春暖花开，面朝大海"对曾经的我也有着致命的吸引力。但随着年岁渐长，那些情怀也逐渐放下了，生活也只剩下"眼前的苟且"了。

我相信很多人都有过这样的想法！我也能理解年轻人的这种情怀。

不喜欢高楼林立的大都市，想要搬到小城古镇上。但去拉萨、丽江、大理、西双版纳……更多是追求情怀，与真实的远方关系不大。

只是，随着年纪渐长，有人会慢慢进入生命的下个阶段，感受更多比如事业成就、团体贡献、人群中的价值，还有家庭之乐、夫妻之爱以及育儿之趣等。当然，也有人会一直停留在年轻的情怀之中。

曾经，网上有很多这类情怀性的文字、图片，它们在不断地唤醒大家心底的那个情怀，2015 年 "世界那么大，我想去看看" 的快速出圈，也是这种情怀之下的一次情绪爆发。

远离闹市，去过怡然自得的生活。这看起来确实不错，但事情要从多个角度去观察和思考，这里分享我曾经观察到的一些见闻供大家参考。

2011 年前后的一个初冬，我去某著名古镇讲课，住在一家客栈里。每天清晨，我踏着薄雾出门，都会听见年轻的店老板在他的房间里发出各种声音，或唱诵箴言，或吹奏乐器，或经书朗朗。我晚上讲课归来，踏着清冷的月光回到客栈，又会在天井里遇到这位年轻的客栈主人。他身披一袭灰色的大斗篷，一头长发随意地挽着，双手抱膝，就着一堆柴火煮着茶，颇有些古风。

我们点头打过招呼后，他会示意我一起坐下来。煮一杯茶给我后，他就再也不理我了。柴火的微光照耀着彼此的脸颊，温暖着我们的身体……我们就这么呆坐着，但我实在品味不出这样呆坐着有什么意思，再加上第二天还要继续开课，所以我就早早回到客房去睡觉了。

后面的几天，在没有课的夜晚，我会在一个当地朋友的带领下，敲开古镇上那一扇扇的木门，拜访那些掩藏在各种情怀之下的古镇居民的真实生活。

古镇的街上总能遇见一个牵着一只大狗，样貌冷峻但又略带慵懒的男人，斜靠在某个地方或若有所思，或闭目养神。对着那些初次来小镇，闪烁着好奇眼神的少女们，他总是一副爱理不理的高冷。

镇上的老住户们谈到他时，却都是一副鄙夷的神情。原来，他是镇上居民们口中的 "烂人"（讲述人的原话），那只大狗，只是他搭讪女孩最佳的 "道具"。他每天在街上闲逛，其实就是在找机会 "偶遇"。

那个每天吟唱发呆的 "客栈老板"，也不是真正的老板。他是事业失败之后又逢失恋，在七八年前离开了工作生活多年的都市，只身来小镇疗伤。一个在本地开客栈的南方女老板收留了他，很快他们就同居在一起。女老板比年轻人大好几岁，在南方有产业、家庭与孩子，已经有一段时间没有来过古镇了，客栈就一直由年轻人代为打理。

还有一个玩茶道玩得仙风道骨的茶博士，曾经为了家里琐事父子相争，最终反目成仇。没有争赢的他被扫地出门，无处可去，游荡数年，最后驻留在这个古镇上替人卖茶。

那首每条街道都会传来的"滴答滴、答滴答"的背景音乐，我第一天来时听，觉得超有意境。特别是配合着古镇烟雨与青石板路，简直就让人灵魂酥软。小镇居民说，因为初来乍到的游客听着有感觉，商户们这几年天天都在放这首歌，当地居民却烦得几近崩溃。

那些天的晚上，我听到了更多关于这个古镇的一些不为人知的私密。听完后就更能理解那句经典的台词——有人的地方就有江湖，人就是江湖，该如何退出？

我想很多时候，情怀会不会就是一种自我防御机制？是对现实生活的一种逃离或者是对眼前问题的无法解决后的一种自我开解？从发展心理学的角度来说，如果一个人长年累月沉浸在某种情怀之中，可称为发展停滞了。因为人生是持续发展的，不发展那就是停滞。

上述故事中的主角，基本上都遇到了某个无法解决的人生难题，而后才用"情怀"来包装了自己的行为，并美其名曰"我不是在逃离生活，我只是在享受生活"。

生活在哪里，从来不是问题；对问题的逃离，才是问题。对于这个事实，是很多执迷于"情怀"或"美好感觉"的人所无法直视的。他们一般会沉浸（沉迷）在"情怀"之中，甚至觉得若不这样的话，那灵魂就是没有香味的。

现在，把话题转回到一开始那对父子的故事中。

儿子的心中也是有着"喂马、劈柴，周游世界""春暖花开，面朝大海"的情怀。只是当我们去掉"情怀"的滤镜，把镜头聚焦在他的家庭生活，就会发现这个孩子看起来有点冷漠、决绝。他会非常冷静而且明白地告诉父亲：

我以前之所以认真学习，是因为你们需要我给你们挣面子，你们觉得那是最重要的，小时候的我没有办法反抗，我也不知道什么是对的和错的，我只能相信和听从；而后来，我见过太多你们的装模作样，你们表面的和睦和热情，心底却是坚硬的冷漠和无边的虚荣。你们身居高位，对我发号施令，却美其名曰都是对我好。我无数次试图和你们沟通，但你们从来都置若罔闻，那我现在就不再和你们沟通了。

你们要的优秀成绩，大学文凭，这些我都给你们做到了，帮你们实现了。从此以后，你们就别再要求我什么了。反正你们从来都不知道我要的是什么，也不曾在意过我到底是怎么想的。本来大学毕业的那天，就是我要远离你们的时候，只是刚好那个时候你犯病了，妈妈的心脏又不太好，所以我才为了你们而没有远离，待在你们身边尽一点作为人子的孝道。

这个孩子的心，真的是既单纯又复杂，既简单又深邃，既渴望父母的爱又深感父母无法改变的绝望。

只是，这个父亲听不懂这些话。在父亲的认知里，"人在复杂的社会，不这样哪能生存？从小到大，若不是这么严格要求他，他怎会如此优秀？现在的社会竞争激烈，你不优秀，别人分分钟都把你比下去。脑袋里整天想那些没用的浪漫情怀，还是缺乏社会的'毒打'，看来是我们把他给惯坏了。当年我根本就没有这些乱七八糟的想法，我出生农村，每天想的都是上进。现在的孩子，就是身在福中不知福"。

看到没有？这父子俩完全是鸡同鸭讲，一点交集都没有！爸爸有爸爸的道理，孩子又有孩子的体验。

很多时候，家庭关系里矛盾的根源就是：**父母在自己的世界里非常努力地爱孩子，并且希望让孩子懂得他们深沉的爱，而孩子却在自己的世界里厌烦得咬牙切齿！**

最后要指出的是，短暂的发展停滞并不是什么大问题。拼搏太久停一停是可以的，因为停下来看看世界是为了更好地出发，而不是为了一直滞留在那里。

♡ 一定要把"管教"的这个根本立住

父母的权威包含了一个很重要的法理基础，**即父母具有天然的、不容置疑的管教孩子的权力。**

这个法理的基础是基于生物学意义上的"父母生了你，养了你，就有为你考虑一生的责任，就肩负有管教你的权利和义务"。正如抚养权、监护权、继承权等都是以天然的血缘为法理基础的，并不以个人意志为转移。如果这个权力被瓦解，那现存的一切社会道德、法律秩序就没有存在的根基了。

但是，随着各种自由主义、个人主义思想的泛滥，中国父母的这个权力逐渐受到挑战和质疑。好像只有采用西式民主的父母才是合格的父母，只有合格的父母才可以管教孩子，若是不合格，那么连管教都是错的。

由此得出一个结论，那就是父母必须学习，要学习做对的、好的父母！这就离大谱了！

愿意多学习是好事，但要注意分辨，为了强调父母学习的必要性，就把孩子的所有问题都归咎于父母，比如说"孩子的问题都是父母的问题""父母是原件，孩子是复印件"……这些话就似是而非了。

当我们面对父母时，我们可以指出他们的问题并寻求改变，但我们必须尊重并维护他们的权威。同时，我们也应该意识到，孩子的问题并不完全是父母的责任。所以，不要一直盯着父母身上的问题不放。

某些孩子甚至不准父母管教自己，要求父母先做到让自己满意了，自己才会变好。那这个家庭就麻烦大了。

就算父母不如别人，就算父母没有改变，孩子也不能因此不上进，放弃自己，为所欲为、自暴自弃，更不能对父母恶语相向、拳脚以对。

孩子不能对父母各种要求、各种要挟、各种拿捏，这是不尊重父母的行为。管教孩子是父母的责任，不需要得到孩子的允许。

有时候，一些熊孩子的逻辑确实让人想笑，他们会说"我又没有求着你生我"，或者"你生我的时候也没有和我商量啊"。

老话说"狗不嫌家贫，子不嫌母丑"，什么时候，"父母是原件，孩子是复印件""孩子的问题都是父母的问题""父母要学习""父母要改变"居然可以在孩子的世界里大行其道？然后冠冕堂皇地以自己有"心理问题""抑郁症""人格障碍""精神疾病"来嫌弃自己的父母，嫌弃自己的出身？因为"我这样都是父母造成的"？

很多机构和老师只是片面地强调父母要学习，父母要改变，父母要上进，却唯独没有把父母"管教"的这个根本立住！

我接待过一对很可爱的父母，他们的孩子明目张胆地要求他们要赚到上亿的资产，否则就说明他们不上进。他认为，父母自己都不能跨越阶层，那他还努力什么，理所当然也就没有了上进心，不愿意努力提升自己的成绩，不愿意为自己的前途而奋斗。

因为他觉得自己是复印件，父母是原件，父母不努力，即便自己再努力也没用，这个家需要大家一起努力，一起上进。

如果脱离父子背景的话，这话听起来好有道理。

这对父母知道自己无能为力，所以没有答应他的要求，但他们竟然认同儿子的想法，这确实就很荒谬了。

更荒谬的是，有很多家长缺乏判断力，毫无立场。他们不清楚父母可以自我反省，但孩子不能这么要求父母。

所以，立场的缺失才是教育问题的根源。如此荒谬的现象在现实生活中居然不断上演，比如"你没有能力养我，你生我干嘛""生了我，你就得对我负责到底""我变成这样都是因为你"等。

有些机构和老师使用各种方式来打击父母的权威，甚至鼓励孩子公开控诉父母的行为（父母就坐在现场，像个罪人一样被控诉），美其名曰让父母了解孩子，让父母看到自己是如何残害、压制自己孩子的。

然而，这种做法实际上是以爱的名义来打倒父母。

孩子虽然得到了理解，感到舒服了，但后果却没有人关心。这个家庭还能够恢复正常吗？父母看到孩子不合适、不恰当的行为，是否还具有惩戒的权力？父母还能否理所当然地管教自己的孩子？

按照专家的说法，父母必须先接受教育成为合格的父母，而后才有管教子女的权利。但是，谁来判断父母合不合格？是不是都要去考个证书，然后才能生儿育女？以后生儿育女是不是得由一个叫"生儿育女管理处"来组织考试，考试通过后颁发证书，然后才能生儿育女了？不然就是非法生育了？

如果父母管教子女的正当性都被质疑，都要在情理上被剥夺，那这个家的基础就会从根本上动摇。

当父母管教子女的正当性被质疑之后，父母说什么，做什么，甚至任何打骂、指责都可以被讨论、被质疑，甚至可以怀疑他们所有的行为都是暴力的、压制的、错误的，若是如此，孩子自然可以不听父母的教导，不服父母的惩戒了！

请问，以后谁来管孩子？谁来从小教育孩子知对错、明是非呢？人不能索取父母的养育、爱、支持，却不能不受管教与惩戒吧？

如果一个人在青少年时期就对父母失去了敬畏，那他怎么能敬畏社会上的规则呢？他该如何建立自己心中的那根红线与底线呢？他凭什么去立身处世呢？凭借什么来判断是非对错呢？还要追求真理吗？真理不是懦夫嘴上的权力，也不是键盘侠网暴时的旗帜！

从社会学意义上来说，约束的强制性、秩序的天然性，其实都源于对父母的敬畏，即"秩序最初源于对父母的畏惧"！

人们必须心怀敬畏，才能有规矩，才能最终获得安全感，并实现社会的和谐与稳定。当孩子从小就失去对父母的敬畏，其实就是会为以后整个社会的失序做好心理上的准备。

♡ 根本立住了，再训练其他

在教学中，我曾反复强调这样一些主题，就是做人的底线原则，以及人们应该具备的基本的、起码的道德准则，或者说伦理原则。就是儒家说的"仁义礼智信"，因为这是人与人之间建立关系的基本守则。

如果要用心理学的语言来解释，这些基本守则是中华民族在几千年的时间里沉淀下来的，人与人之间默认并遵守的心灵契约。遵守了，在潜意识层面（包括集体潜意识层面）代表你有利于这个社群的生存，社群自然会接纳你，视你为同族；违反了，代表你是不利于这个社群的生存，社群自然排斥你，视你为异类。

现代父母匆忙地接受西方心理学的那些东西——爱、自由、包容、接纳、感恩、平等，还有一些心理学的一些新概念——原生家庭、伤害、创伤，以及各种心理问题，比如各种神经官能症，却独独忽略了中国传统文化中做人基本的、起码的道德准则与伦理原则。结果就是捡了芝麻丢了西瓜。看起来都是非常努力的父母，都爱孩子，结果却让孩子与这个社会格格不入。也因为人际关系的不协调，导致孩子在社会化、成人化这些关键阶段停滞不前，最终出现退行与各种心理问题，以及神经官能症等自然也就不足为奇了。

西方心理学的这些理念的确不错，但它毕竟没有完全融入中国人的文化深处，没有融入集体潜意识之中，没有成为我们的共识，更不是必需的心灵契约。

其实，很多人都不明白传统文化的重要性在哪里。他们无法给出明确的解释，但从潜意识研究的角度，我们可以深刻地领悟"仁义礼智信"的重要性。

当然，在新时代下，**像"仁义礼智信、温良恭俭让、忠孝勇恭廉"等传统的伦理规则、道德守则也应该与时俱进，这也是我们的社会主义核心价值观。**

从"仁义礼智信"到核心价值观，其内核是一脉相承的，更是经过几千年的共识，被我们默认为最有利于族群生存的行为范式。这其实就是集体良知，也可以说就是道。

不谈自己的道，回避自己的良知，却试图通过大爱与包容，自由与接纳，或者只是单一地训练孩子的学习，提高学业成绩，就认为孩子未来会有出息，那这种做法是舍本求末。

问题就出在这里，所以，根治也得从这里开始。

就像我调整失学少女小雪（当然包括成人），其实也是从这里开始调起的。前几天，有位休学学生的家长来找我咨询，看到小雪在工作室里忙碌，悄悄对我说："老师，您要是能把我的孩子调得像小雪那样，我就知足了。"

他现在眼中的小雪是什么样子？

她看到小雪在阳台洗、收、叠工作室的被褥，看到小雪礼貌热情，还去市场买了菜回来做饭给大家吃，手脚麻利得很。

在孩子休学之前，大家不都觉得自己的孩子智商高、学习好、前途广大吗？我这里接待了好多从名校里退学下来的、半途而废的、没有动力的孩子，还有从名校毕业，包括从外国留学回来后就在家啃老的"老孩子"。

实在是触目惊心！

这些父母来找我的时候，只剩下最后一个愿望了："老师，您能让我的孩子出门吗？只要他能出去就好了！"

我经常告诉这些父母，要从小事上调整孩子，要从小事上收回主导权，要在小事上练习。练习是为了什么？为了把他缺失的这些基本品格、道德守则、伦理原则等重建起来，按照儒家的标准就是"仁义礼智信"。

当然，我也对传统文化中的儒家五德用现代语言进行了诠释，这样方便大家在生活中去落实。

仁：恻隐之心，也就是悲悯心，同理心。

义：该做的事情要做，不该做的事情不要做。

礼：规则意识、懂规矩、守礼仪。

智：解决问题的能力。

信：说到要做到，守诺重信。

事实上重建儒家的五德是有步骤的，其中比较好入门的是礼，如礼貌、礼仪、规矩、规则。只有重建好这些，他才能重新被这个社会、被人际关系重新接纳，而后才有"成人化""社会化"的可能。

我们的重点不在于念书和学业，而在于品格、道德守则和伦理原则的重建。

道理非常简单，根本立住了，再训练他的学业、专业等能力，这样才有稳固的基础。很多家庭其实都本末倒置了，这也就是"空心病"产生的最根本原因。

家长现在看到小雪手脚麻利、面带微笑、脾气温和，不管你认不认识她，她到底有多少本事，至少对她的印象都不错，甚至还挺喜欢她。如果只是简单的交往，至少她不会让你不舒服。

你知道这对小雪有多重要吗？这对一个曾经失学（休学）的少女，一个完全在溺爱中长大的孩子，一个曾经缺失社会能力的少女，有多重要吗？

在来之前，她从来不知道为何自己失学后会屡屡碰壁。她以为自己可以步入社会，可以在社会上创建一番事业与功绩，她完全不知道问题出在哪里。

现在，小雪开始意识到问题的根源就在于此。

以前，别人与她交往时，自然而然地就不想理她了，会忽视她、冷落她甚至不尊重她。这些经历让她深受伤害，最终导致她拒绝与人交往，这也是她休学在家中拒绝与人接触的一个重要原因。

小雪不可能知道为什么大家在外面会自然而然地忽略她。他们看不到她的努力，看不到她认真地想要融入大家，也看不到她在讨好身边的人。

为什么会这样？因为她之前身上散发着一种自私自利的气场，没有考虑到他人的需要，没有体会别人的辛苦，更不会主动帮助别人。不仅如此，她经过哪里，实际上都是在给别人制造麻烦。

之前我要求小雪与人见面时要打招呼并微笑致意，同学来了要指引并协助有需要的同学。她口头上答应得很好，但很快就会找各种借口推脱，比如心情不好、睡眠不足、没吃完晚饭、要洗头、要和妈妈打电话等。

试问，这样的小雪，谁愿意接近她呢？即使她再聪明、再漂亮、学习再好，那又有什么用呢？

一个人如果没有形成这种自发的、为他人考虑的习惯（仁），没有与人方便的思维，看不到别人的需要，感知不到别人的不容易，也不愿意主动去帮助别人（义），那么她的人际关系必然会非常糟糕。

我们不能只是简单地教导孩子这些道理，然后期望他们会自觉地养成这些习惯。如果这样做的话，未免过于简单了。

所以，我们从小事开始调整小雪，使她变得手脚麻利、面带微笑，主动与人打招呼，主动帮助别人。当她的状态得到改善后，她的人际关系也会随之改善。人际关系的好转将为她带来更多的机会，如果再加上她自身的努力，她的人生将会开始变得不同。**没有良好的品格和努力作为双引擎，孩子将注定面临失败。**

♡ 别在"权威"和"慈爱"之间摇摆不定

父母除了是孩子的榜样外，还有另外一个角色，那就是权威。但现代中国的父母好像不容易找到权威的感觉，要么严苛、要么溺爱！

在古代中国，权威是不容挑战的，特别是父亲的权威更不容有半点质疑，这当然是需要批判的。

权威若完全不容挑战的话，那整个社会都会失去反抗的力量，而陷入死水一潭。而反抗，其实是生命中最宝贵的力量，它实际上就是生命力！所以，失去反抗力量的社会，最终也会失去了活力。

今天的中国正在重新走向伟大的复兴之路，民族复兴显然包含了对文化的复兴。文化复兴的首要任务是建立文化自信。具体而言，**文化必然是渗透到每个国人的潜意识深处，若从家庭层面而言，文化自信最直接的表现就是中国人的家教。**

但是，目前中国人的家教经常会在"权威"和"慈爱"之间摇摆不定。

要么过于权威、压制，让孩子的心灵几无喘息的空间；要么过于纵容、溺爱，养育出无法无天、不服管教、没有边界的孩子。这其实都还没找到合适的感觉，也可以说是文化上的不自信，当然也可以说是不知道该把什么传承给自己的孩子。

无论大到国家，还是小到家庭，其实都是一样的。我们既不能过于威权严厉，也不能溺爱纵容。在威权与纵容之间依然有一种既斗争又团结的关系。

这里分享一个来访者 W 的故事，W 一直接受各种心理咨询师和心灵导师的咨询，并且是多家心灵课程的常客。她一直在努力在疗愈她与母亲的关系。虽然一直在疗愈，但一直没有什么效果。

她在一些文章中看到我对心理咨询的一些不同看法，所以她决定来找我试试。

据她介绍，她在原生家庭中受到了严重的心理伤害。她的母亲非常重男轻女，特别是在妈妈眼里，她永远没有弟弟重要。无论她怎么做都不如弟弟，妈妈对她的打骂、索取和压制几乎是家常便饭。直到现在，她已经成为一个妻子和母亲。

W 说，她一直有一个执念，就是要证明给母亲看"我不比男孩子差，我比弟弟优秀多了"。这个执念主导了她生活的方方面面。因此，她不停地努力奋斗，但无论她怎么做、怎么优秀，她的母亲总是认为姐姐做的这一切都要给弟弟。她对父母的好，都被他们认为是应该的、必须的，而且还不够。

当然，她到底有多优秀？到底为家庭做了什么？妈妈真的认为她做的一切都要给弟弟？关于这些信息，我没有来得及进一步核实。事实上，当事人以为的心理"事实"和客观存在的事实之间往往会有很大的出入，这个是需要咨询师注意的。

W 这些年来学了不少心理学课程，开始慢慢地意识到原生家庭对自己的影响，并尝试着去修复自己和母亲的关系。因为她所学的心理学课程告诉她，要走向父母、化解与父母之间的问题、接纳父母、爱父母，甚至要臣服于父母、向父母忏悔、先让爱流动起来。这个心理学老师也是典型的"圣母"做派。

W 在各类课堂上（或工作坊上）处理了无数次和母亲的关系，但一回到生活中，只要和母亲接触，她就立刻显露出自己的本性。她只能按照老师们的教导，竭尽全力控制自己的情绪，然后努力使自己相信（自我暗示）：妈妈是爱我的，我也是爱妈妈的，只是我们彼此都不懂得怎么去表达爱。因此，她总是先做爱的行动，作为女儿走向母亲。她会处理好自己的情绪之后再去向母亲道歉、忏悔。当然这个道歉和忏悔对她而言是"真心"的。道歉和忏悔完之后，母亲看起来也最终都会放她一马。

时间久了，次数多了，W 就变得更加分裂，导致她近 10 年的时间里一直处于抑郁的状态，无法真正地走出来。W 来到我这里的原因很简单，因为我是一位男性心理咨询师。她从我的文章中感受到，我几乎不讲爱、道歉、忏悔、接纳以及让爱流动等心理学话语。

在咨询过程中，W 一进入就表现出了愤怒的情绪。我让她表达自己的愤怒，并鼓励她进行宣泄。然而，无论我如何引导，她似乎都无法释放更多的情绪。

那些课程的常客往往让人感到头痛，因为她们多年来不断地被教导，导致大脑已经被这些教导重构了多次。因此，我很难判断出她的真实情况。

W 告诉我，她学了很多心理学课程，试图表达和释放自己的情绪，但实际上她已经花了十年的时间在疗愈的路上。

我告诉她，我实际上情绪并不需要被接住或控制。

W 却以为我答应了会接住她的情绪，于是她开始向我发泄自己的情绪。她认为作为心理咨询师。她想当然地认为，我应该包容、接纳她的无理取闹和攻击，并理解她的情况，只因为我是心理咨询师。

这显然不是我的咨询风格，也不是我的作风，这也是我们之间存在认知误差的地方。

然后，W 开始在咨询室里砸东西，虽然我认为砸东西可以让她释放一些坏情绪，但我并没有鼓励她这样做，实际上我还没有搞清楚她的行为逻辑到底是什么。但当她开始把东西扔向我时，我轻轻地制止了她的行为。

然后，W 就认为自己受到了伤害，认为我不是个合格的心理咨询师——我怎么可以制止她的发泄呢？

作为一个心理学课程的常客，W 认为这样才是心理治疗，才能真正地疗愈自己。她认为心理咨询师应该包容、接纳、爱和感恩。怎么到青稞这里，咨询师还会制止她的发泄行为呢？

从 W 身上，可以看到现代心理学课程对她的影响。为了达到心理疗愈的目的，她不惜花费了十年的时间来疗愈自己与母亲的关系。

有时候我也会腹诽，她怎么可以花了十年时间和精力去疗愈自己与母亲的关系，她不应该聚焦于自己的目的或者自己的问题吗？为什么非要和母亲纠缠在一起？再说了，现实中的母亲不早已经是耄耋老人了吗？实在不能好好相处，那就各自安好就可以了啊，为什么一定要求一个化解、和解、彼此安好的结局呢？每次都和母亲忏悔、道歉，甚至下跪，难道不是自己的一种执着吗？这世界上有些事情就是无法化解的啊！

再说了，如果我是一个她可以随便挑战、挑衅的咨询老师，并且对她的行为没有任何权威的话，那么以后我该如何引领她呢？W 明显缺乏现实感和处理人情世故的能力。如有必要，我需要教会她如何与母亲相处，但这需要她愿意配合我的指导才行。

而挑战和挑衅意味着我是她的对手或敌人，这将使我失去作为她老师的可能。如果一个人没有老师的指导和纠正，那他就很难修正自己身上的毛病。

我只是轻轻地在捍卫我的边界，但这些行为在她看来就是无法接受的。

就算是动物世界，它们本能地懂得父母不是自己的敌人，更不是自己的猎物，不能用自己的爪子、牙齿攻击父母。

同样的道理，父母意象的外延也不应是你的敌人，事实上他们应该是你的指导者、引领者，更应该被尊重、学习和模仿。

所以，挑战权威、不尊重权威实际上是一个伪概念。如果一个人总是习惯性地挑战和不尊重权威，那么他将无法真正向自己的老师学习，也无法以老师为榜样来淬炼、锻造和修正自己。同样的道理，当他到社会上时，他也无法与上级、上司合作；在一个团体或公司内部，他也无法将团体精神和企业文化内化为自己的精神，并将其作为自己努力工作的动力，真正为这个团体或公司着想。

也就是说，挑战权威和不尊重权威看起来很酷、率性甚至很美，但同时也意味着失去了担当的勇气和负责任的自觉。这种行为可能会让人在短期内感到刺激和满足，但长期来看，它会阻碍个人的成长和发展。

♡ 重整序位，恢复父母权威

父母的管教要能在孩子身上起作用，前提是父母能主导孩子的行为，简而言之，就是孩子要能听从父母的话。孩子如果不听话，即便父母说得再多，也都会变成耳边风，都会成为唠叨，甚至还会起到相反的作用。

大部分的休学家庭（含各种"家里宅"的情况）或多或少都失去了对孩子的影响力，无一例外，溺爱孩子的家庭都是"小皇帝"当家，父母和孩子之间的主次关系颠倒，最好的情况就是彼此相安无事，互不干涉。而"仆人"想要改变"皇帝"，那怎么可能？而失去了约束的"小皇帝"，他自己会反思吗？会自省吗？会自律吗？会自行改过吗？会自行成才吗？他从来没有被训练过这些能力，现在可能自行学会？

各位不妨去看看爱新觉罗·溥仪所著的《我的前半生》，看看这个真正的皇帝是怎样生活的，看看溥仪他那薄情寡恩的个性是怎么养成的。再看看这个末代皇帝最后又是怎么被改造成一个自食其力的劳动者，这或许对我们的家庭教育更有借鉴意义。

任何时候，如果子女能够控制父母、打骂父母，甚至有些愤怒的子女想要和父母拼命，这实际上表明孩子已经处于堕落之中。如果不立即加以纠正，成年后他们可能会给社会带来巨大的问题。

所以，我建议"非暴力不合作"背后的真正目的是阻断孩子的继续堕落，恢复父母的权威。让父母重新获得主导权，让越位的孩子回到自己原来的位置上。让孩子重新恢复他们的本性，而不是任由他们自行演化、变形、恶化。**失去秩序、失去制约力量的孩子，实际上已经处于变形、恶化的状态之中。他会误以为自己很有力量，因为他能够打败父母，能够控制父母。**

失去外在的制约力量，失去对规则和权威的敬畏，人们要靠什么来自我约束？依靠自律？前提是他必须先有他律，必须先被约束住，然后才能成为自觉，才有自律。**社会化的本质就是一种约束！处于社会关系中的人或动物，都会受到社会团体中秩序、规则和位置的约束。**

未成年子女如果打败了父母，失去了管教与约束，就意味着他过早地失去了权威的约束和对力量的敬畏。这也意味着他不知道真正的力量是什么，以及权威是如何炼成的。尽管他看起来天不怕地不怕，但实际上他只是不怕父母，他敢用自己的命来控制和威胁父母。但对于除父母之外的人，他是没有任何影响力，同时对于除父母之外的强者或权威，他不知道该怎么相处。如果他被权威尊重了，他会看不起权威；如果他被权威打倒了，他会迅速地匍匐在地，诚惶诚恐，进退失据。

如果更小的时候就能控制父母，随意折腾他们，结果会更糟糕。他会失去现实感，因为在家里他最厉害，这种自我感觉太好了。但进入青春期后，他会发现他无法控制自己的身体、欲望和思想，各种变化让他无所适从。没有一个是他可以控制得住。此时，这样的孩子又失去了能威慑住他心神的父母、老师、社会规则。因此，出现各种幻听、幻视、妄想等现象就是必然的。

这其实统称为秩序的崩溃。社会秩序的崩溃叫作礼崩乐坏，内在秩序的崩溃则称为精神分裂（或人格分裂）。这是因为没有一股统合的力量来统合各种错觉、幻觉、意象，包括没有主人格来统合各种次人格。有一句成语叫"六神无主"就很形象地表达了这种状态。

偶发性的幻觉是人的一种正常心理反应，就算是心理健康、情绪稳定的成年人，也难免会产生一些妄想或者幻听、幻视的现象。耳熟能详的就是草木皆兵、风声鹤唳、杯弓蛇影这些典故了。但具有现实感的成年人，心绪宁静下来的时候，他们能分辨清楚哪些是幻觉，哪些是事实，但未成年人却未必能做到这一点。

特别是当他的这些妄想、幻听、幻视，还能给他们带来某种益处时，那他就很难从这些幻觉中醒来。常见的益处是，让父母继续围绕着自己转，可以继续控制父母，让父母的情绪围绕着自己波动。

让父母的情绪围绕着自己波动，是孩子常见的一种控制父母的手段。类似婴儿通过哭闹就能获得父母的关注和爱抚一样。只是这个行为，在成长的岁月中被另外一些形式替换了。比如生病、痛苦，或者出现心理问题，强迫、抑郁、自杀……

当然，特别需要注意的是，**我不是说所有生病、心理问题的孩子都是为了控制父母，我只是说，在失序的家庭关系里面，这些症状有可能成为孩子控制父母的有效手段。**

实际上，这也是最难处理的问题，因为生病是真的，心理问题也是真的，自杀的痛苦更是真的。只是这些真，会被孩子无意识地用来控制父母。

这就像孩子摔倒了，磕破出血，他肯定会感到疼痛，但摔倒后他躺在地上不肯起来，非要在地上打滚，并且一定要父母过来抱才肯起来，这就是要赖了。

磕破出血是要被安慰和照顾的，但要赖就不行，这就是原则。孩子有现实的困难和痛苦，这个可以被理解，但借病要赖，借问题来控制父母，是绝对不被允许的。

在父母无法有效判断孩子问题成因的情况下，我担心他们会采用冒失、激进的方式来管教孩子，从而加重孩子本来就存在的困难和痛苦，或者让他们的心理问题更加严重，导致其用更激烈的方式来对抗父母。

孩子是我们的命根子，我们输不起，所以，绝对不要冒进，我才一再强调，要采取温和的"非暴力不合作"的方式来拿回主导权，重整序位，避免造成二次伤害与意外发生。用潜移默化的方式改变孩子，不仅安全，而且从本质上来说也是最有效的方式。

有位妈妈非常担心孩子在外人面前表现出幼稚、乖张的行为，因为她觉得这样会让她感到丢脸和失去尊严。因此，她尽量避免带孩子出门。尽管孩子已经多年休学在家，她仍然需要经常带着她四处寻找各种老师和课程来求助。然而，每次孩子在各种场合表现出幼稚、乖张的行为时，妈妈就忍不住想制止孩子。但她知道如果自己制止得太多，孩子可能会做出更加过分的举动来让她更丢脸。所以，每次妈妈都尽力控制自己的情绪，尽量不做出引人注目的举动。

妈妈越是这样，孩子就越是搞各种各样的幺蛾子来，并以此为乐。

妈妈确实被孩子抓住了软肋，而这个软肋其实有着深刻的原因。在妈妈的原生家庭中，她自己的母亲从小都是用羞辱或让她在大庭广众之下出丑的方式来惩罚她。这种长久的被羞辱、被出丑的伤害性记忆，对妈妈的人生有着牢固的控制。为了不丢脸、不出丑，妈妈在工作中非常认真和负责，力求把每个工作细节都做到尽善尽美。在她找到我之前，她可能从未意识到自己有问题，因为她毕竟取得了相当好的事业成就。

女儿现在的行为对应的是妈妈的这个创伤记忆。也就是说，妈妈特别在意女儿会不会给自己丢脸或者女儿是不是给自己争脸了，让自己脸上有光了。在孩子还没进入叛逆期的时候，尚且能遵从父母的要求，按部就班地学习，取得良好的成绩。

一旦孩子进入叛逆期，突然发现自己不学习、不听父母话，父母居然拿她没有办法（或者父母居然默许了她这个样子）。她更发现自己的一些行为尽管让母亲非常不舒服或者让父亲非常暴怒，但他们依然无计可施。

父母的无可奈何，其实是因为在母亲的潜意识里，她非常抗拒被约束，非常抵触管教的行为，甚至可以说妈妈才是那个不服管教的人。只是妈妈的成年人身份和出色的工作能力，掩盖了其底层的任性、固执与偏执。而这些底层的无意识终究通过对女儿的纵容表现出来。

孩子之所以能一再突破你的底线，是因为你事实上根本没有底线。

在这样互动的过程中，她的孩子无意识地摸索出了一套控制父母的策略，并在出格的道路上越走越远。父母只能干着急，却没有行之有效的方式来制约她（无法制约实际上就是潜意识里的默认和默许）。

在孩子那里，他们有一个很直观的体验：你们拿我没有任何办法，而我却总能让你难堪、让你暴跳如雷！表面看起来父母好像是强势的一方，能够管着孩子的金钱，偶尔还能揍他们一顿。但显然，孩子的手段更多，他们做出各种出格的行为，出现幼稚乖张的言行，甚至生各种病症，反正他们总会拿一堆麻烦来整你，而你却一点办法都没有，只能被牵着鼻子团团转。

在母亲没有真正面对自己，没有心甘情愿地突破自己，尤其是母亲自己的不服管教、任性、固执和偏执等问题被意识到之前，她是无法管教这个孩子的。

而孩子现在已经成年，她已经熟练掌握了抓住母亲的软肋，操控母亲的行为。她随便一个行为都可以让母亲陷入失控的反应模式中。

这就是我之前所讲的这个家庭中的非理性！

但这个孩子的行为模式并不难破解，而且不需要使用暴力或强压。只要识破她的这些伎俩，让她的伎俩无法得逞，并一次次让她失望即可。或者当她玩腻了，不再玩这种游戏，她也会收心，好好养活自己。

当然，要记住，这并不是她头脑层面的故意，这只是她在原生家庭中养成的习惯。

在我和她的几次交锋中，她习惯性地展现了十八般"武艺"，天真无邪、无知可怜、无礼乖张、胡说八道、胡言乱语、受害受伤以及种种心理疾病的症状，各种咨询师的咨询套路她都熟练无比、信手拈来。

每次交锋之后，我都惊叹，一对看起来那么踏实本分的父母，怎么会养出这么一个孩子呢！当然，事后了解，其实也并不意外。这些年，父母带她四处求助，经历了太多专家，见识了太多"爱心人士"，每个人都想办法帮助她。她在这个过程中学会了如何应对这些人，并升级了自己的技能，然后顺便选择一个她能驾驭的"爱心对象"进行沟通交流，而对方也沾沾自喜于自己能很好地陪伴她。大家都没有真正识破这个孩子的伎俩，所以就一次次地掉入她的陷阱之中。而我呢，只是不上当而已，毕竟我没有她父母的那个软肋（非理性），也不怕丢脸，更不在意她怎么无礼；而且我更加警觉自己不要掉入助人的陷阱之中（那个陷阱叫作医生需要病人，而不是病人需要医生）。

而她呢，从最初见我时的胡说八道、肆意妄为，到现在能够好好地和我交流并讨论事情，初步遵守我们之间的约定，这已经是一个非常可喜的变化了。

这个转变经历了什么呢？其实说穿了很简单，就是我能够不受她的行为干扰，稳定地按照自己的步伐推进我们之间的关系。我只是温和地坚持自己的立场和行事方式，不迎合、不讨好她，但也不拒绝，更不厌恶。在整个过程中，我并没有任何说教或讲道理给她听，因为我知道这不会有任何作用，她不会听的，所以我也就没有讲。我就是这么做的，按照我自己的步伐和规则。

在这个过程中，她的某些心理问题，比如被迫害妄想，就自然而然地消失了，而我实际上并没有针对这个问题采取任何特别的处理方式。恰恰相反，我还给了她几次当头棒喝。当然，实际的内心博弈是非常复杂和微妙的，这里由于篇幅限制就不详细展开了。

这个过程实际上就是我多次提到的，用新的体验去改变她原有的体验，也就是用潜移默化的方式来影响她。

♡ 断掉 Wi-Fi 发射器

我经常比喻说，父母就像那个 Wi-Fi 发射器一样，孩子就是那个接收器，孩子只要一进入父母的信号范围，就会自动弱化、退行，出现失常行为。而孩子若是单独来到我的面前，往往会表现得很正常，这个现象已经屡见不鲜了。

父母身上的无意识（非理性）就像万有引力一样，吸引并改变着靠近他身边的至亲。

在父母自身没有检视并修正自己无意识行为的情况下，最好还是先断开连接。因为每个孩子都有自我修复、向好的本能。正如我前十年以来接待的来访者，几乎都是自己前来求助的，并不是因为父母的要求而来的！

如果父母一直以来都采用了错误的教养模式，并且无法意识到问题所在，那么断开 Wi-Fi 其实是相对明智的做法。

另外，到我这里求助的父母通常已经尝试过各种育儿理念和课程，对孩子采用了过多的教育方法。这种试错过程虽然对父母来说是必要的，但对于孩子来说可能已经产生了免疫力或造成疲劳。

这类家庭的孩子常常会说"你不要再学习了，反正你一点改变都没有""你学这么多有什么用""这些课程的老师都是骗人的""没用的，你们都帮不到我"。因此，断开 Wi-Fi 也是为了减少这种教育方法的过度使用，以及因此带给孩子的疲劳感。

在教育孩子方面，如果父母过于折腾，仅仅从这一点来看，这个家庭的教育也需要休息和调整。

就像一块钢板，如果总是被掰来拗去，最终也会被折断。因此，前来找我咨询的休学（包括辍学、失业、啃老）家庭，我第一步都会要求他们先"装死"，就是这个原因。

我不是一接手就给父母一套操作方案、指导意见，急于让他们把孩子带过来见我，好像我只要一给孩子咨询，孩子就会立刻变好一样！

在孩子已经拒绝与父母交流，父母给出的任何建议都无效的情况下，还试图采取其他措施只会再次引发孩子的逆反情绪。无论父母有多么爱孩子，有多想为他好，这种情况下的交流都是无效的。同样的道理，如果孩子没有自主求助的意愿，即使他们见了咨询师，也只会大眼瞪小眼，无法建立有效的咨询。

当然，断开 Wi-Fi 或采取"装死"的策略，并不是对孩子置之不理、漠不关心或针锋相对。父母应该保持对孩子的关注，被动地等待孩子向他们寻求帮助或回应他们的需求。否则，他们容易从一个极端走向另外一个极端，这对于孩子的成长和教育都是不利的。

断开的目的是让孩子休息和恢复自我意愿，给父母时间来思考和重建与孩子的交流沟通方式，恢复孩子对生活的热情和信心，最终改善学业、事业和家庭关系。

所以，断开并不是放弃或失败，更不是盲目地逃避，而是有意图地沉默和观察，是为了后续的进攻而暂时后退。表面上看起来没有采取任何行动，实际上却是积极的被动。

如果大家能够理解我的"断开 Wi-Fi""装死"策略，在后续的执行过程中，就能够避免陷入教条主义的错误之中。

要明白断开的目的是争取时间和空间，以便更好地面对自己、修正自己的非理性行为，积累作为父母的正向体验，并且在生活实践中慢慢收回家庭的主导权，恢复对孩子的影响力，并最终能协助孩子向好的方向发展或成为有用之才。

只是这条路需要时间，要做好打持久战的准备，更需要面对自己的勇气与决心。改变的核心在于把力量用在自己身上，或者说父母必须克服自己的非理性。只有实现了这个目标，家庭才会真正地改变，孩子的改变才会是真正有效的。

♡ "空心病"源自核心价值观的缺失

北京大学学生心理健康教育与咨询中心副主任、总督导，精神科主治医师徐凯文曾在一次演讲中提到，"30% 北大新生竟然厌学，只因得了'空心病'。"

北大的学生尚且如此，不知道你的孩子能否逃脱得了？

他在演讲中提到了一个很重要的现象，这里我节选一部分供大家参考：

在一个初步的调查中，我对出现自杀倾向的学生做了家庭情况分析，评估这个孩子来自哪些家庭，什么样的家庭，父母是什么样职业的孩子更容易尝试自杀——中小学教师。

这是一个 38 名学生的危机样本，其中 50% 来自教师家庭，而对照组是没有出问题的孩子。教师家庭还是很成功的，其中来自教师家庭的占到全部家庭的 21%，问题是为什么教师家庭的孩子出现这么多问题？我觉得，一切向分数看，甚至忽视对学生品格、体育、美育的教育已经成为很多教师的教育观——他们完全认可这样的教育观，对自己的孩子也同样甚至变本加厉地实施，可能是导致**教师家庭孩子心理健康问题高发的主要原因。当教育商品化以后，北大钱理群教授有一个描述和论断我觉得非常准确，叫作精致的利己主义者。**

精致的利己主义者是怎么培养出来的？如果让我回答这个问题，我想说的是，我们这些家长和老师，也许自己就是精致的利己主义者，而孩子是向我们学习的。

徐凯文医师这点其实是说对了，只是他说得比较婉转些。

为什么说"也许父母自己就是精致的利己主义者"？大家可以用下面一些问题自我检视一下。（以下的"他"都是指你的孩子）

他在家能主动做家务吗？基本的家务活，如煮饭、做菜、洗碗、扫地等他都会做吗？自己的房间能否整理干净，保持干净？

——如果不主动，父母叫他做时，他能跟上吗？或者看见父母在做家务，会主动搭把手一起帮忙吗？身为家庭一员，他凭什么只是饭来张口，衣来伸手？

父母下班回家会主动问候父母？会体谅父母吗？会为父母端茶倒水吗？

——这个家本来是和他有关的，他凭什么不帮助一下父母？

父母的话，长辈的话能否耐心地倾听？对父母的呼唤能否及时应答？父母让他停下来，他能否及时停下？父母明令禁止的事情，能否不做？对长辈是否有基本的尊重？与大家一起外出能否照顾别人？能否让陌生人对他有基本的好感？

——父母的合理的管教，他凭什么就不要听？就算父母有时不讲道理，错了又如何？他知道做什么事情是合适的，什么事情是不合适的吗？难道社会上的人也得按照他的意图，或者他的标准来适应他吗？**在意别人合理的感受，这本来就是一个人的基本礼节，他凭什么可以不管不顾，可以肆意妄为？**

他说话算数吗？答应的事情能否做到？能否重视自己的承诺？做不到是否有愧疚的情绪或者歉意的表达？

人无信则不立，一个人如果连这些最基本的素质都没有，他能做成什么事？以为学习好就不得了了，就是一切了？

对于不如自己的人，比如考试不如自己，运动不如自己，天赋不如自己，家境不如自己的人，能否保持同理心并且施以援手？还是以把别人比下去而沾沾自喜？对于弱者或弱势群体是厌恶、恶心、嘲讽还是同情悲悯并施以援手？或者说至少愿意靠近他们，并不自居为高人一等？

——人可以不优秀，但不能不善良。善良不需要你有大爱。善良就体现在你对待不如你的人的态度里、言行中。

自己在遇到的困难（学习上、生活上）时，是自己想办法解决，还是在那里等待父母，要求父母来帮自己解决？如果实在自己解决不了，能否主动求助？求助于同学或老师？能否自行沟通并协调好这些事情，而不是被动地等待别人把问题解决完后交给他？

——人不必能力很强，更不必面面俱到，但至少遇到问题要会想办法，并采取行动。不会，没有关系，愿意求助、请教，这是一个人最起码的担当和责任，也是真正智慧与能力的来源。我们往往会把某些天赋、小聪明当作能力，当作成功的要素，如果只有能力却没有智慧，那么即使再强大也只是"孙赫博士"（高铁占座事件主角）和"刘海洋"而已（伤熊事件主角），只能获得暂时的成功，无法赢得长久的尊重和认可。

上面这些问题真的很难吗？难道它们不是我们应该具备的品质吗？尤其对于我们的孩子来说。

如果我提出的问题，你的孩子都无法通过，那你得问问你自己："凭什么我的孩子不出现问题呢？"

让我更直白地告诉大家，上述我所提问的问题，**其实一直是我们传统文化中提倡的"仁义礼智信"，这本来就是身为中国人骨子里该有的品质！**

如果没有这些的话，即便孩子的人生获得了所谓的"成功"，也不过是精致的利己主义者，其内心必然是空洞的！

只是现代人都不太深入地谈"仁义礼智信"，提起这个就好像没有爱、古板、老套、陈腐、伪君子。这其实是语言的腐败，更是思想的堕落。

如果我用现代家庭教育的语言来诠释"仁义礼智信"，你还会认为它是古板和过时的吗？

这个主题也是我常说的家庭核心价值观。如果把这个作为家庭的基础，那家庭自然会朝着好的方向发展，孩子自然会变得越来越好，即使没有天赋的加持，他们也会成为不错的人。

最少不会是"空心病"！

♡ 遵循关系的法则，才能被关系滋养

正如徐凯文医师所言，孩子若得了"空心病"，很多都是因为父母身上存在精致的利己主义者因素。

如果不是这种利己主义行为，那父母为什么会不先培养孩子最普通、最基本的道德品格、行为规范呢？又怎么会让孩子养成那么多劣习呢？

问题的关键是，这些人的基本教养、素质，家长为何会容忍并且视而不见？家长还在奢求孩子回去好好学习，甚至一心一意地认为孩子应该去读大学。最后在绝望之余，家长只能希望孩子出去工作，别闲在家里就行了。

我每次都明明白白告诉家长，对于孩子来说，这一生中到底什么才是最重要的。我每次在课堂上花费大量时间与大家论述什么是核心价值观，以及核心价值观如何在人们对人对事的态度中体现出来。但是，很多家长不以为然，他们始终更关心孩子的分数。

价值观才是最重要的，不是孩子明天怎么学习，怎么上学，怎么补习，怎么考试的问题。为何大家的思维都陷入如此局限的境地呢？这才是目前教育的悲哀。这实际上也让我们的教育陷入了悖论之中。

学习的效率、吸收知识的效率，永远和自主意愿、主动意识成正比。然而，被动式的学习无法激发自主意愿、主动意识，那真的只是知识的搬运过程。决定一个人成就的高低或者能否幸福，关键在于他能否终身学习，能否真正学以致用，而不是仅仅为了应付考试。

所以，过于功利性的教育和家教看起来是很重视学习，但实际上是以抹杀孩子学习的主动性为代价的。这是因为孩子真的不知道自己为何而学，要学什么，这个学习与他的生活有多少关系。

这里的"不知道"，不是指孩子头脑的不聪明，而是指你的行为、回应决定了孩子无意识中对这个事情的判断。

"空心病"的孩子为什么会厌学？因为他从小到大，被要求的次数太多了，导致他在学习上过于饱和。或许他从小到大都是被逼着学习的。因为他知道，他必须学习，要考上大学，这是父母的要求，也是社会的要求。但这样的

学习真的能将目标内化为动力吗?

可以说,这样的学习浪费了孩子的天赋与心血,他们日复一日地将青春和精力都耗费在他都不知道有何意义的学习上。当然,我并不是在排斥学习,而是不赞同不自主、无动力地学习。

大家不妨扪心自问,离开学校后,你还有多少学习动力?你还会花费多少时间提升自己?对于与你个人成长相关的学习,你还有多少自发的内驱力?

事实上,现在的成年人中,很少有人有很强的学习内驱力。我们可以自问自答,这些问题就会变得清晰。

有些人在进入社会后,仍然能保持强烈的学习动力。这主要是因为他们从学习或自我提升中获得了快乐和价值,这部分人最终会成为社会的中坚力量和社会精英!

还有一部分人,可能是因为生活境遇的逼迫,不得不努力学习。但是这种学习仅限于与自己谋生有关的内容,对于其他无关的领域,他们没有兴趣花费太多时间。

更普遍的是,离开学校后,很多人不再进行自我学习,更不用说从学习中获得快乐了。他们没有体验过自发、自主的学习意愿和成长动力,因此也无法理解这些快乐的价值。

利己主义者其实是短视主义者。只有短视的人才会将成功狭隘化为"你只需要管好学习就可以了",而忽略了其他更为重要的因素。

一个人的人生怎么可以只有这么一个支点呢?怎么可以只有一条通道呢?而且还是一条单行道!

所以,只有狭隘的、短视的、精致的利己主义者的父母才会不关心孩子是否诚信守诺,是否老实本分,是否同情有爱,是否文明礼貌,是否独立自主,是否坚忍不拔?

要知道,人是群居动物,人是在关系之中的,人与人的关系定义了人本身。没有人可以完全与别人无关,一个只关注自己的人,必然被他人所抗拒与抛弃。

短视的人,精致的利己主义者,最终也必然在关系中被抗拒,被抛弃,被冷落。

所以,我们要知道什么才是最重要的!

在关系中就要适应关系,就要遵循关系的守则,就要与人形成互为滋养的关系，这样才是真正的利己！

而狭隘的、精致的利己主义者培养出来的孩子，是无法在关系中得到养分、得到肯定的，或者说他是无法进入关系，并且从关系中获得滋养。如此，他不出问题才怪。因为他就是不快乐的。

从小父母就会教育我们，到别人家里去手脚要勤快，嘴巴要甜，见人要有礼貌，不要大呼小叫，要尊重别人家的习惯。在别人家里，我们是客人，要懂得客人的分寸，不可以随便翻别人家的东西等。

这些东西不重要吗？太重要了！这是一个人最起码的教养。如果一个人没有这些基本的教养，他以后如何与人互动？

现在出了问题的孩子，基本上都是在这些地方先出问题。他们会发现很难与人相处，与谁都无法成为好朋友，与谁都很难深入交流。

这样一来，他百无聊赖，生活无趣，精神抑郁。一个人连基本的社会支持系统都没有，他如何能开心，如何能有价值感？

一个孩子在日常生活中，没有朋友，没有人和他互动，没有地方释放自己的精力，他晚上能睡好觉才叫奇怪。

当一个人的社会支持系统，都是支离破碎的，他学习成绩再好，又能支撑多久？一旦他进入需要更多人际关系的年纪，他会发现生活如此不舒服，如此不愉悦，甚至是艰难的。

所以，出问题一般都是在青春期。这不仅仅是因为荷尔蒙上升、成人意识激荡的缘故，也是因为他们需要进入更多、更复杂的人际关系。

如果这些问题得不到解决，他就算复学了，进入大学了，那以后呢？还不是一样困难重重！这才是问题的实质啊！

最后，我想告诉各位父母一个事实，即什么是阶层固化。阶层固化，说白了这就是你的思想固化、狭隘、自私，虽然看起来你自己的阶层上升了，但不幸的是，因为你狭隘的教育观，你的孩子大概率会掉回你原来的阶层，甚至很难有翻身的机会。

♡ 要处理问题，而不是仅仅处理情绪

很多时候，特别是当我们没有孩子，或者说孩子没出问题之前，大部分

人是没有机会识别自己身上的"行为模式"的。

比如，有些人经济收入很低，日子过得并不宽松，但他们往往会告诉自己"这就是命啦，有多大能力吃多少饭，这样挺好的"，或者是"做什么不行，干嘛去受那个气。人争一口气，佛争一炷香""健康最重要，千万别因为赚钱而把身体搞坏了"。

听起来很有道理，但是，人在年轻力壮的时候，难道不应是最该努力拼搏的时候吗？为什么要等到家里需要花大钱的时候，才说服家人认命呢？

再比如小C，作为财务主管，她需要具备仔细、精确和有条理的个性特点。她的工作需要高度的组织和管理能力，以便将财务事项安排得井井有条。她非常适合做财务工作，因为她的个性完全符合这一职业的要求。所以，她一直愉快地工作着，并且从未认为这种行为模式会有问题。

好，那请大家思考一个问题：为什么有些人做财务会做得特别好，而有些人怎么也做不好呢？

如果让我去做财务，我保证做得一塌糊涂。真的，那些数字我一眼看过去好像一模一样。所以公司每次把报表给我，我是从来不看的，因为我看不懂。当然，这对小C来说就很简单了。

如果我把小C的这种个性放在其他一些场景，问题立刻就出现了。比如，当小C第一次来到青稞工作室，她的行为模式就有些令人困惑了。

那时，青稞所在的大厦是一座老楼，旧电梯是老式的，已经坏了（十年前的古董级别的老电梯）。刚刚更换的新电梯也时不时出一点故障。消防通道的标识不清楚，楼上的热水器使用的是煤气，打开水时会听到点火的滋滋声。

小C一进入这个环境，就开始感到焦虑不安。在她看来，这里到处都存在安全隐患，缺乏安全感。忍了两天之后，她终于忍不住了，说道："安全责任无小事，自从我进入青稞以来，就感到缺乏安全感。"

我承认我们的工作确实没有做到位，于是马上把燃气式热水器更换为储水式电热水器，并购买了一定数量的灭火器放置在工作室四周。对于工作室未做到位的问题，我们立即整改，这一点没有疑问。好，外部环境处理完了。现在，我们要问一个心理问题：为什么单单是小C如此焦虑呢？为什么她的焦虑程度如此不正常，甚至在梦中都感到害怕和惊恐？

这种不安全感时刻伴随着她。其实，这是一种非理性的、不受控制的不安全感。在工作中，为了掩盖这种不安全感，在处理每个报表和数字时，她都要求自己做得非常精确，不能出错。

实际上，她在生活中也时常有一种不安全感，这种不安全感也是她和女儿之间问题的根源。

实际上，小C对女儿的关注和担心从未停止过。无论女儿去哪里，她都放心不下，只有当女儿待在她的身边，被她的眼睛紧紧盯着，她才能安心。甚至在她的无意识中，只有看到女儿甜美入睡，她悬了一整天的大石头才会放下。

所以，当小C与女儿在一起时，她总是将"安全"放在首位，另一个则是关注女儿是否快乐、心情如何。小C刚来到"青稞"工作室时，她每天都会半夜偷偷打开手机，去女儿的QQ空间看她的说说，了解女儿今天又说了什么，以及今天的状态如何。只要女儿的状态良好，她就能够睡个好觉。

如果从小到大，你的母亲都像小C一样对待你，让你长期生活在这样的氛围之下，那么如果你是她的女儿，你会如何表现呢？

小C家里的非理性在于，虽然她们知道要培养孩子的独立自主、迎难而上、克服困难、好好学习以及人际交往的能力，但实际上却无法做到。

由于小C的意识和注意力不受控制地聚焦在这里，她孩子的意识和注意力也会受到影响，并有可能也聚焦在这个问题上。

每当孩子不快乐时，小C夫妻俩总会想方设法让孩子变得开心起来。这个孩子自然而然地养成了这样一个习惯，即当自己心情不好时，父母会立刻将注意力放在自己身上，并想尽办法让自己开心。所以，这个孩子身上缺少了一种能力，即直面问题的能力。

当孩子心情不好时，实际上应该去寻找心情不好的原因，找出问题，并解决那个问题，心情自然就会变得好起来。简单来说，就是要处理问题，而不是仅仅处理情绪。这实际上是孩子脆弱的根源，更是抗挫折能力低下的重要原因。

现在有许多打着心理学旗号的亲子课程，在向学习者大量灌输毒鸡汤。

小C曾学习了一套家庭教育的理论，该理论宣扬接纳、愉悦和满足，将爱作为所有问题的解决方案，美其名曰："爱宽容一切，爱接纳一切，爱平息一切。"还包括快乐教育等。

由于小 C 原本就对孩子的情绪极为敏感，只要孩子不快乐，就会引发她的不安全感和焦虑感。再加上这种理念的灌输，她更是将全部注意力都放在孩子的情绪上。

既然如此，你将注意力都放在这里，当孩子不开心时，你就会想尽办法逗她开心，给她做好吃的，带她出去玩，跟她说笑话，让她回去睡个好觉……

孩子就会形成这样的思维模式：只要快乐就好，要尽一切办法让自己快乐，快乐是第一位的，面临的问题等心情好了再说！

她并不是永远不面对问题，而是把面临的问题放在了次要位置。

当她总是把面临的问题放在次要位置时，其实更大的问题就出现了，她如何才能拥有坚忍不拔的品质？如何才能展现迎难而上的勇气？如何才能学会持久地忍耐？

我们身上所具备的卓越品质，都是在压力与逆境中锻炼出来的，都是违背情绪，甚至逆着自己的习性锻炼出来的。

总是把个人情绪放在首位的人，是不可能培养出卓越品质的。

她在生活中没有违逆自己情绪的能力，没有积累卓越品质的素质，随着她的成长发育，面临的问题只会越来越多。而问题越多，她的情绪自然就越不好，最终越来越不受控制，陷入恶性循环。

最后的结果是，当她还希望保持好心情时（当然她必然会一直追求这种状态），就只能增加爱（包容、接纳）的容量或安慰剂的剂量。这个安慰剂包括网络聊天、网络小说、手办、网络游戏等。

这不是我在危言耸听，而是已经发生的事实。

♡ 深入"说谎"根源，解决关键问题

先来分享一下我的经验。我自己也好，我父亲对我也罢，或者我今天对我的孩子，我们都把诚实这个品格放在第一位。

在我小时候，父亲并不懂得什么太高深的教育理念，他只是明白一些很简单的道理，其中之一就是要让我做个好人，不让我变成坏人。而在父亲心目中，好人的标准之一就是"诚实，不许说谎"。

最开始的诚实其实很简单，**"做错事虽然会被惩罚，但有可能被原谅。撒**

谎则是不可原谅的，因为那是主动地、有意识地欺骗"！

诚实的孩子可能在小时候看起来不够精明，憨憨的，或者笨笨的，但他长大以后会拥有非常卓越的人格特质。

比如，不夸张、不言过其实；不遮掩，也不轻描淡写；实事求是、如实客观，不以个人的情绪、好恶左右自己的判断、观点；有自己的看法，有主见，不做墙头草，不以他人、环境的因素而随意转换自己的立场与好恶；追求真理、有穷尽真理之勇气……

我相信，**这些诚实延伸出的高级人格特质，应该是每个家长自己都孜孜以求的品格吧！**

撒谎则恰恰相反，一是它能让人逃避责任与惩罚，日后形成没有责任感、无担当、没有骨气等恶劣品行；二是通过撒谎能不当得利，这个就更麻烦了，日后会形成高谈阔论、投机取巧、见风使舵，乃至其他不端的品行，如偷盗、挪用款项、贪污受贿等。如果父母看得够长远，他应该明白，**诚实可以说是所有优良品行的根基，而撒谎则是所有恶劣行径的起点。**这也是农村里常说的"小时偷针，长大偷金"。

我把"诚实、不撒谎"的这个品格讲得这么深入，大家还会轻描淡写地处理孩子闯祸撒谎的事情吗？还会认为这个不是什么大问题吗？

如果人们对孩子的品行不够重视，就不会主动去琢磨。于是孩子只要轻易地说不是他干的，很多父母就相信了。这种做法美其名曰"这是对孩子的信任"，甚至把"要信任孩子"凌驾于对孩子的品行的塑造之上。

父母确实应该信任孩子，但不是盲目地相信，不是不假思索、不作选择、不作分辨地相信。

而这就是一些孩子为何会撒谎的家庭根源了，因为在父母那里孩子总能轻易得逞，并且没有受到足够的审视和追责。

因为在思想上没有重视，所以父母对孩子平时的行为警觉性不够，总是轻易地、盲目地相信孩子的谎言，并不对其追根究底。所以，孩子有机会钻空子，撒谎就能够屡屡得逞。

同时，父母在纠正孩子这个品性的问题上没有花费心思去琢磨，因此没有找到有效的方法来应对并彻底解决这个问题。

于是，父母和孩子之间关于撒谎的博弈就成了一个无解的老鼠圈，双方一直在追逐，但问题从未得到解决。很多父母都会口口声声地告诉我，他们非常重视孩子的品格培养，并且在家庭中也一直致力于教导孩子诚实。他们甚至认为自己是非常诚实的人。但是，他们不知道为什么自己的孩子会是这样。

确实，很多父母老实巴交，但为何孩子会不诚实呢？可能是因为父母在教导孩子诚实的过程中，没有解决更深层次的认知问题。

如果问问父母自己，可能会发现，他们内心深处并不认可老实巴交、廉洁奉公的品质。他们觉得这些品质并不值得骄傲，甚至觉得老实人就是笨，老实人容易吃亏，或者认为老实人没有能力，做事不灵活，不会与人相处。

所以，如果父母对自己有这样的认知，他们显然也不会将诚实视为一个至关重要的品格并灌输给孩子。这也是许多父母虽然自己在社会上有地位、有成就，但孩子最终却未能成才的一个重要原因。

比如，某父亲的心底经常有一个声音在说 "问那么清楚干嘛"，所以，他在生活中相当回避冲突和交锋。当他发现别人犯了很严重的错误时，只要对方死不承认，他就会放弃追问。他一直告诉自己，这叫吃亏是福，是给对方面子，也是给自己面子。他一直把这样的信条当作处世哲学。凡事做到不得罪人，貌似成了他护身符。

所以，他在孩子撒谎这件事情上，不深究、纵容的人恰恰是某爸爸本人。

然而，仅仅检视到这里是不够的，还需要继续朝着这个方向追问。为何他会形成这样的处世哲学？他内心的声音是怎么来的？过去哪些重大事件上，对他的行为造成了这样的结果？这个行为背后更深层次的原因是什么？只有深入探究这些问题，才能真正理解这位爸爸的行为和思想。

这些空白是他未来需要继续深入探索的部分，也是他家能否走出这个老鼠圈的根本。总之，对于孩子来说，"玉不琢，不成器。人不学，不知义。"孩子需要被琢磨和教育。作为父母，责任是逃不掉的，必须承担起教育孩子的责任。

这里提醒一下，当我们探讨一个常年说谎成性的孩子时，需要深入寻找原因并采取有效的方法来教育他们。但是，如果是第一次说谎或比较幼年时的无意识行为，父母如此反应可能会过于激烈。为了避免这种情况，大家可以参考《心理咨询师的育儿经（詹小玲著）》中的相关内容，采取更为合适的教育方式。

♡ 身心分裂、内在诚信、知行合一

在拿回主导权的过程中，父母需要注意以下几点：

曾经经历过挫败的父母，实际上大部分都是自行放弃了自己的父母权威。当听到要重新建立父母权威时，他们总是迫不及待地想要使用压制、惩罚、控制和强权等方式来对待孩子。然而，他们很少认真思考，过去那些行不通的方式（在孩子年幼时肯定用过），现在难道突然就有效了吗？特别是在孩子已经进入青春期，或者已经是成年人的情况下。如果真的被压制住了，其实也存在一些问题，因为不会反抗的孩子，未来也没有力量去面对挑战。

每个家庭依然要立足于自己的实际情况，逐步尝试适合自己的教育方式，不要突然间觉得哪种教育方式好，就立即 180 度大转弯，完全采用这种方式，这是最不明智的做法。

从建立权威的角度看，我认为真实是非常好的一种方式。那什么是真实呢？就是袒露自己真正的想法，不隐瞒，不掩盖。这是我对真实最基本的理解。

很多父母认为，父母得有权威啊，得是孩子的榜样，所以不可以表现出不足；他们认为，父母得能力很强，要无所不能；父母得有爱心，得什么都接纳，什么都允许。他们会认为这样才是好的父母形象，这样才会让孩子有依靠。

事实并非如此，在孩子进入青春期之前，这种"完美"与"强大"或许能引来孩子羡慕与崇拜的眼光，但对于已经进入青春期的孩子，这种方法基本无效，而且只会产生反效果，因为他一眼就能看穿你。

要记住，随着孩子年龄的增长，他开始有了自己的思考、分辨，能看懂事情的来龙去脉。何况，他在家长的陪伴下长大，虽说知子莫如父，但同样的道理，孩子可能不懂得成年人世界的复杂或者父母的无能为力，但他也会下意识地知道真实的你是什么样子的。

问题在于，真实的你明明是这样的，但你又竭力给孩子展示出你"理想"中的父母形象。我们想呈现给孩子看到的，和孩子实际体验到、感知到的，很多时候就是这样矛盾，充满着冲突。

这些矛盾本来就是人生的常态，我们都想给孩子最好的形象，但问题在于，真实的你到底是什么样的？

这个真实有两层含义，一层是你内心的真实，你内心的所想所思所感，这个和社会面具它是两码事，社会面具要求我们扮演好某个角色，它是有特定功能的。但内心的真实，是你对这个世界的观感，所以，他是以你的观感建构起来的。所以，这个时候对自己保持高度的觉察就是非常必要的，这样我们才能知道，那个时候下意识的想法、感受是什么。

另一层真实是，当你在和孩子打交道的时候，孩子体验到的那个父母是怎样的，即摒除你试图说服孩子的意图之后，你带给孩子的感受是什么？

这个是人非常难以识别的一个身份，即他人体验中的自己是什么样子，我们很可能从来没有注意过。而实际上我们的孩子，就是与这个形象在打交道。我们眼中的自己（父母角色）——孩子眼中的父母（孩子心中的我们），这往往是两回事。

换个角度来让大家更清晰一些吧，我们自己也是从孩子过来的，我们心中的父母形象（内在父母），和父母认为他们是什么形象（外在父母），往往大相径庭。而我们的人格建构，实际上就是和我们心中的父母形象（内在父母）互动过程中建立起来的。即我们把客观存在的父母形象（外在父母），经过自己的意识加工后，它就成了我们的内在客体（内在父母）。这个内在父母和客观的、外在的父母，有联系，但又不完全一样，因为它这个是经过我们的意识加工后的结果。

而孩子内在的父母，与我们无意识中的自己是具有最紧密的联系。因为那就是孩子体验到的。而不真实的父母，特别是试图塑造自己 "光辉形象" 的父母，就会在这里撕裂。每个孩子天然愿意相信父母是完美的。所以，父母口中的自己，孩子是第一时间相信的。

而问题就会在这里，实际上的父母给他们的体验，给他们的感受，又是不一样的，不一致的。

所以，我说身心分裂从来就是从家庭里面开始的。如果分裂严重的，孩子成年后，他就分不清，别人嘴巴上说的，和他自己体验到的不一样，那他到底该相信哪个？

当然，更麻烦的是，孩子也从一开始身心分裂，却完全没有机会知道。所以，每个人身上都有两个父母的影子，一个是他感受到的，另一个是他相信的。

如果可能的话，其实我们要把孩子感受到的和他相信的这两个形象进行拟合。拟合的第一步就是真实，或者说就是对自己保持高度的内在诚信，当然最终的话，是保持知行合一。

那些不敢真实表达内心诉求和感受的父母，他们生活中的常态通常是压抑、憋屈、退让或忍让，或者被情绪堵塞和裹挟的。而这些父母日常处理问题的方式会被孩子无意识地模仿下来。尽管有可能在行为层面上完全相反，就像上文中的母女一样，女儿看起来是乖张、任性、无礼和无知，而母亲看起来老实、本分、压抑和不擅于表达，但女儿表现出来的样子不就是母亲潜意识里默许的吗？因此，母亲心灵深处的真实就是女儿表现出来的样子，只是母亲从来不敢在行为上像女儿这样肆意妄为罢了。

这也是我一开始的疑惑，为什么这么高知、理性、少言寡语的母亲会养育出这样的孩子。最后才看懂，那不过是母亲内心深处的自己罢了。

如此很多家庭，他们的孩子成年后，往往无法用自我的声音（实际上是良知的声音）去分辨所接触的人和事。

因为很多人从来不知道什么是内心的声音，就算知道，也不会听从，也不知道怎么听从。因为在我们的原生家庭里面，我们从来没有体验过。当然它不等同于任性妄为、随心所欲。

所以，我建议父母一定先从真实表达自己开始。因为真实是开启内在诚信、知行合一的第一道门。

唯有真实，才能够在孩子的潜意识体验和理性认识之间达到统一。也就是说，孩子体验到的父母形象与他头脑认识、理性分析的父母形象是统一的。这样，虽然孩子可能会无意识地继承父母身上的所有优缺点，但由于认识是统一的，所以他有了自我改善的可能，因为他知道这是来自父母的，但他可以选择自己的路。

这些真实都会给孩子带来踏实感和安全感，而所谓的边界感也是在这个基础上建立起来的。

甚至你的无能为力、短板、缺点、负面情绪都不需要刻意掩盖，视情况可以让你的孩子知道。这样他才会打破心中那种"完美父母"的刻板印象和刻板需求。如此，"父母应该……"的心态也会被消融。

♡ 敢于真实的父母，才是有力量的父母

实际上，当父母真的表现出弱态时，孩子也会逐渐成长起来。因为他们知道自己没有逃避和退路。而且，当父母真的表现出弱态时，往往能激发起孩子拯救或帮助父母的情结。当他们试图去帮助父母时，实际上就已经从受害者意识中脱离出来（拯救或帮助父母也能让孩子感到极有成就感），从受害、婴儿的状态中成长起来了。拯救或帮助父母的力量虽然不是最有利于自我身心健康，但至少也是非常不错的生存动力，这没有什么可以被指责的，相比于退缩、受害的状态，要强很多倍。

而且，从另一个角度来看，只有内心真正强大的人才会敢于展现真实（注意区别，成年人的真实不可以是肆意妄为或张狂任性）。真正强大的人会时刻检视自己，承认自己的不足与无能为力。真正强大的人不需要证明自己的强大，更不需要扮演强大。

举一个常见的例子，有些父母在看到孩子落后或者做得不好的时候，总是习惯性地指责说："你怎么这都不会，你怎么这么笨呢，你爸爸（妈妈）当年……"这种比较式的说教，实际上是把父母自己降低到和孩子一样的位置了。因为只有同龄人（同层次的人）才会比较，长辈和晚辈有什么好比较的呢？

很多父母以为用比较的方式可以激发孩子的羞愧心，从而激励他们奋发上进。在过去年代里，这可能行得通，但现在却更不可能，而且往往起到相反的作用。这种做法只会激起孩子下意识地寻找父母的不足与缺点，并从他们的角度来看待父母认为父母其实也不怎么样，就更不尊重父母了。

所以，父母的权威不是通过打压孩子或刻意表现自己的强大来让孩子尊重。

真正的权威感，也可以说是父母的社会价值感，其中包含着对自己的认同感。也就是说，你有没有接受现在的自己，你认为现在的自己（工作、生活状态）让自己满意吗？值得让你的孩子学习吗？你愿意让你的孩子成为现在的你吗？你生活、工作的状态，你愿意让你的孩子也这样生活、工作吗？

我之所以强调社会价值，是因为我们不少人的理想自我和现实自我之间差距过大。所以，社会价值是一把很好的尺子！

换个角度可能会更好理解一些，也就是你的孩子认为你的工作状态值得他效仿吗？他愿意和你一样吗？或者他认为你值得他学习、模仿吗？他认为你的工作是有意义的吗？他佩服你吗？他愿意像你一样生活吗？你目前的生活状态孩子是怎么看的？无价值？不值得过？心疼还是向往？父母可以很好，负责把孩子照顾好，而孩子只负责躺平可以吗？

把这些想清楚了，权威感是什么也就清楚了。父母权威的积极一面是成为孩子的榜样。针对青春期的孩子，我们要做的是消融孩子的对抗，同时让孩子对父母心生向往；如果实在不向往，那心疼也行。

这里分享一个案例给大家：

有一个休学孩子的妈妈前来找我咨询，咨询的是孩子休学几年的问题。在接待她的过程中，我优先处理了夫妻间沟通交流的问题。先生由于职业的特殊性，夫妻俩长年两地分居，孩子几乎都是妻子独自一人抚养的，夫妻间的感情难免会有些隔阂，妻子心中也难免有很多的不满与怨恨。

我花费了一些时间，先解决他们夫妻间的心结，教他们如何更好地理解对方，如何满足对方心中的期待。当夫妻关系的问题解决了，他们家孩子问题的解决自然也就水到渠成了。

因此，解决夫妻关系问题对于解决孩子休学问题至关重要。在这个案例中，当太太被丈夫理解了，她自然就有力量和能力面对孩子的问题。由于她一直带着孩子，她当然更懂得怎么协助孩子解决问题。

她来的时候，告诉我实际上是她自己失去了动力，妈妈不想动了，所以孩子也不想动了。妈妈已经没有力气再去推动孩子，所以必须先重建他们夫妻俩的情感通道，让妈妈能重新振作起来，有动力有活力去再经营这个家，而不是让妈妈也一直处于消极状态。

为了推动孩子从舒适区走出来，我需要重建孩子的动力。而重建孩子心目中的父母的榜样，是最快速和有效的一种方式。我发现他们家并不缺乏这样的榜样，孩子的爸爸就是一个非常卓越的科学工作者。这么多年来，他为国家作出了非常大的贡献，但因为工作性质的原因，这些贡献并不被社会知晓。然而，家里的奖章、荣誉证书记录着这位父亲的荣誉，但由于数量太多和保密需要，这些荣誉都被妈妈收到一个箱子里藏起来了。

孩子只知道爸爸是个 × × 家，从来不知道爸爸的优秀与她有什么关系。

在孩子眼中，爸爸角色的缺失，或者说爸爸的不称职，再加上妈妈的怨气，导致孩子对爸爸有怨气，而且不那么认同爸爸。

于是，我赶紧协助他们夫妻重建父亲在家庭内的地位和荣誉感。当荣誉感被重建起来之后，孩子对父亲心生向往和崇拜。父亲形象的重新树立，带动了孩子对父亲的向往，也产生了动力。

这时，父母只需要轻轻一推，孩子就重返课堂了。经过半年高强度的补习，孩子补上了落下的初中课程，今年顺利通过了中考，在本地一所不错的高中就读。

之前，这位妈妈求助了非常多的机构与老师，但各种爱与自由、接纳与静待花开的理念并未解决问题，导致的结果就是孩子长年趴窝在家。而求助青稞之后，父母做对了事，孩子自然就出去了。

当然，大部分的父母可能没有这位父亲的光荣履历，甚至大部分父母的一生都庸庸碌碌、得过且过，完全不知道自己的价值和意义。对他们来说，"人生的价值，生命的意义"只是一句空话。

所以，父母权威的实质并不是野蛮、霸道、不讲道理和强词夺理。相反，父母的权威应该是成为孩子的榜样，建立良好的沟通和关系，以及正确地引导和推动孩子成长。

♡ 问题分析清楚了，方向就出来了

到目前为止，我接触的休学家庭（包括各种"家里宅"的情况），大部分都有以下共性的特点：父母已经无法有效地管教子女，子女也在用各种方式对抗父母。

从家庭教育的角度来看，孩子出现问题的原因可能是多方面的。比如，父母可能过度溺爱孩子，导致孩子无法树立对父母的尊重和敬畏；或者父母可能无法有效地支持、化解孩子的心理压力和创伤，使孩子陷入受害情绪当中，对父母产生怨恨和愤怒。此外，孩子还可能受到其他各种因素的影响，比如心理学、咨询师、导师等。

总之，很多子女不再把注意力集中在自己身上，也就是他们当前遇到的问题，不再考虑如何自己去解决。相反，他们把注意力集中在父母身上，认为父母是导致他们问题的原因。他们把时间和精力都用来与父母对抗，偏执地认为父母要求他们做的事情都是错误的，而他们却要反其道而行之。他们希望父母能够达到他们理想中的样子，以为只有这样才能使他们的情况好转。

这个过程伴随着各种自我合理化的心理构念，形成了他们的心理观念，甚至导致了各种心理问题、症状。当然，也可能先有心理动因，进而形成心理观念，乃至心理问题，而后有各种对抗的行为。这种情况往往是交织在一起，互相促进，互相影响的。

这些都是心理学研究的重要方向，但在实际操作中，这些并不是解决家庭困境的主要矛盾。父母失去对子女的管教能力，以及父母在孩子心目中的威望和权威荡然无存，才是问题的关键。

当父母意识到问题的存在时，往往是因为孩子已经休学或退学回家，这使得他们在孩子应该上学的年纪无法去上学（或者在应该工作的年纪无法去工作）。同时，大部分父母前来寻求帮助时，关注的焦点是如何让他们的孩子复学或去工作，貌似孩子只要上学、工作了，问题就又不见了。

实际上，真正重要的是，先解决"失去管教"的问题，以及父母在孩子心目中的威望和权威荡然无存的问题。如果父母无法主导孩子，孩子始终处于失去管教的状态，那么即使他们暂时去上学或工作，后面仍可能会退学、回家继续啃老。

所以，对于这样的家庭，首先要解决"失控"这个共同的问题。现在需要的是恢复父母对家庭的控制权，也就是恢复父母对孩子的主导权，恢复这个家庭本该有的秩序。先恢复秩序和主导权，然后对这个家庭进行深入的、全面的干预与调整。

恢复秩序，恢复主导权，这是我基于以下事实给出的解决方向。

第一，中国传统文化中强调家庭的和谐与稳定，许多父母为了维护家庭和睦而选择回避冲突，他们宁愿压抑自己的需求，也要确保家庭安宁。因此，许多家庭问题和冲突往往没有得到充分的讨论和审视，更不用说得到有效地解决。

第二，由于"家丑不可外扬"的传统思想，孩子往往会抓住父母的软肋。父母害怕什么，孩子就会来什么，结果就是孩子咄咄逼人、肆意妄为。只要有什么能制住父母的软肋，孩子就会利用它。各种心理问题、心理疾病乃至生理疾病都可能成为孩子（无意识）控制父母的手腕。

第三，在现代家庭中，普遍都是"小家庭"模式，每个家庭最多包括一对老人和一对工作繁忙的父母。由于父母对孩子的教养出现偏差或失控，很难及时得到家族内其他人的支持和纠正，而邻居之间的联系也相对较少。也就是说，**现代父母背后的社会关系支持本身就很薄弱。**

第四，西方个人主义、利己主义、自由主义、无政府主义以及虚无主义等思想的冲击，使得原本薄弱的家庭关系更加脆弱。因为许多父母本身就信奉这些思想，他们质疑各种社会制度的合理性、学校教育的正当性，特别是权威的必要性。对于各种权威的外延，他们要么无意识地对抗，要么无意识地屈服。

孩子的思想深受父母的潜移默化影响，只是借助互联网这个工具进行了放大。他们的无意识反抗主要针对父母，质疑家庭规则的合理性以及父母管教的正当性。由于三观的一脉相承，父母往往难以警觉并纠正孩子的行为。所以，这个家庭就彻底失去了自我纠错的能力。

第五，更重要的是父母自身的原生家庭经历。现代亲子教育问题的根源几乎都可以追溯到父母自身的原生经历上。因为父母小时候体验到的亲子互动方式会影响他们对孩子的教育方式。如果父母在自己的原生家庭中没有感受到威严，或者威严过度，或者与父母有距离感，或者被过度溺爱，他们可能会在教育子女的过程中使用同样的方式。**如果没有外界干预，人们很难超越自己原始的认知，因为这是他们从小到大最熟悉的方式，因为熟悉所以就会无感，因为无感自然就是全自动的行为模式。**所以，要停下来非常困难。由于一直以来都是这样，虽然这种教育方式不合理，但因为习惯了，所以就停不下来。

基于以上这些事实，在初次前来求助的休学家庭中，父母实际上也是弱势的一方。他们不仅对内无法有效地管教子女，夫妻之间也难以保持一致的立场。同时，他们也无法利用各种社会关系来影响家庭这个小系统。因此，这不仅仅是父母的弱势，更是整个家庭系统的困境。

一些父母宁愿选择相信无限包容、接纳和自由的爱，也不敢对孩子提出任何要求和约束。当然，即使他们有心进行管教和约束，也往往无法实现，只能寄希望于孩子在这种充满爱与包容、接纳与宽容的环境中自行醒悟，走出困境或成长起来。

人类需要更多的管教和社会化，因为他们不是植物，只需要阳光和雨露来生长，也不是动物，只需要吃饱喝足就能安然无恙。

人之所以为人，是因为人是社会性的，社会性是人的根本属性。人类兼具动物性和社会性，必须在社会关系中被社会化，才能成为一个完整、健康的人。如果一个人长期脱离社会关系，不在社会中生活，他的思想、行为和能力就会退化，就会滋生出各种问题。

人类需要不断学习和接受管教。没有不需要管教就能成才、成事的人！这个简单的道理现在却被忽视了！

如果有些父母只是一时误入歧途，看了我的讲解，就会改变自己的行为逻辑，他们原本对家庭和孩子都有主导权和控制权，只是暂时相信了不用管教的"神话"。

然而，对于一些已经深陷"失控"泥潭的家庭，问题堆积如山，那么"非暴力不合作"是目前可以选择的较好方式。

这也是你可以主动推进，不停尝试的方式，可以在孩子没有机会反弹、对抗的情况下，缓慢推进，潜移默化地改变孩子。这种方式也可以给你时间和空间去修正自己的错误，转换错误三观，修正夫妻关系，修正潜意识里的偏差错乱，并掌握调治孩子、推动孩子的各种理念与具体做法。这一切都需要有一个相对长期安宁的家庭氛围。

至少，在家庭处于可控的状态下，其他的改变才有可能实现。

♡ 父母与孩子之间的"磁铁效应"

我曾经为了帮助大家理解父母在教育子女方面所出现的问题，使用了诸如"盲区""老鼠圈"和"Wi-Fi"等词汇。

实际上，这些词汇都在描述同一个现象，即中国父母和子女之间存在深刻的情感纽带，在潜意识深处彼此牵连纠葛，这意味着父母和子女的人格在某些方面是相互嵌入的关系。

而父母前来学习，就是要找到这个牵连纠葛，并从父母这边解开。有时候就像齿轮一样，只要父母停止转动了，被深深嵌入的另一边（孩子那边）也会相应地停止对抗。如果父母开始朝着正确的方向转动，孩子也会朝向有益的方向转动。

而这个就是父母和子女之间的嵌入式关系。

某妈妈和她儿子之间的纽带就是她无法停止的"拯救情结"。因此，她看不到孩子的努力，看不到孩子试图更换多份工作的事实，看不到孩子在深夜辛勤地做主播，并非常努力地想在主播这个领域里做出点名堂。妈妈的"拯救情结"实际上总是在否定孩子的努力，她根本不认同孩子的这些追求，在潜意识深处，她轻易地将孩子的所作所为视为没有前途的事情。只要她的孩子没有去读书或考大学，那她的孩子就是低级的人，没有前途的人，这会刺痛她的神经。

而她的儿子与妈妈之间存在着深刻的相互嵌入关系，因为妈妈的欲望过于强烈，以至于她的儿子根本不需要猜测就知道妈妈希望他去读书、考大学，并从事妈妈认为最有前途的事情。然而，这恰恰伤害了孩子的自尊心。因为这个孩子所有的兴趣爱好和追求，这位妈妈都看不见，并且不屑一顾。一个男孩子怎么可能忍受这样的母亲呢？因此，自从进入青春期后，他一直与母亲对抗。虽然他的学业本来还不错，但后来每况愈下。母亲越着急、越焦虑，他就越反感学习，以至于最后辍学，再也不肯去上学。当然，导火索是某次考试不理想。而根本原因是，孩子早就失去了对学习的内在动力，因此外界的压力可以轻易地压垮他的意志。后来，妈妈的焦急加剧了孩子的自暴自弃，或者说，加剧了他绝对不愿意走妈妈要他走的光明大道。

实际上，孩子在小学和初中时非常优秀，所以他向往在同龄人中成为那个优秀的自己，成为众人关注的焦点。因此，他一直在寻找"东山再起"的机会，探索"卷土重来"的可能性。

然而，**妈妈从来都停不下来，作为生活中最重要的母亲，她从来都不给孩子喘息的机会，不断地做着伤害孩子自尊的事情。**

所以，症结就在这里。很早之前，我就根据妈妈的资料，指出了她家问题的核心所在，而妈妈需要做的就是，对自己的焦虑喊停，警惕自己焦虑下面的认知，特别是认知中的逻辑。只有破除这些执念，妈妈才有恢复清醒的可能。

我们潜意识心灵中的各个执念，就像一块巨大的磁铁。我们每天带着这块磁铁生活，会出现什么现象呢？你会发现，为什么总是有各种铁钉、铁线、铁丝飞过来扎你，一会儿扎到你的头，一会儿扎到你的脚，弄得你浑身是伤。

那你该怎么办呢？每天小心翼翼地走路、生活，试图避开生活中的所有铁制品？还是每天光顾着去除各种铁钉、铁线、铁丝？显然，我这么一比喻，你就很清楚，真正的问题出在那块大磁铁上。如果这块大磁铁不消磁或不去除，你怎么做都是徒劳无功的，因为它会吸引更多的铁制品扎到你的身上。

而潜意识心灵中各个执念的作用就近乎于此（当然实际的运作机理比这复杂很多，但为了让大家简单理解，就以此做比喻）。因此，我们需要去面对这些执念，解开内心的束缚，才能真正摆脱这种困扰。

当一个人的潜意识心灵充满内疚自责时，他的孩子可能一天有 23.5 小时都处于一种平淡的状态，既不快乐也不悲伤，只是简单地度过一天。然而，在一天中，可能有 0.5 小时是情绪低落、有点抑郁和不快乐的。

由于这种"大磁铁"的影响，父母会完全忽略孩子在 23.5 小时内的生活状态，只注意到孩子那 0.5 小时的情绪低落。他们会认为，如果孩子不快乐，那肯定是因为自己做得不好。但实际上，那 0.5 小时可能与父母根本没有关系，就算有关系，那又如何呢？毕竟都已经过去了。

然而，对于陷入内疚自责情绪黑洞的父母来说，事情就不是这样了。他们会牢牢地记住孩子这 0.5 小时的不快乐，并在脑海中反复播放。

事实上，许多父母一生都在反复播放孩子小时候的某个画面或片段，从而陷入其中无法自拔。"拯救型"父母内心永远在重播孩子孤苦伶仃、需要父母却无人陪伴的画面。这块"大磁铁"会吸引无数孩子不好的画面在他们的脑海里，甚至孩子的每一句话都会引发他们心中的磁力反应，导致他们根本无法注意到，孩子事实上并不是他们以为的那样。

事实上，孩子可能拥有健康、快乐、积极向上、进取的一面，甚至根本没有心理疾病和心灵创伤，性格也不错。但由于这些"正向"的特征不具有"铁"的属性，所以不会被父母内心内疚的那块巨大磁铁所吸引。因此，这些特征就像塑料一样，永远不会被父母感知和关注。

只有当孩子是受伤的、孤独的、弱小的，这些带有"铁"元素的现象才会引起父母这块大磁铁的注意。因此，只要父母心中的"大磁铁"没有消磁，孩子身上的"铁钉""铁丝""铁线"就会被父母不断地吸引出来。当孩子靠近父母时，他身上的"铁质"就会开始活跃，从而掩盖了其他特质。即使孩子拥有自律、向好、听话、爱好、努力、梦想等其他特质，也没有机会发展，因为"铁质"过于活跃，其他特质就被掩盖下去了。

说到这里，我们就清楚了，出问题的是那块磁铁，即你潜意识心灵中不受控、非理性的执念。但这并不意味着你整个人都错了，或者你故意要这么做的，而是隐藏在我们的潜意识中，无意识地起作用。

心理学的作用，就是帮我们看见这块磁铁，然后通过内省的过程，一次又一次地捕捉它、警惕它，然后让它消磁。

好了，关于这个话题就先讲到这里，最后分享一个小故事给大家吧。

《疑邻盗斧》："人有亡斧者，意其邻人之子，视其行步，窃斧也；颜色，窃斧也；言语，窃斧也；动作态度，无为而不窃斧也。俄而，抇其沟而得其斧，他日复见其邻人之子，动作态度无似窃斧者也。"（战国·郑·列御寇《列子·说符》）

♡ 适度的对抗有利于孩子成长

很多人对"我们既不能过于威权严厉，又不能溺爱纵容，在威权与纵容之间依然有一种既斗争又团结的关系"这句话的理解有点吃力。在现实生活中，大多数人可能表现出"要么失之严厉，要么失之溺爱"的行为倾向。

为了更好地理解这句话，我们可以将其视为一对既对立又统一的矛盾关系。这种矛盾关系可以从以下几个方面来理解。

第一，要理解反抗。反抗是人生命中最宝贵的力量，会反抗的人至少是有生命力的。在成长过程中，孩子必须经历反抗阶段，这标志着叛逆期的到来，同时也是孩子旺盛生命力的体现。

叛逆期是指孩子在生长发育过程中，开始尝试按照自己的意愿去控制和改造外部世界和人际关系。同时，他们与外部世界特别是父母权威（以及在心理上想象的父母权威）产生了矛盾。

随着孩子的生长发育，他们的力量也逐渐增强。如果没有与之相应的对抗力量，他们可能无法准确了解自己的力量。从物理学的角度来看，力是成对出现的，有作用力必有反作用力。因此，为了让孩子了解自己的力量，必须有一个力量与之对抗。

这是了解自身力量和生命成长的必经之路，也是人类生命过程中不断进步的一个重要现象。如果缺乏这种对抗，人的生命也将停止。所以，**作为父母，不要害怕对抗，只是青春期孩子的力量迅速增强，与外部世界的对抗变得更为剧烈，才显得有些不稳定。**

所以，**叛逆的本质实际上是力量成长的过程。**青春期孩子通过有意识地挑战来感知各种不同性质的力量。在无数次与世界的互动中，他们逐渐从感知和掌控粗糙的体力，到逐步学会掌控和应用精细、微妙的心理和思想力量。这个过程在人的一生中从未停止，而是不断循环和深化。

明白这点很重要。

在孩子成长过程中，一味地爱、接纳、宽容、温和和耐心看起来非常美好和善良，但实际上会让孩子失去对手，失去磨炼自己力量的机会。

因此，**与孩子有些适度的对抗才是真正有利于他们成长的。这种对抗不仅包括身体上的力量对抗，更多的是在父母权威和智慧的把握之中。**在对抗中，孩子可以体会力量的增长，从而更好地成长。当然，父母需要灵活运用智慧和权威，确保这种对抗不会过于激烈或过于温和，才能达到促进孩子成长的效果。

这就是为什么在青春期阶段，父亲的角色显得尤为重要，因为母亲通常不擅长驾驭力量。当然了，她们在驾驭思想方面丝毫不逊于父亲。

在青春期阶段，父母应该扮演教官或教练的角色。面对孩子的挑战，父母需要能够理解并化解这些问题。他们既不能轻易否定孩子的挑战，也不能被孩子的行为所击倒。

为此最好使用引导和化解的方法。如果父母能够在化解孩子挑战的同时，再给予一些引导，那就更有智慧了。

这种对抗训练类似于体育运动中的教练和运动员之间的训练。教练和运动员之间进行有意识的、有一定对抗性的训练。在教练的指导下，运动员可以尽全力攻击教练（但这种全力不是敌我双方的生死搏斗或使用烂招、偷袭等伎俩，这些都是违反训练原则的）。

教练则会允许运动员出招，并在出招的过程中随时躲避攻击，同时逐步释放出自己的真实水平，让运动员体验到更高层次的打击。这样既能提升运动员的层次，又能时时制约和调教他们。通过这样的训练，运动员的技能水平才能真正更上一层楼。

所以，为什么说父母也要不停地成长，不停地修行，原因就在这里。

如果父母轻易被孩子击溃、击倒（这是父母将亲子关系完全美好化、单纯化、幼稚化，并将其视为永恒不变的关系导致的结果），孩子就无法体验到更卓越的自我和更高层次的力量。他们也不可能了解真实的世界。

这也是青稞提倡的父母要成为孩子的榜样，要成为孩子的根的另外一层含义。

第二，孩子永远有尊重父母的渴求，永远有模仿父母的本能，也永远期待父母的认可，这是人类的生物属性。

正因如此，孩子与父母之间永远都会存在爱的渴求，这是父母与子女关系牢不可破的基础。所以，父母不需要担心孩子的对抗剧烈会让他们失去爱，或者担心与孩子的对抗会让他们感受不到自己的爱。这实际上也是不可能的。

真正的亲子关系，其实就是既对立又统一的矛盾关系，即父母与子女之间是一种永恒的、辩证的互动关系。

辩证思维，实际上就是发展的思维，是矛盾的思维，而这在育儿当中是不可或缺的。父母需要具备这些复杂思维能力，从而实现自身的成长。

有些父母会对我这样说："我怎么可能成为那么优秀的父母，哪里会懂得这么复杂的带孩子的方式，我照顾好他的衣食住行就很了不起了"。或者说："现在的孩子随便做什么都比我厉害太多了，他们懂得都比我多多了，我哪里还教得了他们！"

这么想的父母犯了一个巨大的错误，即认为身为父母必须非常优秀才能教育好自己的子女。否则，他们就教不了孩子。虽然父母优秀更好，但实际上，如果我们很普通，也完全不会影响父母对孩子品格的塑造。许多质朴勤劳的农民也能教出很好的孩子，这就证明了这一点。

这仍然是我之前文章中提到的错误。难道我不优秀就不能管教我的孩子吗？当然，同时犯的另一个错误是对教育的理解。教育是军备竞赛吗？比的是我们对子女投入金钱、关系、精力的多寡吗？难道榜样的概念就是如此的单薄吗？

当然，认为自己不够优秀，以至于认为自己教不好孩子，这种想法在某种程度上是可以理解的。作为普通人，我们在过去的生命体验中经历了无数次的负面体验。对于很多人来说，自卑、无力、困惑、沮丧和不知所措是一种常态。

但是，这其实并不影响我们对孩子的初步教育，甚至可以说是家庭教育中最重要的一部分——即塑造孩子的核心品格。

至少我们应该让孩子具备"受教"这一基本品格。这样，即使在其他领域中你无法教导孩子，他们也会有其他老师、教练、上司、领导、老板和人生路上的各种贵人。

如果孩子没有受教的品格和渴望学习的能力，他们又怎么能与这些贵人好好学习呢？相信写到这里，大家也有自己的判断。